新编21世纪远程教育精品教材

· 公共基础课系列 ·

# 高等数学

主 编 刘建军 夏卫琴

中国人民大学出版社
· 北京 ·

# "新编 21 世纪远程教育精品教材"
# 编委会

# 主 编 简 介

**刘建军**　中国石油大学(北京)教授,硕士生导师,曾获学校优秀老师、"青年骨干教师"、品牌课教师、教学名师称号和首届教学效果卓越奖;发表学术论文 40 余篇、教改论文 8 篇,出版教材 4 部;参编或参译著作多部,参与国家自然科学基金项目 1 项,主持教育部科研项目 1 项,横向项目 3 项;主持教育部、北京市教改项目各 2 项;2017 年获北京市教学成果奖一等奖.

# 内 容 简 介

　　本教材遵循基础理论教学中"以应用为目的,以必需、够用为度"的原则编写,以实现知识传授和能力培养两方面为教学目的,积极为学生终身学习搭建平台、拓展空间.本书不仅把高等数学课程当作重要的基础课和工具课,更将其视为一门素质课,启发学生思维,促进学生能力的提高.其内容包括:函数、极限与连续,导数与微分,微分中值定理和导数的应用,不定积分,定积分及其应用,常微分方程,多元函数的微分学,二重积分.

# 总　序

　　我们正处在教育史尤其是高等教育史上的一个重大的转型期.在全球范围内,包括在我们中华大地,以校园课堂面授为特征的工业化社会的近代学校教育体制,正在向基于校园课堂面授的学校教育与基于信息通信技术的远程教育相互补充、相互整合的现代终身教育体制发展.一次性学校教育的理念已经被持续性终身学习的理念所替代.在高等教育领域,从1088年欧洲创立博洛尼亚(Bologna)大学以来,21世纪以前的各国高等教育基本是沿着精英教育的路线发展的,这也包括自19世纪末创办京师大学堂以来我国高等教育短短百多年的发展史.然而,自20世纪下半叶起,尤其在迈进21世纪时,以多媒体计算机和互联网为主要标志的电子信息通信技术正在引发教育界的一场深刻的革命.高等教育正在从精英教育走向大众化、普及化教育,学校教育体系正在向终身教育体系和学习型社会转变.在我国,党的十六大明确了全面建设小康社会的目标之一就是构建学习型社会,即要构建由国民教育体系和终身教育体系共同组成的有中国特色的现代教育体系.

　　教育史上的这次革命性转型绝不仅仅是科学技术进步推动的.诚然,以电子信息通信技术为主要代表的现代科学技术的进步,为实现从校园课堂面授向开放远程学习、从近代学校教育体制向现代终身教育体制和学习型社会的转型提供了物质技术基础.但是,教育形态演变的深层次原因在于人类社会经济发展和社会生活变革的需求.恰在这次世纪之交,人类社会开始进入基于知识经济的信息社会.知识创新与传播及应用、人力资源开发与人才培养已经成为各国提高经济实力、综合国力和国际竞争力的关键和基础.而这些是仅仅依靠传统学校校园面授教育体制所无法满足的.此外,国际社会面临的能源、环境与生态危机,气候异常,数字鸿沟与文明冲突,对物种多样性与文化多样性的威胁等多重全球挑战,也只有依靠世界各国进一步深化教育改革与创新、人与自然的和谐发展才能得到解决.正因为如此,我国党和政府提出了"科教兴国""可持续发展""西部大开发""缩小数字鸿沟"等战略及"人与自然和谐发展"的"科学发展观".其中,对教育作为经济建设的重要战略地位和基础性、全局性、前瞻性产业的确认,对高等教育对于知识创新与传播及应用、人力资源开发与人才培养的重大意义的关注,以及对发展现代教育技术、现代远程教育和教育信息化并进而推动国民教育体系现代化、构建终身教育体系和学习型社会的决策更得到了教育界和全社会的共识.

　　在上述教育转型与变革时期,中国人民大学一直走在我国大学的前列.中国人民大学是一所以人文、社会科学和经济管理为主,兼有信息科学、环境科学等的综合性、研究型大学.长期以来,中国人民大学充分利用自身的教育资源优势,在办好全日制高等教育的同时,一直积极开展远程教育和继续教育.中国人民大学在我国首创函授高等教育.1952年,校长吴玉章和成仿吾创办函授教育的报告得到了刘少奇的批复,并于1953年率先招生授课,为新建的共和国培养了一大批急需的专门人才.在20世纪90年代末,中国人民大学成立了网络教育学院,成为我国首批现代远程教育试点高校之一.经过短短几年的探索和发展,中国人民大学网络教育学院创建的"网上人大"品牌,被远程教育界、媒体和社会誉为网络远程教育的"人大模式",即"面向在职成人,利用网络学习资源和虚拟学习社区,支持分布式学习和协作学习的现代远程教育模式".成立于1955年的中国人民大学出版社是新中国建立后最早成立的大学出版社之一,是教育部指定的全国高等学校文科教材出版中心.在过去的几年中,中国人民大学出版社与中国人民大学网络教育学院合作创作、设计、出版了国内第一套极富特色的"新编21世纪远程教育系列教材".这些凝聚了中国人民大学、北京大学、北京师范大学等北京知名高校学者教授、教育技术专家、软件工程师、教学设计师和编辑们广博才智的精品课程系列教材,以印刷版、光盘版和网络版立体化教材的范式探索构建全新的远程学习优质教育资源,实现先进的教育教学理念与现代信息通信技术的有效结合.这些教材已经被国内其他高校和众多网络教育学院所选用.中国人民大学出版社基于"出教材学术精品,育人文社科英才"理念的努力探索及其初步成果已经得到了我国远程教育界的广泛认同,是值得肯定的.

2005年4月,我被邀请出席《中国远程教育》杂志与中国人民大学出版社联合主办的"远程教育教材的共建共享与一体化设计开发"研讨会并做主旨发言,会后受中国人民大学出版社的委托为"新编21世纪远程教育精品教材"撰写"总序",这是我的荣幸.近几年来,我一直关注包括中国人民大学网络教育学院在内的我国高校现代远程教育试点工程.这次,更有机会全面了解和近距离接触中国人民大学出版社推出的"新编21世纪远程教育精品教材"及其编创人员.我想将我在上述研讨会上发言的主旨做进一步的发挥,并概括为若干原则作为我对包括中国人民大学出版社、中国人民大学网络教育学院在内的我国网络远程教育优质教育资源建设的期待和展望:

● 新编21世纪远程教育精品教材的教学内容要更加适应大众化高等教育面对在职成人、定位在应用型人才培养上的需要.

● 新编21世纪远程教育精品教材的教学设计要更加适应地域分散、特征多样的远程学生自主学习的需要,培养适应学习型社会的终身学习者.

● 在我国网络教学环境渐趋完善之前,印刷教材及其配套教学光盘依然是远程教材的主体,是多种媒体教材的基础和纽带,其教学设计应该给予充分的重视.要在印刷教材的显要部位对课程教学目标和要求做明确、具体、可操作的陈述,要清晰地指导远程学生如何利用多种媒体教材进行自主学习和协作学习.

● 应组织相关人员对多种媒体的远程教材进行一体化设计和开发,要注重发挥多种媒体教材各自独特的教学功能,实现优势互补.要特别注重对学生学习活动、教学交互、学习评价及其反馈的设计和实现.

● 要将对多种媒体远程教材的创作纳入到对整个远程教育课程教学系统的一体化设

计和开发中去,以便使优质的教材资源在优化的教学系统、平台和环境中,在有效的教学模式、学习策略和学习支助服务的支撑下获得最佳的学习成效.

● 要充分发挥现代远程教育工程试点高校各自的学科资源优势,积极探索网络远程教育优质教材资源共建共享的机制和途径.

中华人民共和国教育部远程教育专家顾问

丁兴富

# 前　言

　　高等数学课程是现代远程教育试点高校网络教育实行全国统一考试的部分公共基础课之一.高等数学的知识一方面为学生学习专业课程提供所必需的数学工具,另一方面能够培养学生的运算能力、抽象思维能力和逻辑推断能力.

　　本教材以教育部高校学生司和教育部考试中心制定颁布的课程大纲为基础,根据现代远程高等学历教育的教学要求,遵循为实现在线教育应用型人才培养目标而编写.

　　全书包括四个部分,共分八章,内容包括函数、极限与连续,一元函数微积分学、常微分方程和二元函数微积分学主要知识,书中打"＊"号的内容可根据不同专业选用.

　　本书具有以下特点:

　　一、本书是按照现代网络教育的教学要求编写的,力求对基本概念和基本方法讲解清楚、由浅入深,便于学习.对定理的阐述与证明,着重于几何直观解释,而不强调抽象冗长的数学推导.

　　二、本书在每节后配有小结和少量的课堂练习及课外作业题,方便学生学习使用;在每章后配综合复习题,以供自我检查学习效果之用.书末附有数学常用公式、极坐标和习题答案.

　　三、结构优化.本书依照新大纲的考点划分章节,保证了内容基本的区分度,力求做到有层次、有梯度、由浅入深、由低到高、相互补充、有机统一.

　　四、本书增加了数学概念的发展简史和一些数学家的介绍,使读者了解一些与课程内容相关的数学史知识,进而培养学生的科学观.

　　本书可作为各类在线高等教育教材,同时对高中以上相关人员自学、教研也有很好的参考价值.

　　由于编者水平有限,恳请读者对本书的不足之处批评指正.

编者

2020 年 9 月

# 目　录

第 **1** 章

# 函数、极限与连续

**本章知识结构图**

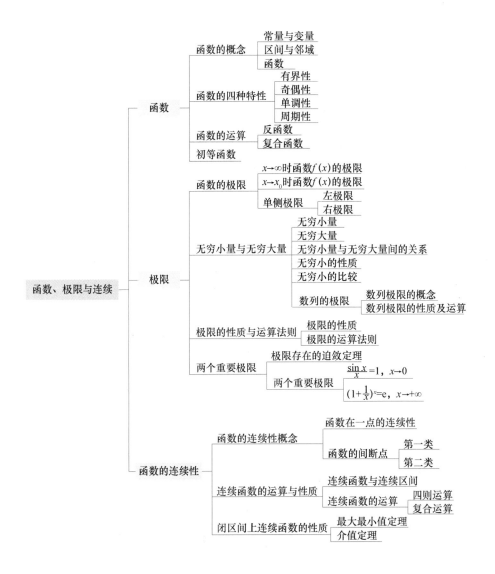

了解分段函数、复合函数、初等函数等概念. 掌握与函数连续性相关的知识.

◆ 掌握分段函数、复合函数、初等函数的概念.
◆ 理解数列极限、函数极限的定义.
◆ 掌握极限的四则运算法则.
◆ 了解无穷小、无穷大及其比较的概念,了解函数及其极限与无穷小的关系. 理解无穷小的性质.
◆ 了解迫敛准则. 会用两个重要极限公式求极限.
◆ 理解函数连续与间断的概念,会判断间断点的类型,了解初等函数的连续性及闭区间上连续函数的性质.

◆ 重点:复合函数的概念,极限概念,两个重要极限;极限四则运算法则;连续概念.
◆ 难点:复合函数的概念;极限定义,连续与间断的判断.

微积分是高等数学的主要部分,函数是微积分研究的主要对象,而极限的方法是研究函数性质的基本方法,本章将介绍函数、极限和函数的连续等基本概念,以及它们的一些性质.

## 第1节 函数

### 1.1 函数的概念

函数概念是全部数学概念中最重要的概念之一,最早提出函数(function)概念的,是17世纪德国数学家莱布尼茨最初用"函数"一词表示幂,随后,他又用函数表示在直角坐标系中曲线上一点的横坐标、纵坐标.

中文数学书上使用的"函数"一词是转译词,是我国清代数学家李善兰在翻译西方的《代数学》(1895年)一书时,把"function"译成"函数"的.

中国古代"函"字与"含"字通用,都有着"包含"的意思. 李善兰给出的定义是:"凡式

| 莱布尼茨 | 李善兰 |

中含天,为天之函数."中国古代用天、地、人、物 4 个字来表示 4 个不同的未知数或变量. 这个定义的含义是:"凡是公式中含有变量 $x$,则该式子叫作 $x$ 的函数."所以"函数"是指公式里含有变量的意思. 现在我们所说的方程的确切定义是指含有未知数的等式.

### 1.1.1　常量与变量

在日常生活和生产活动中,我们会经常遇到各种不同的量,例如:身高、气温、产量、收入等. 这些量可以分为两类,一类量在考察的过程中不发生变化,只取一个固定的值,我们把它称为常量,例如,圆周率 $\pi$,某种商品的价格,某个班在某段时间内保持不变的学生人数,这些量都是常量;另一类量在所考察的过程中是变化的,可以取不同数值,我们把它称作变量,例如,一天中的气温、生产过程中的产量都是在不断变化的,它们都是变量.

常量习惯用字母 $a,b,c,d$ 等表示;变量习惯用 $x,y,z,u,v$ 等表示.

### 1.1.2　区间与邻域

区间和邻域是高等数学中常用的对数集的叫法,下面对它们进行介绍.

#### 1. 区间

设 $a,b$ 是两个实数,且 $a<b$,满足不等式

$$a < x < b$$

的一切实数 $x$ 的全体称为开区间,记作 $(a,b)$. 满足不等式.

$$a \leqslant x \leqslant b$$

的一切实数 $x$ 的全体称为闭区间,记作 $[a,b]$. 其中 $a,b$ 称为**区间的端点**.

在几何上,$(a,b)$ 和 $[a,b]$ 都表示数轴上点 $a$ 和点 $b$ 之间的线段上的点,开区间 $(a,b)$ 不包含端点 $a$ 和 $b$,闭区间 $[a,b]$ 包含端点 $a$ 和 $b$. 类似地,对于满足不等式

$$a < x \leqslant b \text{ 或 } a \leqslant x < b$$

的一切实数 $x$ 的全体称为**半开区间**,分别记作 $(a,b]$ 或 $[a,b)$.

当 $a<b$ 时,$b-a$ 称为上述四个**区间的长度**.

为了讨论方便,引入记号"$+\infty$"(读作"正无穷大")和"$-\infty$"(读作"负无穷大"),并规定:

$(-\infty,+\infty)$ 表示全体实数,或记为 $-\infty<x<+\infty$;

$(-\infty,b)$ 表示满足不等式 $x<b$ 的一切实数 $x$ 的全体,或记为 $-\infty<x<b$;

$(a,+\infty)$ 表示满足不等式 $x>a$ 的一切实数 $x$ 的全体,或记为 $a<x<+\infty$.

**2. 邻域**

设 $a$ 和 $\delta$ 是两个实数,且 $\delta>0$,满足不等式

$$|x-a|<\delta$$

的一切实数 $x$ 的全体称为点 $a$ 的 $\delta$ **邻域**,记为 $U(a,\delta)$. 点 $a$ 称为**邻域的中心**,$\delta$ 称为**邻域的半径**,由于

$$|x-a|<\delta \Leftrightarrow -\delta<x-a<\delta \Leftrightarrow a-\delta<x<a+\delta,$$

即 $x\in(a-\delta,a+\delta)$,因此点 $a$ 的 $\delta$ 邻域就是开区间 $(a-\delta,a+\delta)$,如图 1-1-1 所示.

在以后讨论极限和导数概念时,经常要用到**去心邻域**的概念,去心邻域是指满足不等式 $|x-a|<\delta$ 且 $x\neq a$ 的一切实数 $x$ 的全体,记为 $\mathring{U}(a,\delta)$,如图 1-1-2 所示.

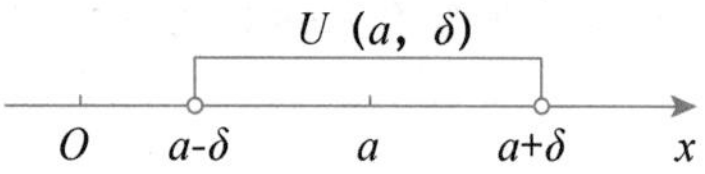

图 1-1-1 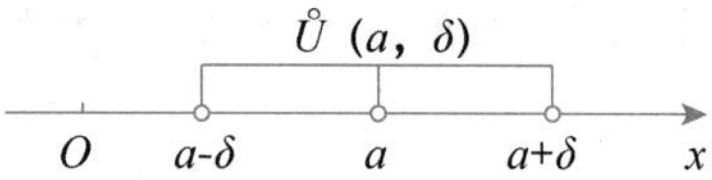    图 1-1-2

### 1.1.3 函数

现实生活中观察量都可以看成是变量,我们从中归纳出的规律常常表现为变量与变量之间的依赖关系. 而函数就是为了表述这些变量间的依赖关系而抽象出来的数学概念.

例如,生产某种产品的固定成本为 680 元,每生产一件产品,成本增加 7 元,那么该种产品的总成本 $y$ 与产量 $x$ 的关系可用下面的式子给出:

$$y=7x+680.$$

当产量 $x$ 取任意一个合理的值,成本 $y$ 都有确定的值和它对应,我们就说成本 $y$ 是产量 $x$ 的函数.

下面先给出函数的定义.

**定义 1**

设 $x$ 和 $y$ 是两个变量,若当变量 $x$ 在非空数集 $D$ 内任取一个值,变量 $y$ 依照某一规则 $f$ 总有一个确定的数值与之对应,则称变量 $y$ 为变量 $x$ 的**函数**,记为 $y=f(x)$. 这里 $x$ 称为**自变量**,$y$ 称为**因变量**,$f$ 是**函数符号**,它表示 $y$ 与 $x$ 的对应规则,$D$ 为**定义域**,所有函数值组成的集合 $W=\{y\,|\,y=f(x),x\in D\}$ 为**函数值域**.

当自变量 $x$ 在定义域内取某确定值 $x_0$ 时,按照函数关系 $y=f(x)$ 求出的因变量对应值 $y_0$ 叫作当 $x=x_0$ 时的**函数值**,记作 $y\,|_{x=x_0}$ 或 $f(x_0)$.

**例1** 求下列函数的定义域：

$(1) f(x) = \dfrac{3}{5x^2 + 2x}$；

$(2) f(x) = \sqrt{9 - x^2}$.

**解:**$(1)$在分式$\dfrac{3}{5x^2 + 2x}$中,分母不能为零,所以$5x^2 + 2x \neq 0$,解得$x \neq -\dfrac{2}{5}, x \neq 0$,即定义域为$\left(-\infty, -\dfrac{2}{5}\right) \cup \left(-\dfrac{2}{5}, 0\right) \cup (0, +\infty)$.

$(2)$在偶次根式中,被开方式必须大于等于零,所以有$9 - x^2 \geqslant 0$解得$-3 \leqslant x \leqslant 3$,即定义域为$[-3, 3]$.

在实际应用问题中,除了要根据解析式子本身来确定自变量的取值范围以外,还要考虑到变量的实际意义.

**例2** 设函数$f(x) = \begin{cases} \sin x, & -4 \leqslant x < 1 \\ 1.5, & 1 \leqslant x < 3 \\ 2x - 4, & x \geqslant 3 \end{cases}$,求$f(-\pi), f(1), f(3.5)$及函数的定义域.

**解:**因为$-\pi \in [-4, 1)$,所以$f(-\pi) = \sin(-\pi) = 0$;因为$1 \in [1, 3)$,所以$f(1) = 1.5$;因为$3.5 \in [3, +\infty)$,所以$f(3.5) = 2 \times 3.5 - 4 = 3$. 函数$f(x)$的定义域为$[-4, +\infty)$.函数图形如图$1-1-3$所示.

例2中的函数在其定义域的不同部分用不同的解析式表示,这种形式的函数称为**分段函数**.例如函数$y = |x| = \begin{cases} x, & x \geqslant 0 \\ -x, & x < 0 \end{cases}$,定义域为$(-\infty, +\infty)$.

分段函数是由几个关系式合起来表示一个函数,而不是几个函数,对于自变量$x$在定义域内的某个值,分段函数$y$只能确定唯一的值,分段函数的定义域是各段自变量取值集合的并.

**例3** 取整函数$y = [x]$,其中$[x]$表示不超过$x$的最大整数.例如,$[\pi] = 3, [-2.3] = -3$, $[\sqrt{2}] = 1$.易知,取整函数的定义域为$(-\infty, +\infty)$,值域为一切整数,图形如图$1-1-4$所示.

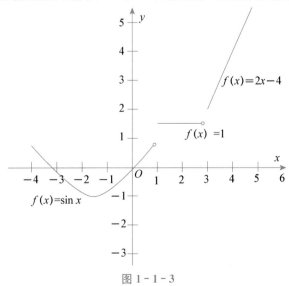

图 1-1-3

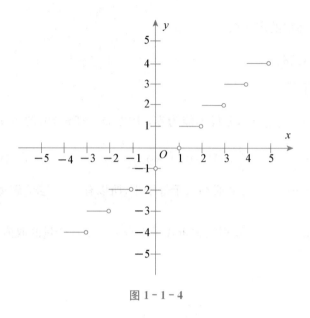

图 1 - 1 - 4

## 1.2 函数的四种特性

### 1.2.1 有界性

设函数 $f(x)$ 在某区间 $I$ 上有定义,若存在正数 $M$(即 $\exists M>0$[①]),使得 $|f(x)|\leqslant M$ 对任意 $x\in I$ 都成立,则称 $f(x)$ 在 $I$ 上**有界**. 若这样的 $M$ 不存在(即对充分大的 $M>0$, 都存在$x_1\in I$,使得 $|f(x_1)|>M$),则称 $f(x)$ 在 $I$ 上**无界**. 如:$y=6\sin x$ 在 $(-\infty,+\infty)$ 内有界,如图 $1-1-5$,若 $M=7$,即 $|\sin x|<7$ 总是成立的,实际上 $M$ 可以取任何大于 6 的数.

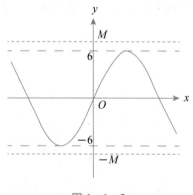

图 1 - 1 - 5

---

① 高等数学中,经常用符号"$\exists$"表示"存在".

函数的有界性与自变量的定义区间有关,例如,$f(x)=\dfrac{1}{x}$ 在 $(1,2)$ 内有界,但在 $(0,1)$ 内无界.

### 1.2.2　奇偶性

设函数 $f(x)$ 的定义域 $D=(-l,l)$.若 $\forall x \in D$[①],有 $f(-x)=f(x)$,则称 $f(x)$ 为**偶函数**;若 $\forall x \in D$,有 $f(-x)=-f(x)$,则称 $f(x)$ 为**奇函数**.

例如,$f(x)=x^2$ 是偶函数,$f(x)=x^3$ 为奇函数;不满足上述两条的为**非奇非偶函数**,如 $f(x)=x^2+x$.

**注**:奇函数的图形关于原点对称,偶函数的图形关于 $y$ 轴对称(见图 1-1-6,图 1-1-7).

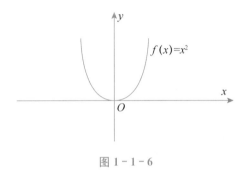

图 1-1-6

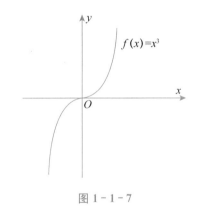

图 1-1-7

**例 4**　判断下列函数的奇偶性:

(1) $f(x)=3x^4-5x^2+7$;

(2) $f(x)=2x^2+\sin x$;

(3) $f(x)=\dfrac{1}{2}(a^{-x}-a^x)$.

**解**:根据函数奇偶性的定义,

(1)因为 $f(-x)=3(-x)^4-5(-x)^2+7=3x^4-5x^2+7=f(x)$,所以其为偶函数.

---

① 符号"$\forall$"表示"对任意的",如 $\forall x \in D$,表示"在定义域 $D$ 中任意取 $x$".

(2)因为 $f(-x)=2(-x)^2+\sin(-x)=2x^2-\sin x\neq f(x)$,得到 $f(-x)\neq-f(x)$,所以其既非奇函数,也非偶函数.

(3)因为 $f(-x)=\dfrac{1}{2}(a^{-(-x)}-a^{-x})=-f(x)$,所以其为奇函数.

### 1.2.3 单调性

设函数 $y=f(x)$,$x\in D$,$I\subset D$.对任意的 $x_1\in I$,$x_2\in I$,当 $x_1<x_2$,有 $f(x_1)<f(x_2)$,则称 $y=f(x)$ 在 $I$ 上**单调递增**;若有 $f(x_1)>f(x_2)$,则称 $y=f(x)$ 在 $I$ 上**单调递减**.

例如,函数 $f(x)=x^2$ 在区间 $(0,+\infty)$ 上单调递增,在区间 $(-\infty,0)$ 上单调递减,如图 1-1-6 所示;而函数 $f(x)=x^3$ 在定义域 $(-\infty,+\infty)$ 上均单调递增,如图 1-1-7 所示.

**例 5** 证明 $y=x^3$ 在 $(-\infty,+\infty)$ 内单调递增.

**证明:** 对于任意的 $x_1<x_2$,$x_1$,$x_2\in(-\infty,+\infty)$,有
$$x_2{}^3-x_1{}^3=(x_2-x_1)(x_2{}^2+x_1x_2+x_1{}^2),$$
当 $x_1$,$x_2$ 同号时,上式右边两个因子均为正数,故 $x_2{}^3>x_1{}^3$;

当 $x_1$,$x_2$ 异号时,$x_1{}^3<0$,$x_2{}^3>0$,故 $x_2{}^3>x_1{}^3$.

故对任意的 $x_1<x_2$,$x_1$,$x_2\in(-\infty,+\infty)$,有 $x_1{}^3<x_2{}^3$.所以 $f(x)$ 在 $(-\infty,+\infty)$ 内单调递增.

### 1.2.4 周期性

设有函数 $y=f(x)$,$x\in D$.若存在数 $l\neq0$,使得 $f(x+l)=f(x)(x,x\pm l\in D)$,则称 $f(x)$ 为**周期函数**,$l$ 为**周期**.一般地,周期函数的周期均指最小正周期.

如图 1-1-8 所示,$y=\sin x$,$y=\cos x$ 的周期为 $2\pi$,$y=\cos 4x$ 的周期为 $\dfrac{\pi}{2}$.

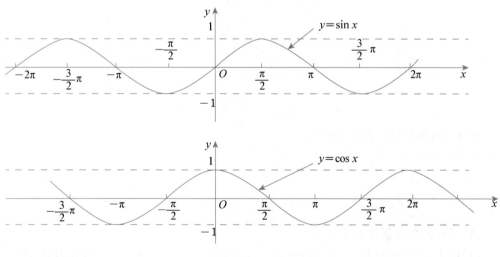

图 1-1-8

## 1.3 函数的运算

函数除了可以进行加、减、乘、除四则运算外,还有反函数运算与复合运算.

### 1.3.1　反函数

**定义 2**

设函数 $y=f(x)$ 为定义在数集 $D$ 上的函数,其值域为 $W$. 如果对于数集 $W$ 中的每个数 $y$,在数集 $D$ 中都有唯一确定的数 $x$ 使 $y=f(x)$ 成立,则得到一个定义在数集 $W$ 上的以 $y$ 为自变量、$x$ 为因变量的函数,称其为函数 $y=f(x)$ 的**反函数**,记为 $x=f^{-1}(y)$,其定义域为 $W$,值域为 $D$.

**注 1**:易见反函数 $x=f^{-1}(y)$ 的定义域即是原来函数 $y=f(x)$ 的值域,而其值域即是原来函数的定义域.

**注 2**:为了符合习惯,常把 $x=f^{-1}(y)$ 中的 $y$ 换为 $x$,把 $x$ 换为 $y$,从而得 $y=f^{-1}(x)$,由于并不改变其定义域和对应法则,所以它们是相同的函数.

**注 3**:函数 $y=f(x)$ 与 $y=f^{-1}(x)$ 互为反函数.

**反函数的性质**

(1) 单调函数必有反函数,且其反函数的单调性与原来函数的单调性一致.

(2) 函数 $y=f(x)$ 与其反函数 $y=f^{-1}(x)$ 的图像关于直线 $y=x$ 对称.

图形 $1-1-9$ 直观展现了以上两个性质.

例如,函数 $y=\sin x\left(-\dfrac{\pi}{2}\leqslant x\leqslant\dfrac{\pi}{2}\right)$ 的反函数为 $x=\arcsin y(-1\leqslant y\leqslant 1)$.

需要指出,不是所有的函数在其定义域内都存在反函数,只有单调函数才存在反函数.

**例 6**　求函数 $y=\mathrm{e}^x+1$ 的反函数.

**解**:由 $y=\mathrm{e}^x+1$ 可解得 $x=\ln(y-1)$,交换 $x,y$ 的位置,得所求函数的反函数为 $y=\ln(x-1)$,其定义域为 $(1,+\infty)$.

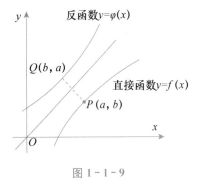

图 $1-1-9$

### 1.3.2　复合函数

**定义 3**

设 $y=f(u)$ 的定义域为 $D_1$,$u=\varphi(x)$ 的定义域为 $D_2$,$\varnothing(x)$ 的值域为 $W_2$. 若 $D_1\bigcap W_2\neq\varnothing$,则称函数 $y=f[\varphi(x)]$ 为由 $y=f(u)$,$u=\varphi(x)$ 复合而成的**复合函数**,$u$ 称为**中间变量**.

对于复合函数,需要注意下面的三点:

（1）不是任何两个函数都可以构成一个复合函数，$D_1 \cap W_2 \neq \varnothing$ 是检验两个函数能否复合的根据.例如 $y = \ln u$ 和 $u = x - \sqrt{x^2+1}$ 就不能构成复合函数，因为 $u = x - \sqrt{x^2+1}$ 的值域是 $u < 0$，而 $y = \ln u$ 的定义域是 $u > 0$，前者函数的值域完全没有被包含在后者函数的定义域中.

（2）复合函数不仅可以有一个中间变量，还可以有多个中间变量，这些中间变量是经过多次复合产生的.

（3）复合函数通常不一定是由纯粹的基本初等函数复合而成，而更多的是由基本函数经过运算形成的简单函数构成的，这样，复合函数的合成和分解往往是对简单函数而言的.

**例 7**　已知 $y = \sqrt{u}, u = 2x^3 + 5$ 将 $y$ 表示成 $x$ 的函数.

**解**：将 $u = 2x^3 + 5$ 代入 $y = \sqrt{u}$，可得 $y = \sqrt{2x^3+5}$.

**例 8**　已知 $y = \ln u, u = 4 - v^2, v = \cos x$，将 $y$ 表示成 $x$ 的函数.

**解**：$y = \ln(4 - v^2) = \ln(4 - \cos^2 x)$.

**例 9**　指出下列复合函数是由哪些简单函数复合而成的.

（1）$y = \sin(x^3 + 4)$；

（2）$y = 5^{\cot \frac{1}{x}}$.

**解**：（1）设 $u = x^3 + 4$，则 $y = \sin(x^3+4)$ 由 $y = \sin u, u = x^3 + 4$ 复合而成.

（2）设 $u = \cot \dfrac{1}{x}$，则 $y = 5^u$，设 $v = \dfrac{1}{x}$，则 $u = \cot v$，所以 $y = 5^{\cot \frac{1}{x}}$ 可以看成是由 $y = 5^u$，$u = \cot v, v = \dfrac{1}{x}$ 三个函数复合而成的.

## 1.4　初等函数

### 1.4.1　基本初等函数

常函数、幂函数、指数函数、对数函数、三角函数和反三角函数这 6 类函数叫作**基本初等函数**.

（1）常函数 $y = c$，其中 $c$ 为常数.常函数的图形如图 1-1-10 所示.

（2）幂函数 $y = x^a (a \in R)$.

它的定义域和值域依 $a$ 的取值不同而不同，但是无论 $a$ 取何值，幂函数在 $x \in (0, +\infty)$ 内总有定义.常见的幂函数的图形如图 1-1-11 所示.

（3）指数函数 $y = a^x (a > 0, a \neq 1)$.它的定义域为 $(-\infty, +\infty)$，值域为 $(0, +\infty)$.指数函数的图形如图 1-1-12 所示.

（4）对数函数 $y = \log_a x (a > 0, a \neq 1)$.定义域为 $(0, +\infty)$，值域为 $(-\infty, +\infty)$.对数函数 $y = \log_a x$ 是指数函数 $y = a^x$ 的反函数.其图形如图 1-1-13 所示.

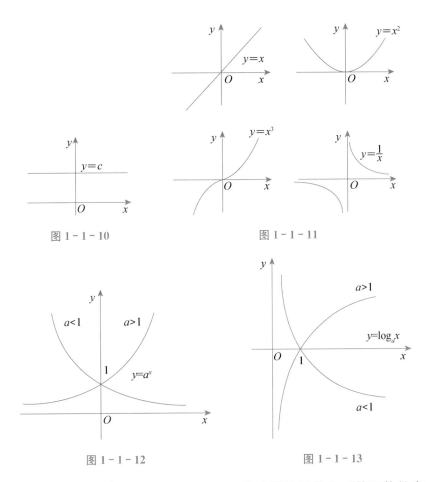

图 1 - 1 - 10                    图 1 - 1 - 11

图 1 - 1 - 12                    图 1 - 1 - 13

在工程中,常以无理数 e = 2.718 281 828⋯作为指数函数和对数函数的底,并且记 $e^x = \exp(x)$. $\log_e x = \ln x$,后者称为**自然对数函数**.

(5)三角函数. 三角函数有正弦函数 $y = \sin x$,余弦函数 $y = \cos x$,正切函数 $y = \tan x$,余切函数 $y = \cot x$,正割函数 $y = \sec x$ 和余割函数 $y = \csc x$. 其中正切和余切函数的图形如图 1 - 1 - 14 所示.

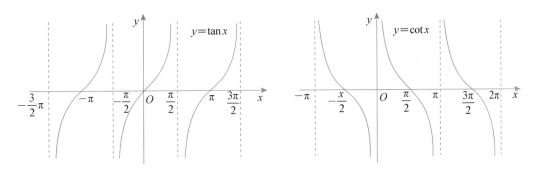

图 1 - 1 - 14

(6)反三角函数：

反正弦函数 $y=\arcsin x$，$y\in\left[-\dfrac{\pi}{2},\dfrac{\pi}{2}\right]$，定义域为$[-1,1]$；

反余弦函数 $y=\arccos x$，$y\in[0,\pi]$，定义域为$[-1,1]$；

反正切函数 $y=\arctan x$，$y\in\left(-\dfrac{\pi}{2},\dfrac{\pi}{2}\right)$，定义域为$(-\infty,+\infty)$；

反余切函数 $y=\operatorname{arccot} x$，$y\in(0,\pi)$，定义域为$(-\infty,+\infty)$.

这四个函数图形如图 1-1-15 所示.

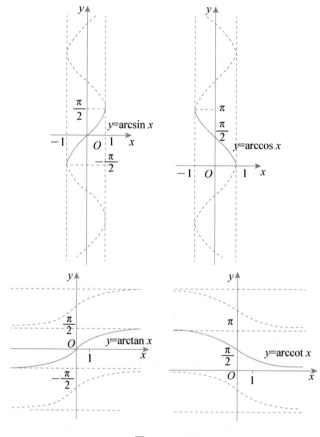

图 1-1-15

### 1.4.2　初等函数

通常把由基本初等函数经过有限次的四则运算和有限次的复合步骤所得到的并用一个解析式表达的函数，称为**初等函数**.

例如，$y=\sqrt{1-x^2}$，$y=\mathrm{e}^{2x}\sin^2 x$，$y=\dfrac{\arctan x}{x^2}$，…都是初等函数，而分段函数一般不是初等函数.

小结

函数定义,函数的表达式、定义域和函数值,分段函数.
分段函数的表达式和作图.
函数的有界性、奇偶性、单调性和周期性.
复合函数和反函数的概念.
初等函数的概念.

课堂练习 1.1

1.画出 $y=|x|$ 的图形,并说明它的定义域、奇偶性和单调性.

2.指出 $y=\sqrt{\ln(2x+3)}$ 由哪些函数复合而成,并指出其定义域.

习题 1.1

1.求定义域 $y=\sqrt{3-x}+\arcsin\dfrac{3-2x}{5}$.

2.求下列函数的定义域.

(1) $y=\sqrt{x^2-4x+3}$ ;

(2) $y=\sqrt{4-x^2}+\dfrac{1}{\sqrt{x+1}}$ ;

(3) $y=\ln(x+2)+1$ ;

(4) $y=\ln\sin x$.

3.设 $f(x)=x^2,g(x)=\mathrm{e}^x$,求 $f[g(x)],g[f(x)],f[f(x)],g[g(x)]$.

4.判断下列函数的奇偶性.

(1) $f(x)=x^{-3}$ ;

(2) $f(x)=\left(\dfrac{4}{5}\right)^x$ ;

(3) $f(x)=x\sin x$.

5.写出下列函数的复合过程.

(1) $y=\sin^3(8x+5)$ ;

(2) $y=\tan(\sqrt[3]{x^2+5})$ ;

(3) $y=2^{1-x^2}$ ;

(4) $y=\ln(3-x)$.

## 第2节 函数的极限

在从初等数学这种对静态的数量关系的分析到高等数学这种对动态数量关系的研究这一发展过程中,研究对象发生了很大的变化. 也正是在这一背景下,极限作为一种研究事物动态数量关系的方法应运而生. 用动态的观点揭示出函数 $y=f(x)$ 所确定的两个变量之间的变化关系时,我们才算真正开始进入高等数学的研究领域.极限是进入高等数学的钥匙和工具.

若 $x$ 为连续变化的自变量,讨论当 $x$ 在某个趋向过程中,函数 $y=\dfrac{1}{x}$ 如何变化? 例如,当 $x\to0(x\neq0)$ 时,$f(x)\to\infty$,如图 $1-2-1$ 所示.

下面我们分两种情况讨论函数的极限.

(1)自变量 $x$ 趋近于 $x_0$,对应的函数值 $f(x)$ 的变化趋势.

(2)自变量的绝对值 $|x|$ 无限增大,记为 $x\to\infty$,对应的函数值 $f(x)$ 的变化趋势.

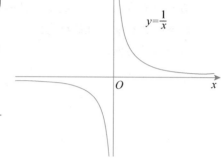

图 $1-2-1$

## 2.1 $x\to\infty$ 时函数 $f(x)$ 的极限

**定义 1**

设函数 $y=f(x)$. 如果 $|x|$ 无限增大时,函数 $f(x)$ 无限趋近于某个固定的常数 $A$,则称 $x$ 趋于无穷时,$f(x)$ 以 $A$ 为极限,记作

$$\lim_{x\to\infty}f(x)=A \text{ 或者 } f(x)\to A(x\to\infty).$$

在高等数学中,通常会给出函数极限更严格的定义—"ε−X"语言的定义,即把定义 1 中的两个"→"用两个不等式刻画.用当 $|x|>X$ 刻画 $x\to\infty$,用 $|f(x)-A|<\varepsilon$ 刻画 $f(x)\to A$,其中 $X$ 为充分大的正数.

**定义 1'**

对任意 $\varepsilon>0$,存在 $X>0$,当 $|x|>X$ 时,总有 $|f(x)-A|<\varepsilon$,则称 $x$ 趋于无穷时,$f(x)$ 以 $A$ 为极限.

对于任意的大于 0 且不论其多么小的量 $\varepsilon$,都存在一个足够大的量 $X>0$,使得函数自变量 $x$ 趋于无穷大时,也就是 $x$ 比任意大的数都要大时,极限都存在($f(x)$ 与 $y=A$ 之间的距离小于一个无穷小量,也就是收敛于一点).图 $1-2-2$ 直观地展示了定义 1' 中,当 $x\to\pm\infty$ 时,函数 $y=\dfrac{\sin x}{x}$ 相关的即 $\varepsilon$ 与 $X$ 的关系,只要任意给定一个 $\varepsilon>0$,总能找到一个 $X$,当 $x<-X$ 或 $x>X$ 时,函数 $y=\dfrac{\sin x}{x}$ 的图像总落在图中的阴影区域内.

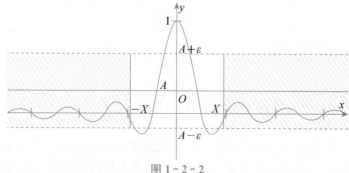

图 $1-2-2$

如果当 $x>0$，且 $|x|$ 无限增大，则可记 $x \to +\infty$；如果当 $x<0$，且 $|x|$ 无限增大，则可记 $x \to -\infty$.

**定义 2**

设函数 $y=f(x)$，如果当 $x \to +\infty$（或 $x \to -\infty$）时，函数 $f(x)$ 无限趋近于某个常数 $A$，则称当 $x \to +\infty$（或 $x \to -\infty$）时，$f(x)$ 以 $A$ 为极限，记作

$$\lim_{x \to +\infty} f(x) = A (\lim_{x \to -\infty} f(x) = A).$$

例如：$\lim\limits_{x \to +\infty} \operatorname{arccot} x = 0$，$\lim\limits_{x \to -\infty} \operatorname{arccot} x = \pi$.

由定义可得，$\lim\limits_{x \to \infty} f(x) = A$ 的充要条件是 $\lim\limits_{x \to +\infty} f(x) = \lim\limits_{x \to -\infty} f(x) = A$.

**例 1** 求 $\lim\limits_{x \to \infty} \left(1 + \dfrac{1}{x^2}\right)$.

**解**：当 $x \to +\infty$ 时，$\dfrac{1}{x^2}$ 无限变小，函数值趋于 1；当 $x \to -\infty$ 时，函数值同样趋于 1，所以有 $\lim\limits_{x \to \infty} \left(1 + \dfrac{1}{x^2}\right) = 1$.

**例 2** 求 $\lim\limits_{x \to -\infty} 3^x$.

**解**：当 $x \to -\infty$ 时，$3^x = \dfrac{1}{3^{-x}} \to 0$，即得 $\lim\limits_{x \to -\infty} 3^x = 0$.

## 2.2 $x \to x_0$ 时函数 $f(x)$ 的极限

**定义 3**

设函数 $f(x)$ 在 $x_0$ 的某一去心邻域内有定义，如当 $x \to x_0$ 时，$f(x) \to A$，则称 $A$ 为函数 $f(x)$ 当 $x \to x_0$ 的**极限**，记作

$$\lim_{x \to x_0} f(x) = A \text{ 或 } f(x) \to A (x \to x_0).$$

与 $x \to \infty$ 的定义类似，下面给出函数极限更严格的定义——"$\varepsilon-\delta$"语言的定义，即把定义 1 中的两个"$\to$"用两个不等式刻画。用 $0<|x-x_0|<\delta$ 刻画 $x \to x_0$，用 $|f(x)-A|<\varepsilon$ 刻画 $f(x) \to A$，其中 $\delta$ 为充分小的正数.

只要任意给定一个 $\varepsilon>0$，总能找到一个 $\delta>0$，当 $x$ 取值于以 $x_0$ 为中心、$\delta$ 为半径的去心邻域内，即 $0<|x-x_0|<\delta$ 时，函数 $y=f(x)$ 的图像总落在图中的阴影区域内；若 $x$ 取值于此去心邻域外，则函数图像一定有落于阴影区域外的部分，如 $x$ 取 $x_1$ 时. 如图 1-2-3 所示.

**定义 3'**

对任意 $\varepsilon>0$，存在 $\delta>0$，当 $0<|x-x_0|<\delta$ 时，总有 $|f(x)-A|<\varepsilon$，则称 $x$ 趋于 $x_0$ 时，$f(x)$ 以 $A$ 为极限.

上述 $x \to x_0$ 时函数 $f(x)$ 的极限概念中，$x$ 既是从 $x_0$ 的左侧也是从 $x_0$ 的右侧趋于 $x_0$ 的. 但有时只考虑 $x$ 仅从 $x_0$ 的左侧趋于 $x_0$（即 $x<x_0$，记作 $x \to x_0^-$）的情形. 或 $x$ 仅从 $x_0$ 的右侧

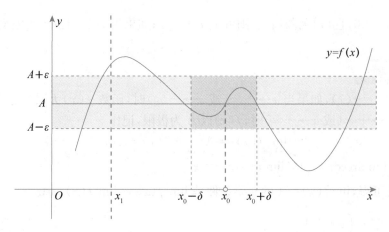

图 1-2-3

趋于$x_0$(即 $x>x_0$,记作 $x \to x_0^+$)的情形,这就产生了左极限和右极限的概念.

**定义 4**

设函数 $y=f(x)$ 在点$x_0$的去心邻域内有定义,若当 $x$ 从$x_0$的左(右)侧趋于$x_0$时,$f(x)$趋于 $A$,则称 $f(x)$ 当 $x$ 从$x_0$的左(右)侧趋于$x_0$时收敛于 $A$,且称 $A$ 为$f(x)$在点$x_0$的**左(右)极限**,记作

$$\lim_{x \to x_0^-} f(x) = A \left[ \lim_{x \to x_0^+} f(x) = A \right].$$

由定义可得如下定理:

**定理**    $\lim\limits_{x \to x_0} f(x) = A$ 的充要条件是 $\lim\limits_{x \to x_0^-} f(x) = \lim\limits_{x \to x_0^+} f(x) = A$.

**例 3**    设函数 $f(x) = \begin{cases} x+1, & x<0 \\ 0, & x=0, \\ x-1, & x>0 \end{cases}$ 讨论当 $x \to 0$ 时,$f(x)$是否存在极限.

**解**:根据左、右极限的定义可得:

$$\lim_{x \to 0^-} f(x) = \lim_{x \to 0^-} (x+1) = 1;$$
$$\lim_{x \to 0^+} f(x) = \lim_{x \to 0^+} (x-1) = -1.$$

由于 $\lim\limits_{x \to 0^-} f(x) \neq \lim\limits_{x \to 0^+} f(x)$,故当 $x \to 0$ 时,$f(x)$的极限不存在.

**例 4**    判断 $\lim\limits_{x \to 0} e^{\frac{1}{x}}$ 是否存在.

**解**:当 $x \to 0^+$ 时,$\dfrac{1}{x} \to +\infty$,则$e^{\frac{1}{x}} \to +\infty$,即 $\lim\limits_{x \to 0^+} e^{\frac{1}{x}} = +\infty$;

当 $x \to 0^-$ 时,$\dfrac{1}{x} \to -\infty$,则$e^{\frac{1}{x}} \to 0$,即 $\lim\limits_{x \to 0^-} e^{\frac{1}{x}} = 0$.

左极限存在,而右极限不存在,由定理可知 $\lim\limits_{x \to 0} e^{\frac{1}{x}}$ 不存在.

小结

$x \to \infty$ 时函数 $f(x)$ 的极限.

$x \to x_0$ 时函数 $f(x)$ 的极限.

分段函数的极限(左极限、右极限).

 课堂练习 1.2

1. 讨论当 $x \to 1$ 时,函数 $f(x) = \dfrac{x^2-1}{x-1}$ 的变化趋势.

2. 设 $f(x) = \begin{cases} x+2, & x \geqslant 1 \\ 3x, & x < 1 \end{cases}$,判断 $\lim\limits_{x \to 1} f(x)$ 是否存在.

习题 1.2

1. 设 $f(x) = \begin{cases} |x|+1, & x \neq 0 \\ 2, & x = 0 \end{cases}$,求 $\lim\limits_{x \to 0} f(x)$.

2. 设 $f(x) = \dfrac{\sqrt{x^2}}{x}$,回答下列问题:

(1)函数 $f(x)$ 在 $x = 0$ 处的左、右极限是否存在?

(2)函数 $f(x)$ 在 $x = 0$ 处是否有极限? 为什么?

(3)函数 $f(x)$ 在 $x = 1$ 处是否有极限? 为什么?

## 第 3 节　无穷小量与无穷大量

### 3.1　无穷小量

**定义 1**

若 $\lim\limits_{x \to x_0} f(x) = 0 \left(\text{或} \lim\limits_{x \to \infty} f(x) = 0\right)$,则称 $f(x)$ 当 $x \to x_0$(或 $x \to \infty$)时为**无穷小量**. 简而言之,无穷小量就是以零为极限的量.

**注:**

(1)无穷小量是以 0 为极限的函数,并非很小的数.

(2)无穷小量的定义对数列也适用,例如数列 $\left\{\dfrac{1}{n}\right\}$ 当 $n \to \infty$ 时就是无穷小量.

(3)不能笼统地说某个函数是无穷小量,必须指出它的极限过程,无穷小量与极限过程有关. 在某个变化过程中的无穷小量,在其他过程中则不一定是无穷小量,例如当 $x \to$

$\infty$ 时, $\dfrac{1}{x}$ 是无穷小量,而当 $x \to 1$ 时, $\dfrac{1}{x}$ 就不是无穷小量.

下面的定理给出了函数、极限和无穷小之间的关系.

**定理 1** $\lim\limits_{x \to x_0} f(x) = A \Leftrightarrow f(x) = A + \alpha$,其中 $\lim\limits_{x \to x_0} \alpha = 0$.

**证明:** 根据函数极限的定义, $\lim\limits_{x \to x_0} f(x) = A$,则 $\forall \varepsilon > 0$, $\exists \delta > 0$,当 $0 < |x - x_0| < \delta$ 时,总有 $|f(x) - A| < \varepsilon$ 成立.

若设 $\alpha = f(x) - A$,则 $|\alpha| < \varepsilon$. 所以 $\forall \varepsilon > 0$, $\exists \delta > 0$,当 $0 < |x - x_0| < \delta$ 时, $|\alpha| < \varepsilon$,即 $\lim\limits_{x \to x_0} \alpha = 0$.

因此 $f(x) = A + \alpha$. 证毕.

定理中,自变量 $x$ 的变化过程可以换成其他任何一种情形,如 $x \to x_0^+$, $x \to x_0^-$, $x \to +\infty$, $x \to -\infty$, $x \to \infty$,结论仍成立.

## 3.2 无穷大量

**定义 2**

如果当 $x \to x_0$(或 $x \to \infty$)时, $|f(x)|$ 无限地增大,则称函数 $f(x)$ 是当 $x \to x_0$(或 $x \to \infty$)时的**无穷大量**,记作: $\lim\limits_{x \to x_0} f(x) = \infty \left( \text{或} \lim\limits_{x \to \infty} f(x) = \infty \right)$.

例如, $\lim\limits_{x \to 1} \dfrac{1}{x-1} = \infty$,则 $\dfrac{1}{x-1}$ 是当 $x \to 1$ 时的无穷大量.

又如, $\lim\limits_{x \to \infty} x^2 = \infty$,则称 $x^2$ 是当 $x \to \infty$ 时的无穷大量.

## 3.3 无穷小量与无穷大量间的关系

下面的定理给出了无穷大量与无穷小量的关系.

**定理 2** 如果当 $x \to x_0$(或 $x \to \infty$)时, $f(x)$ 为无穷大量,则 $\dfrac{1}{f(x)}$ 为无穷小量;反之,如果当 $x \to x_0$(或 $x \to \infty$)时, $f(x)$ 为无穷小量,且 $f(x) \neq 0$,则 $\dfrac{1}{f(x)}$ 为无穷大量. 即

$$\lim f(x) = \infty \Leftrightarrow \lim \frac{1}{f(x)} = 0 \text{ 或 } \lim f(x) = 0, f(x) \neq 0 \Leftrightarrow \lim \frac{1}{f(x)} = \infty.$$

## 3.4 无穷小的性质

**性质 1** 有限个无穷小的代数和为无穷小.

**注意**:无穷多个无穷小的代数和未必是无穷小,如 $n \to \infty$ 时,$\frac{1}{n^2}, \frac{2}{n^2}, \cdots, \frac{n}{n^2}$ 均为无穷小,但是 $\lim\limits_{n \to \infty} \left( \frac{1}{n^2} + \frac{2}{n^2} + \cdots + \frac{n}{n^2} \right) = \lim\limits_{n \to \infty} \frac{n(n+1)}{2n^2} = \lim\limits_{n \to \infty} \left( \frac{1}{2} + \frac{1}{2n} \right) = \frac{1}{2}$.

**性质 2**　有界函数与无穷小之积为无穷小.

例如,因为 $\lim\limits_{x \to \infty} \frac{1}{x} = 0$,而 $|\sin x| \leqslant 1$,则 $\lim\limits_{x \to \infty} \frac{\sin x}{x} = 0$. 函数 $y = \frac{\sin x}{x}$ 的图像如图 1-3-1 所示.

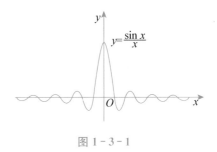

图 1-3-1

**推论 1**:常数与无穷小之积为无穷小.

**推论 2**:有限个无穷小之积也是无穷小.

必须注意,两个无穷小之商未必是无穷小.

例如当 $x \to 0$ 时,$x$ 与 $2x$ 皆为无穷小,但是 $\lim\limits_{x \to 0} \frac{2x}{x} = 2$.

**例 1**　求 $\lim\limits_{x \to \infty} \frac{\cos x}{x}$.

**解**:因为 $\frac{\cos x}{x} = \frac{1}{x} \cdot \cos x$,其中 $\cos x$ 为有界函数,$\frac{1}{x}$ 为当 $x \to \infty$ 时的无穷小量.

由性质 2 可知,$\lim\limits_{x \to \infty} \frac{\cos x}{x} = 0$.

## 3.5　无穷小的比较

已知极限为 0 的函数为无穷小量,但它们趋于 0 的快慢程度往往不同. 如:$\lim\limits_{x \to 0} 3x = 0$,$\lim\limits_{x \to 0} \sin x = 0$,$\lim\limits_{x \to 0} x^2 = 0$,但 $\lim\limits_{x \to 0} \frac{x^2}{3x} = 0$,$\lim\limits_{x \to 0} \frac{\sin x}{3x} = \frac{1}{3}$,$\lim\limits_{x \to 0} \frac{\sin x}{x^2} = \infty$,为了比较一下它们趋于 0 的快慢,我们引入无穷小阶的概念.

**定义**

设 $\alpha, \beta$,$\lim \alpha = 0$,$\lim \beta = 0$,且 $\alpha \neq 0$.

若 $\lim \frac{\beta}{\alpha} = 0$,则称 $\beta$ 是比 $\alpha$ 高阶的无穷小,记 $\beta = O(\alpha)$;

若 $\lim \frac{\beta}{\alpha} = c \neq 0$,则称 $\beta$ 与 $\alpha$ 是同阶无穷小;

若 $\lim \frac{\beta}{\alpha^k} = c \neq 0 (k \neq 0)$,则称 $\beta$ 是 $\alpha$ 的 $k$ 阶无穷小;

若 $\lim \frac{\beta}{\alpha} = 1$,则称 $\beta$ 与 $\alpha$ 是等价无穷小,记作 $\beta \sim \alpha$.

例如:$x \to 0$ 时,$x^2 = O(3x)$;$\sin x$ 与 $3x$ 同阶;$\lim\limits_{x \to 0} \frac{\sin x}{x} = 1$,即 $\sin x \sim x (x \to 0)$;

$$\lim_{x \to 0} \frac{1 - \cos x}{\dfrac{x^2}{2}} = 1, \text{即 } 1 - \cos x \sim \frac{x^2}{2} \, (x \to 0).$$

下述定理说明了等价无穷小量在求极限问题中的作用.

**定理 3**　设函数 $f(x), g(x), h(x)$ 在 $x_0$ 的去心邻域内有定义,且有 $f(x) \sim g(x)(x \to x_0)$.

(1) 若 $\lim\limits_{x \to x_0} g(x)h(x) = A$,则 $\lim\limits_{x \to x_0} f(x)h(x) = A$;

(2) 若 $\lim\limits_{x \to x_0} \dfrac{h(x)}{g(x)} = B$,则 $\lim\limits_{x \to x_0} \dfrac{h(x)}{f(x)} = B$;

**证明**:(1) $\lim\limits_{x \to x_0} f(x)h(x) = \lim\limits_{x \to x_0} \dfrac{f(x)}{g(x)} \cdot \lim\limits_{x \to x_0} g(x)h(x) = 1 \cdot A = A.$

(2)可类似的证明.

下面列出了一些常用的等价无穷小. 当 $x \to 0$ 时,

$$\sin x \sim x, \arcsin x \sim x, \tan x \sim x, \arctan x \sim x,$$

$$e^x - 1 \sim x, 1 - \cos x \sim \frac{1}{2}x^2, (1 + x)^\alpha - 1 \sim \alpha x.$$

在后面的内容学习中我们将证明这些公式. 利用这些等价无穷小可以方便地计算许多函数的极限.

**例 2**　求 $\lim\limits_{x \to 0} \dfrac{\arctan x}{\sin 4x}$.

**解**:由于 $\arctan x \sim x(x \to 0)$,$\sin 4x \sim 4x(x \to 0)$,由定理 3 得

$$\lim_{x \to 0} \frac{\arctan x}{\sin 4x} = \lim_{x \to 0} \frac{x}{4x} = \frac{1}{4}.$$

**例 3**　利用等价无穷小量代换求极限 $\lim\limits_{x \to 0} \dfrac{\tan x - \sin x}{\sin x^3}$.

**解**:由于 $\tan x - \sin x = \dfrac{\sin x}{\cos x}(1 - \cos x)$,而

$$\sin x \sim x(x \to 0), \ 1 - \cos x \sim \frac{x^2}{2}(x \to 0), \ \sin x^3 \sim x^3 (x \to 0),$$

因此,$\lim\limits_{x \to 0} \dfrac{\tan x - \sin x}{\sin x^3} = \lim\limits_{x \to 0} \dfrac{1}{\cos x} \cdot \dfrac{x \dfrac{x^2}{2}}{x^3} = \dfrac{1}{2}.$

在利用等价无穷小量代换求极限时,应注意只有对所求极限式中相乘或相除的因式才能用等价无穷小量替代,而对极限式中的相加或相减部分则不能随意替代.

 小结

无穷小量与无穷大量.

无穷小量的性质.

利用等价无穷小求函数极限.

 课堂练习 1.3

1. 判断下列函数在什么情况下是无穷大.

(1) $y=\dfrac{1}{x-1}$;　　　　　　　　　　　(2) $y=2x-1$.

2. 利用等价无穷小量代换求 $\lim\limits_{x\to 0}\dfrac{x(\cos x-1)}{\sin x^3}$.

 习题 1.3

1. 下列各题中,指出哪些是无穷小? 哪些是无穷大?

(1) $\dfrac{1+x}{x^2}$ $(x\to\infty)$;　　　　　　　　(2) $\mathrm{e}^{\frac{1}{x}}$ $(x\to 0)$.

2. 当 $x\to+\infty$ 时,下列哪个无穷小与无穷小 $\dfrac{1}{x}$ 是同阶无穷小? 哪个无穷小与无穷小 $\dfrac{1}{x}$ 是等价无穷小? 哪个无穷小是比无穷小 $\dfrac{1}{x}$ 高阶的无穷小? 说明理由.

(1) $\dfrac{1}{2x}$;　　　　　　　　(2) $\dfrac{1}{x^2}$;　　　　　　　　(3) $\dfrac{1}{|x|}$.

3. 利用等价无穷小计算下列极限.

(1) $\lim\limits_{x\to 0}\dfrac{\sin x(\mathrm{e}^{x^2}-1)}{x^3}$;　　　(2) $\lim\limits_{x\to\infty}\dfrac{\sin\dfrac{2}{x}}{\ln\left(1+\dfrac{1}{x}\right)}$;　　　(3) $\lim\limits_{x\to 0}\dfrac{\tan x-\sin x}{x(1-\cos x)}$.

## 第4节　数列的极限

数列极限是函数极限的特例. 数列的极限可以看成是特殊的函数极限,即函数 $f(x)$ 的自变量取离散的点 $n=1,2,3,\cdots,\infty$. 在 $\lim\limits_{x\to+\infty}f(x)=A$ 中,令 $[x]$ 为取整函数,则当 $n=[x]$,也就是 $n$ 取正整数并趋向无穷大时,便对应于数列的极限,即 $\lim\limits_{n\to\infty}f(n)$. 实际上,中国古代便对数列的极限进行了研究.

## 4.1 中国古代的两例数列极限

**例 1**　战国时代哲学家庄周所著的《庄子·天下篇》引用过一句话:"一尺之棰,日取其半,万世不竭."也就是说一根一尺长的木棒,每天截去一半,这样的过程可以一直无限地进行下去.将每天截后的木棒排成一列(见图 1-4-1),其长度组成的数列为 $\left\{\dfrac{1}{2^n}\right\}$.

**分析:**

(1) $\left\{\dfrac{1}{2^n}\right\}$ 随 $n$ 增大而减小,且无限接近于常数 0;

(2) 数轴上描点,将其形象表示,如图 1-4-2 所示.

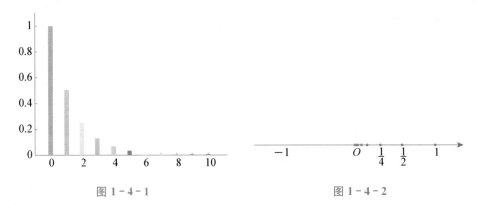

图 1-4-1          图 1-4-2

**例 2** 中国魏晋时期的数学家刘徽曾提出了"割圆求周"的思想:用直径为 1 的圆周分成六等份,量得圆内接正六边形的周长,再平分各弧量出内接正十二边形的周长,这样无限分割下去,就得到一个(由内接多边形的周长组成的)数列.

如图 1-4-3 所示,设圆的半径为 $r$,$AB=a_n$,$AD=a_{n+1}$,则

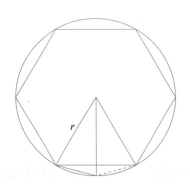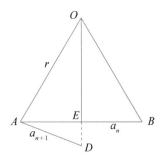

图 1-4-3

$DE=OD-OE=r-\sqrt{r^2-\left(\dfrac{a_n}{2}\right)^2}$,把 $r=1$ 代入,得 $DE=1-\sqrt{1-\left(\dfrac{a_n}{2}\right)^2}$;

又 $DE^2=AD^2-AE^2=(a_{n+1})^2-\left(\dfrac{a_n}{2}\right)^2$,所以

$$(a_{n+1})^2=\left(\dfrac{a_n}{2}\right)^2+\left(1-\sqrt{1-\dfrac{(a_n)^2}{4}}\right)^2=2-\sqrt{4-(a_n)^2}.$$

表 1-4-1　内接正 $n$ 边形面积列表

| $n$ | 3 | 6 | 12 | 24 | 48 | 96 | ⋯ |
|---|---|---|---|---|---|---|---|
| 内接正 $n$ 边形面积 | 2.598 1 | 3.000 0 | 3.105 8 | 3.132 6 | 3.139 4 | 3.141 0 | ⋯ |

从图形和数表结果可以发现,随着 $n$ 的无限增大, $na_n$ 无限地接近圆的周长 $\pi$. 这正如刘徽所说"割之弥细,所失弥小,割之又割,以至于不可割,则与圆周合体而无所失矣".

## 4.2 数列极限的概念

首先给出数列的定义:

**定义 1**

设自变量为正整数 $n$ 的函数 $u_n=f(n)(n=1,2,\cdots)$,其函数值按自变量 $n$ 由小到大排列成一列数,即 $u_1,u_2,u_3,u_4,\cdots,u_n,\cdots$ 称为**数列**,将其简记为 $\{u_n\}$,其中 $u_n$ 为数列 $\{u_n\}$ 的**通项**或**一般项**.

例如,数列 $\frac{1}{2},\frac{1}{2^2},\frac{1}{2^3},\cdots,\frac{1}{2^n},\cdots$ 简记为 $\left\{\frac{1}{2^n}\right\}$,其通项为 $\frac{1}{2^n}$. 由于一个数列 $\{u_n\}$ 完全由一般项 $u_n$ 所确定,故经常把数列 $\{u_n\}$ 简称为数列 $u_n$.

将函数极限 $\lim\limits_{x\to+\infty}f(x)=A$ 特殊化,即 $f(x)$ 自变量为正整数 $n$,则 $\{u_n\}=f(n)$,便可得数列极限的定义.

**定义 2**

对于数列 $\{u_n\}$,若当自然数 $n$ 无限增大时,通项 $u_n$ 无限接近于某个确定的常数 $A$,则称 $A$ 为当 $n$ 趋于无穷时数列 $\{u_n\}$ 的**极限**,或称数列 $\{u_n\}$ 收敛于 $A$. 即 $\{u_n\}$ 是**收敛数列**. 记作

$$\lim_{n\to\infty}u_n=A \text{ 或 } u_n\to A(n\to\infty).①$$

若数列 $\{u_n\}$ 的极限不存在,则称数列 $\{u_n\}$ **不收敛**或**发散**.

例如,数列 $2,\frac{1}{2},\frac{4}{3},\cdots,\frac{n+(-1)^{n-1}}{n},\cdots$,当 $n$ 无限增大时, $x_n$ 无限接近 1,所以 $\left\{\frac{n+(-1)^{n-1}}{n}\right\}$ 收敛;而数列 $\{(-1)^n\}$ 不能无限地趋于一个确定常数,所以 $\{(-1)^n\}$ 不收敛.

类似函数极限的"$\varepsilon-X$"语言的定义,我们也可以用"$\varepsilon-N$"语言定义数列的极限,即通过两个不等式刻画数列极限中的两个"→".

**定义 2'**

对任意 $\varepsilon>0$,存在 $N\in N^+$,当 $n>N$ 时,总有 $|u_n-A|<\varepsilon$,则称 $A$ 为当 $n$ 趋于无穷时

① 数列极限表示中,因为 $n$ 趋于正无穷且为整数,所以通常用 $n\to\infty$ 表示,而不用 $n\to+\infty$.

数列$\{u_n\}$的**极限**.

对于任意的大于 0 且不论其多么小的量 $\varepsilon$,都存在一个足够大的量正整数 $N$,使得 $n$ 趋于无穷大时,也就是 $n$ 比任意大的数都要大时,极限都存在($u_n$ 与 $A$ 之间的距离小于一个无穷小量). 图 1-4-4 直观地展示了定义 2' 中,当 $n \to \infty$ 时,数列 $u_n = \dfrac{\sin n}{n} + \dfrac{1}{2}$ 中 $\varepsilon$ 与 $N$ 的关系,只要任意给定一个 $\varepsilon > 0$,总能找到一个 $N$,当 $n > N$ 时,数列 $u_n = \dfrac{\sin n}{n} + \dfrac{1}{2}$ 对应的点列像总落在图中的阴影区域内. 图中 $\varepsilon$ 取 0.15,此时对应的 $N$ 大于等于 6.

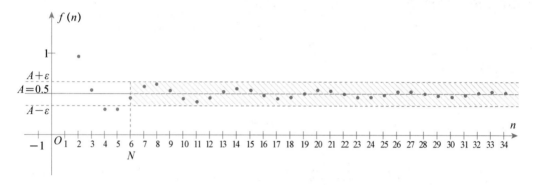

图 1-4-4

**例 3** 观察下列数列的变化趋势,并写出收敛数列的极限.

(1) $\{u_n\} = \left\{ 1 - \dfrac{1}{n^2} \right\}$;

(2) $\{u_n\} = \{-2\}$;

(3) $\{u_n\} = \left\{ \sin \dfrac{n\pi}{2} \right\}$.

**解**:(1) 当 $n$ 依次取 $1,2,3,4,5,\cdots$ 等正整数时,数列 $\left\{ 1 - \dfrac{1}{n^2} \right\}$ 的各项依次为 $0, \dfrac{3}{4}, \dfrac{8}{9},$ $\dfrac{15}{16}, \dfrac{24}{25}, \cdots$. 可以看出,当 $n \to \infty$,$1 - \dfrac{1}{n^2} \to 1$,故有 $\lim\limits_{n \to \infty} \left( 1 - \dfrac{1}{n^2} \right) = 1$. 图 1-4-5 绘出了 $n = 25$ 时数列的情形.

(2) 这个数列的每项都是 $-2$,故有 $\lim\limits_{n \to \infty}(-2) = -2$.

任何一个常数列 $\{C\}$ 的极限就是这个常数本身,即 $\lim\limits_{n \to \infty} C = C$($C$ 为常数).

(3) 当 $n$ 依次取 $1,2,3,4,5,\cdots$ 正整数时,数列 $\left\{ \sin \dfrac{n\pi}{2} \right\}$ 各项依次为 $1,0,-1,0,1,\cdots$,可以看出,当 $n \to \infty$ 时,$\left\{ \sin \dfrac{n\pi}{2} \right\}$ 不能无限地趋于某一确定的常数,如图 1-4-6 所示,因此数列 $\left\{ \sin \dfrac{n\pi}{2} \right\}$ 的极限不存在,即发散.

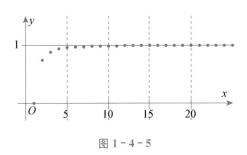

图 1 - 4 - 5

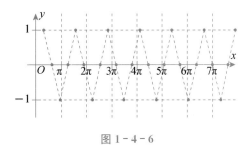

图 1 - 4 - 6

## 4.3 数列极限的性质及运算

下面我们不加证明地给出数列极限的性质和运算法则.

**定理 1**　如果一个数列有极限,则此极限是唯一的.

**定理 2**　将一个数列添加或减少有限项,不影响其极限是否存在,也不影响其极限值(如果极限存在).

例如,数列 $10,4,1,\dfrac{11}{10},\dfrac{12}{11},\dfrac{13}{12},\dfrac{14}{13},\cdots$ 与数列 $\left\{\dfrac{n+1}{n}\right\}$ 都是极限为 1 的数列.

**定理 3**　收敛的数列必有界;有界的数列不一定收敛.

例如,数列 $\{(-1)^{n+1}\}$,$\left\{\sin\dfrac{n\pi}{2}\right\}$ 都是有界的数列,但都是发散的.

**定理 4**　数列极限的四则运算法则

假定 $\lim\limits_{n\to\infty}x_n$ 及 $\lim\limits_{n\to\infty}y_n$ 存在,则

(1) $\lim\limits_{n\to\infty}(x_n\pm y_n)=\lim\limits_{n\to\infty}x_n\pm\lim\limits_{n\to\infty}y_n$;

(2) $\lim\limits_{n\to\infty}(cx_n)=c\lim\limits_{n\to\infty}x_n(c\ 为常数)$;

(3) $\lim\limits_{n\to\infty}(x_ny_n)=\lim\limits_{n\to\infty}x_n\lim\limits_{n\to\infty}y_n$;

(4) $\lim\limits_{n\to\infty}\dfrac{x_n}{y_n}=\dfrac{\lim\limits_{n\to\infty}x_n}{\lim\limits_{n\to\infty}y_n}(若\lim\limits_{n\to\infty}y_n\neq0)$.

**例 4**　求下面数列的极限.

(1) $\lim\limits_{n\to\infty}\dfrac{2n^2-5n+3}{7n^2+3n-4}$;

(2) $\lim\limits_{n\to\infty}\dfrac{1+2+\cdots+n}{n^2}$.

**解**:(1) $\lim\limits_{n\to\infty}\dfrac{2n^2-5n+3}{7n^2+3n-4}=\lim\limits_{n\to\infty}\dfrac{2-5\dfrac{1}{n}+3\dfrac{1}{n^2}}{7+3\dfrac{1}{n}-4\dfrac{1}{n^2}}=\dfrac{2-0-0}{7+0-0}=\dfrac{2}{7}$,

(2) 因为 $1+2+\cdots+n=\dfrac{n(n+1)}{2}$,所以 $\lim\limits_{n\to\infty}\dfrac{1+2+\cdots+n}{n^2}=\lim\limits_{n\to\infty}\dfrac{n+1}{2n}=\dfrac{1}{2}$.

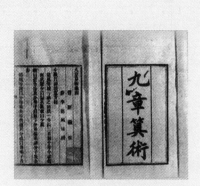

九章算术-宋刻本          刘徽

    我国魏晋时代著名的数学家刘徽的割圆术. 刘徽在《九章算术注》中指出:"**割之弥细,所失弥少. 割之又割,以至于不可割,则与圆周合体而无所失矣**". 每一个具体的正多边形的面积都是圆面积的近似值,而当边数无限增大时,这些正多边形的面积趋向于一个固定的常数,这个常数就是圆的面积的精确值. 这一过程反映了由近似到精确、由有限到无限、由量变到质变的辩证关系. 可以看出,刘徽对极限的理解是很深刻的,不仅如此,刘徽还给出了研究极限的方法,并且利用割圆术计算出圆周率为 3.14,这开创了"中国数学发展中圆周率研究的新纪元".

 小结

数列收敛与发散的判定.
求简单数列的极限.

 课堂练习 1.4

1. 观察数列 $\{x_n\} = \left\{3 - \dfrac{1}{n^2}\right\}$ 的变化趋势,并写出收敛数列的极限.

2. 判断数列 $\{1 - (-1)^{n+1}\}$ 是否收敛、是否有界?

 习题 1.4

1. 判断下列数列收敛还是发散

(1) $x_n = 2$;                  (2) $x_n = \dfrac{2}{3n+1}$;                  (3) $x_n = (-1)^{n+1} \dfrac{2}{3n+1}$.

2. 求下列数列的极限

(1) $\lim\limits_{n \to \infty} (\sqrt{n+1} - \sqrt{n})$;    (2) $\lim\limits_{n \to \infty} \dfrac{\sin \frac{n\pi}{2}}{n}$;    (3) $\lim\limits_{n \to \infty} \left[4 + \dfrac{(-1)^n}{n^2}\right]$;    (4) $\lim\limits_{n \to \infty} \dfrac{1}{3^n}$.

## 第 5 节　极限的性质与运算法则

### 5.1　极限的性质

**性质 1(唯一性)**　若 $\lim\limits_{x \to x_0} f(x) = A$, $\lim\limits_{x \to x_0} f(x) = B$, 则 $A = B$. 即若极限 $\lim\limits_{x \to x_0} f(x)$ 存在, 则极限值唯一.

**性质 2(有界性)**　若 $\lim\limits_{x \to x_0} f(x) = A$, 则函数 $f(x)$ 在点 $x_0$ 的某一去心邻域内有界, 即存在常数 $M > 0$ 和 $\delta > 0$, 使得当 $0 < |x - x_0| < \delta$ 时, 有 $|f(x)| \leqslant M$.

**性质 3(保号性)**　如果 $\lim\limits_{x \to x_0} f(x) = A$, 且 $A > 0$ (或 $A < 0$), 则函数 $f(x)$ 在点 $x_0$ 的某一去心邻域内有 $f(x) > 0$ (或 $f(x) < 0$).

**性质 4(函数极限与数列极限的关系)**　如果极限 $\lim\limits_{x \to x_0} f(x) = A$ 存在, $\{x_n\}$ 为函数 $f(x)$ 的定义域内任一收敛于 $x_0$ 的数列, 且满足 $x_n \neq x_0 (n \in N^+)$, 那么相应的函数值数列 $\{f(x_n)\}$ 必收敛, 且 $\lim\limits_{n \to \infty} f(x_n) = \lim\limits_{x \to x_0} f(x)$.

我们可以通过图 1-5-1 直观理解性质 4. 已知 $\lim\limits_{x \to x_0} f(x) = f(x_0) = A$, 如果横轴上的点列 $\{x_n\}$ 收敛到 $x_0$, 那么纵轴上对应的点列 $\{f(x_n)\}$ 一定收敛于 $f(x_0)$.

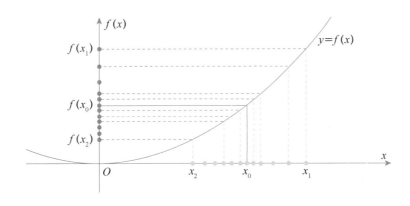

图 1-5-1

性质 4 告诉我们, 可利用函数的极限, 求数列的极限.

例如, 已知 $\lim\limits_{x \to 0} \dfrac{\sin x}{x} = 1$, 那么 $\lim\limits_{n \to \infty} n \sin \dfrac{1}{n} = \lim\limits_{n \to \infty} \dfrac{\sin \dfrac{1}{n}}{\dfrac{1}{n}} = 1$.

## 5.2 极限的运算法则

设在自变量 $x$ 的某个趋向过程中，$\lim f(x)=A$，$\lim g(x)=B$，则有如下的运算法则：

(1) $\lim[f(x)\pm g(x)]=\lim f(x)\pm\lim g(x)=A\pm B$；

(2) $\lim kf(x)=k\lim f(x)=kA$（$k$ 为常数）；

(3) $\lim f(x)g(x)=\lim f(x)\cdot\lim g(x)=AB$；

(4) $\lim\dfrac{f(x)}{g(x)}=\dfrac{\lim f(x)}{\lim g(x)}=\dfrac{A}{B}$（$B\neq 0$）.

其中法则(1)、(3)还可以推广到有限个具有极限的函数的和与积的情况. 下面只证明 (1)和(2).

**证**：由 $\lim f(x)=A$，$\lim g(x)=B$，根据函数、极限与无穷小的关系，则

$f(x)=A+\alpha$，$g(x)=B+\beta$，且 $\lim\alpha=0$，$\lim\beta=0$. 所以，

(1) $f(x)\pm g(x)=(A\pm B)+(\alpha\pm\beta)$，而 $\lim(\alpha\pm\beta)=0$.

于是 $\lim[f(x)\pm g(x)]=A\pm B$.

(2) $f(x)\cdot g(x)=(A+\alpha)(B+\beta)=AB+(A\beta+B\alpha+\alpha\beta)$.

由无穷小的性质知 $A\beta+B\alpha+\alpha\beta$ 仍为无穷小，于是

$$\lim[f(x)\cdot g(x)]=\lim f(x)\cdot\lim g(x)=AB.$$

**证毕**.

在应用法则时，要特别注意 $\lim f(x)$ 和 $\lim g(x)$ 必须存在，否则法则不能用，例如：

$\lim\limits_{x\to0}x\sin\dfrac{1}{x}=\lim\limits_{x\to0}x\cdot\lim\limits_{x\to0}\sin\dfrac{1}{x}=0$ 是错误的，这是因为 $\lim\limits_{x\to0}\sin\dfrac{1}{x}$ 不存在.

**例1** $\lim\limits_{x\to-1}(x^2-2x+5)$.

**解**：$\lim\limits_{x\to-1}(x^2-2x+5)=\lim\limits_{x\to-1}(x^2)-\lim\limits_{x\to-1}(2x)+\lim\limits_{x\to-1}5=(\lim\limits_{x\to-1}x)^2-2\lim\limits_{x\to-1}x+5=8$.

一般地，多项式 $p(x)$ 当 $x\to x_0$ 时的极限值就是多项式 $p(x)$ 在 $x_0$ 处的函数值，即 $\lim\limits_{x\to x_0}p(x)=p(x_0)$.

**例2** 求 $\lim\limits_{x\to0}\dfrac{2x^2-3x+1}{x+2}$.

**解**：因为 $\lim\limits_{x\to0}(x+2)=2\neq0$，所以可以使用商的极限运算法则，有

$$\lim\limits_{x\to0}\dfrac{2x^2-3x+1}{x+2}=\dfrac{\lim\limits_{x\to0}(2x^2-3x+1)}{\lim\limits_{x\to0}(x+2)}=\dfrac{1}{2}.$$

一般地，有理分式（分子、分母都是多项式的分式）当分母极限不为零时，则有 $x\to x_0$ 时的极限等于分子、分母在 $x_0$ 处的函数值的商，即 $\lim\limits_{x\to x_0}\dfrac{p(x)}{q(x)}=\dfrac{p(x_0)}{q(x_0)}$.

**例3** 求 $\lim\limits_{x\to1}\dfrac{4x-3}{x^2-3x+2}$.

**解**：先求分母的极限 $\lim\limits_{x\to1}(x^2-3x+2)=1^2-3\times1+2=0$.

此时由于分母的极限为零,不能直接使用商的极限运算法则,在分母为零的情况下,求极限的方法将取决于分子极限的状况,本题中容易求得分子极限不等于零,这时我们先来考虑原来函数倒数的极限.

$$\lim_{x\to 1}\frac{x^2-3x+2}{4x-3}=\frac{\lim_{x\to 1}(x^2-3x+2)}{\lim_{x\to 1}(4x-3)}=\frac{0}{4-3}=0,$$

所以

$$\lim_{x\to 1}\frac{4x-3}{x^2-3x+2}=\infty.$$

**例 4** 求 $\lim_{x\to 3}\frac{x^2-4x+3}{x^2-9}$.

**解:** 先求分母极限 $\lim_{x\to 3}(x^2-9)=0$,分母极限为 0,所以我们进一步地考察分子极限 $\lim_{x\to 3}(x^2-4x+3)=0$,分子极限也为 0,所以我们可以通过消去零因子后再求极限,于是有

$$\lim_{x\to 3}\frac{x^2-4x+3}{x^2-9}=\lim_{x\to 3}\frac{(x-3)(x-1)}{(x+3)(x-3)}=\lim_{x\to 3}\frac{x-1}{x+3}=\frac{1}{3}.$$

**例 5** 求 $\lim_{x\to\infty}\frac{2x^2-x+3}{x^2+2x+2}$.

**解:** 极限式分子分母同除以 $x^2$,得 $\lim_{x\to\infty}\frac{2x^2-x+3}{x^2+2x+2}=\lim_{x\to\infty}\frac{2-\frac{1}{x}+\frac{3}{x^2}}{1+\frac{2}{x}+\frac{2}{x^2}}=2.$

对 $x\to\infty$ 时,$\frac{\infty}{\infty}$ 形式的极限,可以用分子、分母中 $x$ 的最高次幂除之,将无穷大转换为无穷小,然后再求极限.

**例 6** 求下列函数极限:

$(1)\lim_{x\to 1}\left(\frac{3}{1-x^3}-\frac{1}{1-x}\right)$; $(2)\lim_{x\to 0}\frac{\sqrt{1+x}-1}{x}$; $(3)\lim_{x\to+\infty}\frac{x\cos x}{\sqrt{1+x^3}}$.

**解:** (1) 当 $x\to 1$ 时,上式两项极限均为不存在(呈现 $\infty-\infty$ 形式),我们可以先通分,再求极限.

$$\begin{aligned}\lim_{x\to 1}\left(\frac{3}{1-x^3}-\frac{1}{1-x}\right)&=\lim_{x\to 1}\frac{3-(1+x+x^2)}{(1-x)(1+x+x^2)}\\&=\lim_{x\to 1}\frac{(2+x)(1-x)}{(1-x)(1+x+x^2)}\\&=\lim_{x\to 1}\frac{2+x}{1+x+x^2}=1.\end{aligned}$$

(2) 当 $x\to 0$ 时,分子分母极限均为零(呈现 $\frac{0}{0}$ 形式),不能直接用商的极限运算法则,这时,可先对分子有理化,然后再求极限.

$$\lim_{x\to 0}\frac{\sqrt{1+x}-1}{x}=\lim_{x\to 0}\frac{(\sqrt{1+x}-1)(\sqrt{1+x}+1)}{x(\sqrt{1+x}+1)}$$

$$= \lim_{x \to 0} \frac{x}{x(\sqrt{1+x}+1)}$$

$$= \lim_{x \to 0} \frac{1}{\sqrt{1+x}+1} = \frac{1}{2}.$$

这个结果表明，$\sqrt{1+x}-1 \sim \frac{1}{2}x, x \to 0$.

（3）因为当 $x \to \infty$ 时，$x\cos x$ 极限不存在，也不能直接用极限运算法则，注意到 $\cos x$ 有界（因为 $|\cos x| \leqslant 1$），又

$$\lim_{x \to +\infty} \frac{x}{\sqrt{1+x^3}} = \lim_{x \to +\infty} \frac{x}{x\sqrt{\frac{1}{x^2}+x}} = 0,$$

根据有界函数乘无穷小仍是无穷小的性质，得

$$\lim_{x \to +\infty} \frac{x\cos x}{\sqrt{1+x^3}} = \lim_{x \to +\infty} \cos x \frac{x}{\sqrt{1+x^3}} = 0.$$

 小结

极限的性质.

利用极限的四则运算法则求极限.

 课堂练习 1.5

求下列函数极限

(1)$\lim_{x \to 2} \dfrac{x-2}{x^2-4}$; 　　(2)$\lim_{x \to \infty} \dfrac{2x^2+4x-3}{3x^2-5x+2}$; 　　(3)$\lim_{x \to 1}\left(\dfrac{1}{1-x}-\dfrac{2}{1-x^2}\right)$.

 习题 1.5

1. 求下列函数极限

(1)$\lim_{x \to -1} \dfrac{3x+1}{x^2+1}$; 　　　　　　　　　(2)$\lim_{x \to 1} \dfrac{x^2-1}{2x^2-x-1}$;

(3)$\lim_{x \to \infty} \dfrac{2x^2+x+1}{3x^2+1}$; 　　　　　　　(4)$\lim_{x \to \infty} \dfrac{\sqrt{2}x}{1+x^2}$;

(5)$\lim_{x \to 2} \dfrac{x^3+2x^2}{(x-2)^2}$; 　　　　　　　　(6)$\lim_{x \to 1}\left(\dfrac{1}{1-x}-\dfrac{3}{1-x^3}\right)$;

(7)$\lim_{x \to \infty}(\sqrt{x^2+x+1}-\sqrt{x^2-x+1})$; 　　(8)$\lim_{x \to 0} \dfrac{\sin x+3x}{\tan x+2x}$.

2. 应用函数与数列极限关系，证明当 $x \to 0$ 时，函数 $y = \sin \dfrac{1}{x}$ 极限不存在.

## 第 6 节　两个重要极限

前面我们解决了一些极限的计算问题,但对于形如 $\lim\limits_{x\to\infty}\left(1+\dfrac{1}{x}\right)^{x}$ 等的极限问题仍然没有办法求解.本节将介绍极限的存在准则,并应用它们求解高等数学中的两个重要极限 $\lim\limits_{x\to 0}\dfrac{\sin x}{x}=1$ 和 $\lim\limits_{x\to\infty}\left(1+\dfrac{1}{x}\right)^{x}=\mathrm{e}$.

## 6.1　极限存在的迫敛定理

为了证明两个重要极限公式,下面不加证明地给出极限存在的迫敛定理.

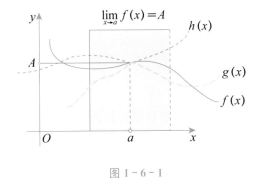

图 1 - 6 - 1

**定理(迫敛定理)**　设函数 $f(x),g(x),h(x)$ 在点 $x_0$ 的某一去心邻域内满足条件 $g(x)\leqslant f(x)\leqslant h(x)$,且 $\lim\limits_{x\to x_0}g(x)=\lim\limits_{x\to x_0}h(x)=A$,则有 $\lim\limits_{x\to x_0}f(x)=A$.

我们可以通过图 1 - 6 - 1 加以直观地理解此定理.

定理中我们只写 $x\to x_0$ 的准则,当 $x\to x_0{}^{+}$,$x\to x_0{}^{-}$,$x\to\infty$ 时也有类似的准则.

**例 1**　计算 $\lim\limits_{x\to +\infty}\dfrac{\sqrt[3]{x}}{x+2}$.

**解:**由于 $0\leqslant\dfrac{\sqrt[3]{x}}{x+2}\leqslant\dfrac{\sqrt[3]{x+2}}{x+2}$,而 $\lim\limits_{x\to\infty}0=0$,$\lim\limits_{x\to\infty}\dfrac{\sqrt[3]{x+2}}{x+2}=\lim\limits_{x\to\infty}\dfrac{1}{(x+2)^{\frac{2}{3}}}=0$.由迫敛定理,有 $\lim\limits_{x\to +\infty}\dfrac{\sqrt[3]{x}}{x+2}=0$.

**例 2**　证明 $\lim\limits_{x\to 0}x^{2}\sin\dfrac{1}{x}=0$.

**证明:**首先我们不能使用公式 $\lim\limits_{x\to 0}x^{2}\sin\dfrac{1}{x}=\lim\limits_{x\to 0}x^{2}\cdot\lim\limits_{x\to 0}\sin\dfrac{1}{x}$,这是因为 $\lim\limits_{x\to 0}\sin\dfrac{1}{x}$ 不存在.但是,因为 $-1\leqslant\sin\dfrac{1}{x}\leqslant 1$,所以 $-x^{2}\leqslant x^{2}\sin\dfrac{1}{x}\leqslant x^{2}$,如图 1 - 6 - 2 所示.

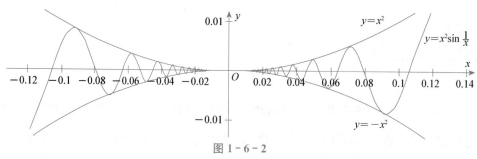

图 1 - 6 - 2

我们知道，$\lim\limits_{x\to 0}(-x^2)=\lim\limits_{x\to 0}x^2=0$，根据迫敛定理，则 $\lim\limits_{x\to 0}x^2\sin\dfrac{1}{x}=0$.

## 6.2 两个重要极限

### 6.2.1 $\lim\limits_{x\to 0}\dfrac{\sin x}{x}=1$

$\lim\limits_{x\to 0}\dfrac{\sin x}{x}=1$ 是我们学到的第一个重要极限. 函数 $y=\dfrac{\sin x}{x}$ 的图像如图 1 - 3 - 1 所示. 下面利用迫敛定理证明这个重要极限.

(1)先证 $\lim\limits_{x\to 0^+}\dfrac{\sin x}{x}=1$.

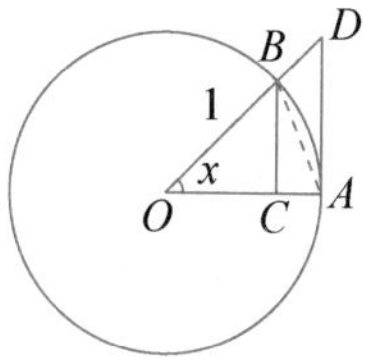

由于 $x\to 0^+$，不妨设 $0<x<\dfrac{\pi}{2}$. 作单位圆并设圆心角 $\angle AOB=x$（见 图 1 - 6 - 3），则 $S_{\triangle AOB}<S_{\text{扇形}AOB}<S_{\triangle AOD}$.

图 1 - 6 - 3

因为 $S_{\triangle AOB}=\dfrac{1}{2}\overline{OA}\cdot\overline{BC}=\dfrac{1}{2}\sin x$，

$$S_{\text{扇形}AOD}=\dfrac{1}{2}\overline{OA}\cdot\text{弧}AB=\dfrac{1}{2}\overline{OA}\cdot\overline{OA}\cdot x=\dfrac{1}{2}x,$$

$$S_{\triangle AOD}=\dfrac{1}{2}\overline{OA}\cdot\overline{AD}=\dfrac{1}{2}\tan x,$$

所以 $\dfrac{1}{2}\sin x<\dfrac{1}{2}x<\dfrac{1}{2}\tan x$，即 $\sin x<x<\tan x$，从而有

$$1<\dfrac{x}{\sin x}<\dfrac{1}{\cos x}\text{ 或 }\cos x<\dfrac{\sin x}{x}<1.$$

又因为 $0<1-\cos x=2\sin^2\dfrac{x}{2}$，$2\cdot\left(\dfrac{x}{2}\right)^2=\dfrac{x^2}{2}\to 0(x\to 0^+)$，

所以 $\lim\limits_{x\to 0^+}\cos x=1$，由极限的迫敛定理可得，$\lim\limits_{x\to 0^+}\dfrac{\sin x}{x}=1$.

(2)再证 $\lim\limits_{x\to 0^-}\dfrac{\sin x}{x}=1$. 令 $x=-t$，则 $\lim\limits_{x\to 0^-}\dfrac{\sin x}{x}=\lim\limits_{t\to 0^+}\dfrac{-\sin t}{-t}=1$.

综上，得 $\lim\limits_{x\to 0}\dfrac{\sin x}{x}=1$. 证毕.

这个重要极限可用于计算含有三角函数的 $\dfrac{0}{0}$ 型极限. 它也可以推广到复合函数的形式，即

$$\lim_{\varphi(x)\to 0}\frac{\sin\varphi(x)}{\varphi(x)}=1.$$

**例 3** 求 $\lim\limits_{x\to 0}\dfrac{\tan x}{x}$.

**解**：$\lim\limits_{x\to 0}\dfrac{\tan x}{x}=\lim\limits_{x\to 0}\left(\dfrac{\sin x}{x}\cdot\dfrac{1}{\cos x}\right)=1.$

这说明 $\tan x\sim x,x\to 0$.

**例 4** 求 $\lim\limits_{x\to 0}\dfrac{\sin kx}{x}$.

**解**：将 $kx$ 看作一个新变量，即令 $t=kx$，则当 $x\to 0$ 时，$kx\to 0$，于是，

$$\lim_{x\to 0}\frac{\sin kx}{x}=\lim_{x\to 0}\frac{\sin kx}{kx}\cdot k=k\cdot\lim_{t\to 0}\frac{\sin t}{t}=k\cdot 1=k.$$

**例 5** 求 $\lim\limits_{x\to 0}\dfrac{\sin ax}{\sin bx}(a\neq 0,b\neq 0)$.

**解**：分式的分子、分母同时除以 $x$，$\lim\limits_{x\to 0}\dfrac{\sin ax}{\sin bx}=\lim\limits_{x\to 0}\dfrac{\dfrac{\sin ax}{x}}{\dfrac{\sin bx}{x}}=\dfrac{a}{b}.$

**例 6** 求 $\lim\limits_{x\to 0}\dfrac{1-\cos x}{\dfrac{1}{2}x^2}$.

**解**：由于 $\cos x=1-2\sin^2\dfrac{x}{2}$，所以

$$\lim_{x\to 0}\frac{1-\cos x}{\frac{1}{2}x^2}=\lim_{x\to 0}\frac{2\sin^2\frac{x}{2}}{\frac{1}{2}x^2}=\lim_{x\to 0}\frac{\sin^2\frac{x}{2}}{\left(\frac{x}{2}\right)^2}=\lim_{t\to 0}\frac{(\sin t)^2}{(t)^2}=\lim_{t\to 0}\left(\frac{\sin t}{t}\right)^2=1.$$

这说明 $1-\cos x\sim\dfrac{1}{2}x^2,x\to 0$.

**例 7** 求 $\lim\limits_{x\to 0}\dfrac{\tan 3x-\sin 7x}{\tan 2x}$.

**解**：$\lim\limits_{x\to 0}\dfrac{\tan 3x-\sin 7x}{\tan 2x}=\lim\limits_{x\to 0}\left(\dfrac{\tan 3x}{\tan 2x}-\dfrac{\sin 7x}{\tan 2x}\right)=\lim\limits_{x\to 0}\dfrac{\tan 3x}{\tan 2x}-\lim\limits_{x\to 0}\dfrac{\sin 7x}{\tan 2x}=-2.$

**6.2.2** $\lim\limits_{x\to+\infty}\left(1+\dfrac{1}{x}\right)^x=\mathrm{e}$

函数 $y=\left(1+\dfrac{1}{x}\right)^x(x>0)$ 的图形如图 1-6-4 所示，从图上可以观察出来，$x\to+\infty$

时函数趋于某个常数. 大家可以思考：$x\to 0^+$ 时函数趋于什么？

下面利用迫敛定理证明第二个重要极限：$\lim\limits_{x\to+\infty}\left(1+\dfrac{1}{x}\right)^x=\mathrm{e}$①.

---

① 这里利用了一个数列的极限，$\lim\limits_{n\to\infty}\left(1+\dfrac{1}{n}\right)^n=\mathrm{e}$，$\mathrm{e}=2.718\,281\,828\cdots$ 是自然对数的底数，也叫欧拉数，是由瑞士数学家欧拉最早给出的.

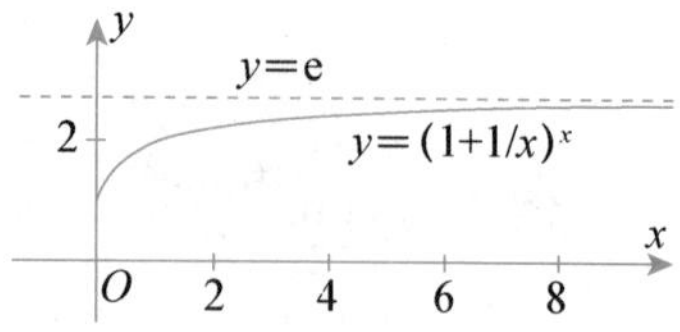

**证明**:$\forall x > 1$,应用取整函数$[x]$,有$[x] \leqslant x < [x] + 1$,所以$1 + \dfrac{1}{[x]+1} < 1 + \dfrac{1}{x} \leqslant 1 + \dfrac{1}{[x]}$,则有

图 1-6-4

$$\left(1 + \frac{1}{[x]+1}\right)^{[x]} < \left(1 + \frac{1}{x}\right)^x \leqslant \left(1 + \frac{1}{[x]}\right)^{[x]+1},$$

当$x \to +\infty$时,有$[x] \to +\infty$,因此

$$\lim_{x \to +\infty} \left(1 + \frac{1}{[x]+1}\right)^{[x]} = \lim_{[x] \to +\infty} \left(1 + \frac{1}{[x]+1}\right)^{[x]+1} \cdot \left(1 + \frac{1}{[x]+1}\right)^{-1} = e,$$

$$\lim_{x \to +\infty} \left(1 + \frac{1}{[x]}\right)^{[x]+1} = \lim_{[x] \to +\infty} \left(1 + \frac{1}{[x]}\right)^{[x]} \cdot \left(1 + \frac{1}{[x]}\right) = e.$$

由迫敛定理,则有$\lim\limits_{x \to +\infty} \left(1 + \dfrac{1}{x}\right)^x = e$.

再令$y = -x$,则当$x \to -\infty$时,$y \to +\infty$,所以

$$\lim_{x \to -\infty} \left(1 + \frac{1}{x}\right)^x = \lim_{y \to +\infty} \left(1 - \frac{1}{y}\right)^{-y} = \lim_{y \to +\infty} \left(1 + \frac{1}{y-1}\right)^y$$

$$= \lim_{y \to +\infty} \left(1 + \frac{1}{y-1}\right)^{y-1} \cdot \left(1 + \frac{1}{y-1}\right) = e.$$

由上可得 $\lim\limits_{x \to \infty} \left(1 + \dfrac{1}{x}\right)^x = e$. 证毕.

上述公式中令$t = \dfrac{1}{x}$,则当$x \to \infty$时,$t \to 0$,公式也可以表示为另一种形式,即

$$\lim_{t \to 0} (1 + t)^{\frac{1}{t}} = e$$

这个重要极限主要用于计算函数极限形式为"$1^\infty$"型极限. 它也可以推广到复合函数的形式,即

$$\lim_{\varphi(x) \to \infty} \left(1 + \frac{1}{\varphi(x)}\right)^{\varphi(x)} = e \text{ 或 } \lim_{\varphi(x) \to 0} (1 + \varphi(x))^{\frac{1}{\varphi(x)}} = e.$$

**例 8** 求$\lim\limits_{x \to \infty} \left(1 + \dfrac{3}{x}\right)^x$.

**解**:所求极限类型是$1^\infty$型,令$\dfrac{x}{3} = u$,则$x = 3u$.

$$\lim_{x \to \infty} \left(1 + \frac{3}{x}\right)^x = \lim_{u \to \infty} \left(1 + \frac{1}{u}\right)^{3u} = \lim_{u \to \infty} \left[\left(1 + \frac{1}{u}\right)^u\right]^3 = e^3.$$

**例 9** $\lim\limits_{x \to +\infty} \left(1 - \dfrac{1}{x}\right)^{2x+5}$.

**解**:令$-\dfrac{1}{x} = \alpha$,则$x = -\dfrac{1}{\alpha}$,当$x \to \infty$时,$\alpha \to 0$,于是

$$\lim_{x \to +\infty} \left(1 - \frac{1}{x}\right)^{2x+5} = \lim_{\alpha \to 0} (1 + \alpha)^{-\frac{2}{\alpha}+5} = \frac{1}{\lim\limits_{\alpha \to 0}\left[(1+\alpha)^{\frac{1}{\alpha}}\right]^2} \cdot \left[\lim_{\alpha \to 0}(1+\alpha)\right]^5 = e^{-2}.$$

**例 10** 计算$\lim\limits_{x \to \infty} \left(1 + \dfrac{1}{2x}\right)^{4x-3}$.

**解**:$\lim\limits_{x \to \infty} \left(1 + \dfrac{1}{2x}\right)^{4x-3} = e^{\frac{1}{2} \times 4} = e^2.$

一般地，$\lim\limits_{x\to\infty}\left(1+\dfrac{k}{x}\right)^x=\mathrm{e}^k.$

**例 11**　求 $\lim\limits_{x\to\infty}\left(\dfrac{2x+3}{2x+1}\right)^{x+1}.$

**解**：因为 $\dfrac{2x+3}{2x+1}=1+\dfrac{2}{2x+1}$，令 $u=2x+1$，则 $x=\dfrac{u-1}{2}$，当 $x\to\infty$ 时，$u\to\infty$，于是有

$$\lim_{x\to\infty}\left(\frac{2x+3}{2x+1}\right)^{x+1}=\lim_{x\to\infty}\left(1+\frac{2}{2x+1}\right)^{x+1}=\lim_{u\to\infty}\left(1+\frac{2}{u}\right)^{\frac{u-1}{2}+1}$$

$$=\lim_{u\to\infty}\left(1+\frac{2}{u}\right)^{\frac{u}{2}}\cdot\left(1+\frac{2}{u}\right)^{\frac{1}{2}}=\mathrm{e}.$$

所以，$\lim\limits_{x\to\infty}\left(\dfrac{2x+3}{2x+1}\right)^{x+1}=\mathrm{e}.$

**例 12**　连续复利计算公式. 设某项存款本金为 $P_0$，年利率为 $r$，若按连续复利计算，试求 $n$ 年末的本利之和.

**解**：若计息周期为 1 年，那么

第 1 年年末本利之和：$P_1=P_0+P_0r=P_0(1+r)$；

第 2 年年末本利之和：$P_2=P_1+P_1r=P_0(1+r)+P_0(1+r)r=P_0(1+r)^2$；

……

则第 $n$ 年年末的本利和为：$P_n=P_0(1+r)^n.$

如果一年分 $m$ 次付息，则 $n$ 年年末的本利和为 $P_n=P_0\left(1+\dfrac{r}{m}\right)^{mn}.$

现令计息周期 $m\to\infty$，计息周期无限缩短，则 $n$ 年年末的本利之和

$$P_n=\lim_{m\to\infty}P_0\left(1+\frac{r}{m}\right)^{mn}=\lim_{m\to\infty}P_0\left[\left(1+\frac{r}{m}\right)^{\frac{m}{r}}\right]^{rn}=P_0\,\mathrm{e}^{rn}.$$

上式便是经典的连续复利计算公式.

在上例中，复利是相对于单利来说的，单利就是利不生利，也就是说不管存多久，本金是不变的. 复利是利生利的，就是说每一次本钱产生的利息将会作为下个计息期的本金的一部分. 复利是时间的函数，随时间的增长而增长，体现的是资金的时间价值.

莱昂哈德·欧拉（Leonhard Euler，1707—1783）是瑞士数学家和物理学家. 他被称为历史上最伟大的两位数学家之一（另一位是高斯）.

欧拉是第一个使用"函数"一词来描述包含各种参数的表达式的人，例如：$y=F(x)$（函数的定义由莱布尼茨在 1694 年给出）. 他是把微积分应用于物理学的先驱者之一. 欧拉的著作，不但包含许多开创性的成果，而且在表述上思路清晰，极富有启发性. 他的行文优美而流畅，把他那些丰富的思想和发现表露得淋漓尽致，且妙趣横生. 因此人们把欧拉誉为"数学界的莎士比亚".

瑞士法郎上的欧拉像

小结

两个重要极限及其应用.

利用重要极限求极限.

 课堂练习 1.6

求下列函数极限

(1) $\lim\limits_{x\to 0}\dfrac{\sin 2x}{x}$;

(2) $\lim\limits_{x\to 0}\dfrac{\sin x^3}{(\sin x)^2}$;

(3) $\lim\limits_{x\to\infty}\left(1-\dfrac{2}{x}\right)^{-x}$;

(4) $\lim\limits_{x\to 0}(1+\alpha x)^{\frac{1}{x}}$.

 习题 1.6

1. 求下列函数极限

(1) $\lim\limits_{x\to 0}\dfrac{\sin 4x}{\sqrt{x+1}-1}$;

(2) $\lim\limits_{n\to\infty}2^n\sin\dfrac{x}{2^n}\,(x\neq 0)$;

(3) $\lim\limits_{x\to 0}(1-3x)^{\frac{2}{x}}$;

(4) $\lim\limits_{x\to 0}\left(x\sin\dfrac{1}{x}+\dfrac{1}{x}\sin x\right)$;

(5) $\lim\limits_{x\to 0}(1+\tan x)^{\cot x}$;

(6) $\lim\limits_{x\to\infty}\left(\dfrac{x+1}{x+2}\right)^x$.

2. 已知 $\lim\limits_{x\to 1}\dfrac{x^2+ax+b}{1-x}=1$, 求 $a$ 与 $b$ 的值.

3. 已知 $\lim\limits_{x\to\infty}\left(\dfrac{x}{x-c}\right)^x=2$, 求 $c$.

## 第 7 节 函数的连续性

连续性是自然界中各种物态连续变化的数学体现, 这方面实例可以举出很多, 如水的连续流动、身高的连续增长等.

## 7.1 函数的连续性概念

### 7.1.1 函数在一点的连续性

先回顾一下函数在 $x_0$ 点的极限 $\lim\limits_{x\to x_0}f(x)$.

这里函数 $f(x)$ 在 $x_0$ 点的取值 $f(x_0)$ 可以有三种情况,如图 1-7-1 所示.

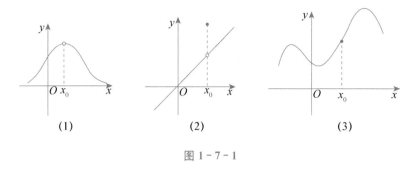

(1)　　　　　　　　(2)　　　　　　　　(3)

图 1-7-1

(1)$f(x_0)$ 无定义,比如特殊极限 $\lim\limits_{x \to x_0} \dfrac{\sin(x - x_0)}{x - x_0} = 1$;

(2)$f(x_0) \neq A$,比如 $f(x) = \begin{cases} x, & x \neq x_0 \\ x + 1, & x = x_0 \end{cases}$,$\lim\limits_{x \to x_0} f(x) = x_0 \neq f(x_0)$;

(3)$\lim\limits_{x \to x_0} f(x) = f(x_0) = A$.

对(1)、(2)两种情况,曲线在 $x_0$ 处都出现了间断;第(3)种情况与前两种情况不同,曲线在 $x_0$ 处连绵不断,我们称这种情况为 $f(x)$ 在 $x_0$ 处连续.

**定义 1**

设函数 $f(x)$ 在 $x_0$ 的某邻域内有定义,若

$$\lim_{x \to x_0} f(x) = f(x_0),$$

则称函数 $f(x)$ 在 $x_0$ 点**连续**.

例如,函数 $f(x) = 2x + 1$ 在点 $x = 2$ 连续,这是因为

$$\lim_{x \to 2} f(x) = \lim_{x \to 2} (2x + 1) = 5 = f(2).$$

又如,函数 $f(x) = \begin{cases} x\sin \dfrac{1}{x}, & x \neq 0 \\ 0, & x = 0 \end{cases}$ 在 $x = 0$ 处连续. 这是因为

$$\lim_{x \to 0} f(x) = \lim_{x \to 0} x\sin \frac{1}{x} = 0 = f(0).$$

若记 $\Delta x = x - x_0$,$\Delta y = f(x) - f(x_0)$,则 $\lim\limits_{x \to x_0} f(x) = f(x_0)$ 可叙述为 $\lim\limits_{\Delta x \to 0} \Delta y = 0$,于是函数 $f(x)$ 在 $x_0$ 点连续又有下面的等价定义.

**定义 1'**

设函数 $f(x)$ 在 $x_0$ 的某邻域内有定义,若

$$\lim_{\Delta x \to 0} \Delta y = 0 \text{ 或 } \lim_{\Delta x \to 0} \frac{f(x) - f(x_0)}{x - x_0} = 0,$$

则称 $f(x)$ 在 $x_0$ 点**连续**.

定义 1 与定义 1' 是等价的,定义 1' 的几何解释为当自变量增量 $\Delta x \to 0$ 时,一定有函数增量 $\Delta y \to 0$,如图 1-7-2 所示.

**例 1** 用定义证明 $y = 5x^2 - 3$ 在给定点 $x_0$ 处连续.

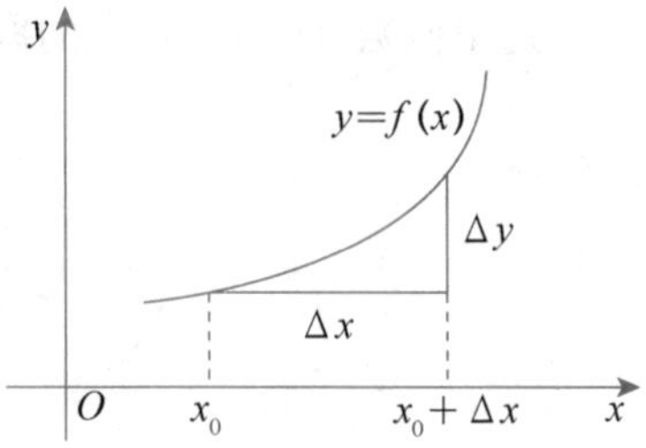

**证**:因为 $\Delta y = f(x_0 + \Delta x) - f(x_0) = [5(x_0 + \Delta x)^2 - 3] - (5x_0^2 - 3) = 10 x_0 \Delta x + 5(\Delta x)^2$,

则 $\lim\limits_{\Delta x \to 0} \Delta y = \lim\limits_{\Delta x \to 0} [10 x_0 \Delta x + 5(\Delta x)^2] = 0$.

所以,$y = 5x^2 - 3$ 在任意给定点 $x_0$ 处连续.

图 1-7-2

### 7.1.2 函数的间断点

**1. 间断点的定义**

若函数 $f(x)$ 在点 $x_0$ 连续,由定义可知,以下三个条件必须同时满足:

(1) $f(x)$ 在点 $x_0$ 的一个邻域内有定义;

(2) $\lim\limits_{x \to x_0} f(x)$ 存在;

(3) $f(x)$ 的极限值等于函数值 $f(x_0)$.

若函数 $y = f(x)$ 在 $x_0$ 处不满足连续性的三个条件之一,则称函数 $y = f(x)$ 在点 $x_0$ 处**不连续**或**间断**,$x_0$ 为 $f(x)$ 的**间断点**或不连续点.

**2. 间断点的类型**

设 $x_0$ 为 $f(x)$ 的一个间断点,如果当 $x \to x_0$ 时,$f(x)$ 的

(1) 左、右极限都存在,则称 $x_0$ 为 $f(x)$ 的**第一类间断点**.

(2) 左、右极限中至少有一个不存在,则称 $x_0$ 为 $f(x)$ 的**第二类间断点**.

**例 2** 求 $f(x) = \dfrac{1}{x+1}$ 在点 $x = -1$ 处的连续性.

**解**:因为 $f(x) = \dfrac{1}{x+1}$ 在 $x = -1$ 没有定义,所以 $x = -1$ 是 $f(x) = \dfrac{1}{x+1}$ 的一个间断点.

又因为 $\lim\limits_{x \to -1} \dfrac{1}{x+1} = \infty$(见图 1-7-3),所以点 $x = -1$ 称为 $f(x)$ 的第一类间断点,称极限是无穷的间断点为**无穷间断点**.

**例 3** 讨论 $f(x) = \begin{cases} x-1, & x < 0 \\ 0, & x = 0 \\ x+1, & x > 0 \end{cases}$ 在 $x = 0$ 处的连续性.

**解**:因为 $\lim\limits_{x \to 0^-} f(x) = \lim\limits_{x \to 0^-} (x-1) = -1$,$\lim\limits_{x \to 0^+} f(x) = \lim\limits_{x \to 0^+} (x+1) = 1$,二者不等,所以 $x = 0$ 为 $f(x)$ 的第一类间断点.

称左、右极限都存在但不相等的间断点为**跳跃间断点**(见图 1-7-4).

**例 4** 考察函数 $y = f(x) = \begin{cases} \dfrac{x^2-4}{x+2}, & x \neq -2 \\ 4, & x = -2 \end{cases}$ 在点 $x = -2$ 处的连续性.

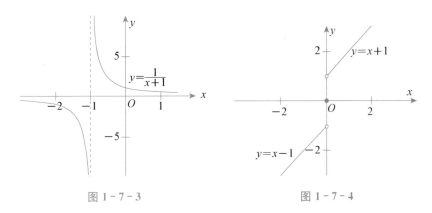

图 1 - 7 - 3　　　　　　　　　　　图 1 - 7 - 4

**解**：虽然在点 $x=-2$ 处 $f(x)$ 有定义，$f(-2)=4$，且在 $x=-2$ 处函数的极限存在，即

$$\lim_{x \to -2} f(x) = \lim_{x \to -2} \frac{x^2-4}{x+2} = \lim_{x \to -2}(x-2) = -4.$$

但是，$\lim\limits_{x \to -2} f(x) \neq f(-2)$.

所以 $f(x)$ 在点 $x=-2$ 处不连续，且 $x=-2$ 是第一类间断点.

称 $x \to x_0$ 的极限存在且不等于函数值的间断点为**可去间断点**（见图 1 - 7 - 5）. 若把 $f(-2)$ 值改为 $-4$，则函数在点 $x=-2$ 处变为连续.

**例 5**　讨论函数 $y=\sin\dfrac{1}{x}$ 在 $x=0$ 处的连续性.

**解**：因为 $y=\sin\dfrac{1}{x}$ 在 $x=0$ 处没有定义，且 $\lim\limits_{x \to 0}\sin\dfrac{1}{x}$ 极限不存在，当 $x \to 0$ 时，函数值在 $-1$ 与 $+1$ 之间变动无限多次，所以 $x=0$ 是 $f(x)$ 的第二类间断点.

称这种间断点为**振荡间断点**（见图 1 - 7 - 6）.

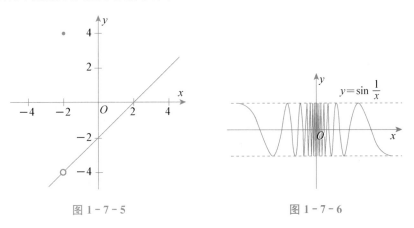

图 1 - 7 - 5　　　　　　　　　　　图 1 - 7 - 6

## 7.2 连续函数的运算与性质

### 7.2.1　连续函数与连续区间

若函数 $y=f(x)$ 在区间 $(a,b)$ 内任何一点都连续，则称 $f(x)$ 在**开区间** $(a,b)$ 内**连续**.

若函数 $y=f(x)$ 在区间 $(a,b)$ 内连续,而且 $\lim\limits_{x \to a^+} f(x)=f(a)$, $\lim\limits_{x \to b^-} f(x)=f(b)$,则称 $f(x)$ 在闭区间 $[a,b]$ 上连续,也称 $f(x)$ 是区间 $[a,b]$ 上的**连续函数**.

**例 6**　证明 $y=\sin x$ 在 $(-\infty,+\infty)$ 内连续.

**证**:任取点 $x_0 \in (-\infty,+\infty)$,则

$$\Delta y = \sin(x_0 + \Delta x) - \sin x_0 = 2\sin\frac{\Delta x}{2}\cos\frac{2x_0 + \Delta x}{2}.$$

因为 $\left|\cos\dfrac{2x_0 + \Delta x}{2}\right| \leqslant 1$,所以

$$|\Delta y| \leqslant 2\left|\sin\frac{\Delta x}{2}\right| \leqslant 2\left|\frac{\Delta x}{2}\right|.$$

于是,当 $\Delta x \to 0$ 时,$\Delta y \to 0$,由 $x_0$ 的任意性可知,$y=\sin x$ 在 $(-\infty,+\infty)$ 内连续.

类似地,可以证明**基本初等函数在其定义域内是连续的**.

### 7.2.2　连续函数的运算

初等函数是由基本初等函数经过有限次加减乘除和复合构成的,接下来证明初等函数的连续性.

**定理 1**　设函数 $f(x)$ 和 $g(x)$ 在点 $x_0$ 处连续,则 $f(x) \pm g(x)$,$f(x) \cdot g(x)$,$\dfrac{f(x)}{g(x)}$(当 $g(x_0) \neq 0$ 时)在点 $x_0$ 处均连续.

我们只证明 $f(x)+g(x)$ 在 $x_0$ 处连续,其他证明类似.

**证**:因为 $f(x)$、$g(x)$ 在 $x_0$ 处连续,所以 $\lim\limits_{x \to x_0} f(x)=f(x_0)$,$\lim\limits_{x \to x_0} g(x)=g(x_0)$.根据极限的运算法则,有

$$\lim\limits_{x \to x_0}[f(x)+g(x)] = \lim\limits_{x \to x_0} f(x) + \lim\limits_{x \to x_0} g(x) = f(x_0) + g(x_0).$$

所以 $f(x)+g(x)$ 在 $x_0$ 处连续.

**定理 2**　设函数 $u=\varphi(x)$ 在 $x_0$ 连续,$y=f(u)$ 在点 $u_0$ 处连续,且 $u_0=\varphi(x_0)$,则复合函数 $y=f[\varphi(x)]$ 在点 $x_0$ 处连续.(证明略)

因为基本初等函数在其定义域内都是连续的,再根据上面的两个定理容易得到:**一切初等函数在其定义区间内都是连续的**.因此我们求初等函数在其定义区间内某点的极限时,只需求初等函数在该点的函数值即可.

**例 7**　求下列极限:

(1) $\lim\limits_{x \to 2} \sqrt{5-x^2}$;

(2) $\lim\limits_{x \to 4} \dfrac{e^x + \cos(4-x)}{\sqrt{x}-3}$.

**解**:(1)因为 $\sqrt{5-x^2}$ 是初等函数,在定义域内是连续的,其定义域 $[-\sqrt{5},\sqrt{5}]$,而 $2 \in [-\sqrt{5},\sqrt{5}]$,所以 $\lim\limits_{x \to 2} \sqrt{5-x^2} = \sqrt{5-2^2} = 1$.

(2)因为 $\lim\limits_{x \to 4} \dfrac{e^x + \cos(4-x)}{\sqrt{x}-3}$ 是初等函数,定义域 $[0,9) \cup (9,+\infty)$,而 $4 \in [0,9)$,所以

$$\lim_{x \to 4} \frac{e^x + \cos(4-x)}{\sqrt{x}-3} = \frac{e^x + \cos 0}{2-3} = -(e^4 + 1).$$

**例 8** 已知函数 $f(x) = \begin{cases} x^2 + 1, & x < 0 \\ 2x + b, & x \geqslant 0 \end{cases}$ 在 $x = 0$ 处连续,求 $b$ 的值.

**解:** $\lim\limits_{x \to 0^-} f(x) = \lim\limits_{x \to 0^-} (x^2 + 1) = 1$,而 $\lim\limits_{x \to 0^+} f(x) = \lim\limits_{x \to 0^+} (2x + b) = b$,

因为 $\lim\limits_{x \to 0^-} f(x) = \lim\limits_{x \to 0^+} f(x) = f(0)$,得 $b = 1$.

**例 9** 求 $\lim\limits_{x \to 0} \dfrac{\ln(1+x)}{x}$.

**解:** 因为 $\lim\limits_{x \to 0}(1+x)^{\frac{1}{x}} = e$,且 $y = \ln u$ 在点 $u = e$ 处连续,则

$$\lim_{x \to 0} \frac{\ln(1+x)}{x} = \lim_{x \to 0} \ln(1+x)^{\frac{1}{x}} = \ln\left[\lim_{x \to 0}(1+x)^{\frac{1}{x}}\right] = \ln e = 1.$$

即当 $x \to 0$ 时,$\ln(1+x) \sim x$.

### 7.2.3 闭区间上连续函数的性质

下面介绍闭区间上连续函数的几个性质,由于它们的证明涉及严密的实数理论,故略去其严格证明,我们从直观的几何图形角度来理解.

先给出最大最小值的概念.

设 $f(x)$ 定义在区间 $I$ 上,若 $\exists x_0 \in I$,使得对任意 $x \in I$,有 $f(x) \leqslant f(x_0)(f(x) \geqslant f(x_0))$,则称 $f(x_0)$ 为 $f(x)$ 在区间 $I$ 上的**最大(小)值**.

例如,$f(x) = 1 + \sin x$ 在 $[0, 2\pi]$ 上的最大值为 2、最小值为 0;$f(x) = x$ 在 $(1, 2)$ 内无最值.

**定理 3(最大最小值定理)** 在闭区间上的连续函数一定有最大值和最小值.

定理表明,若函数 $f(x)$ 在闭区间 $[a, b]$ 上连续,则至少存在一点 $\xi_1$,使 $f(\xi_1)$ 是 $f(x)$ 在闭区间 $[a, b]$ 上的最大值;同时至少存在一点 $\xi_2$,使 $f(\xi_2)$ 是 $f(x)$ 在闭区间 $[a, b]$ 上的最小值,如图 1-7-7 所示.

由定理 3 易知下面结论:

**推论:(有界性)** 若函数 $f(x)$ 在闭区间 $[a, b]$ 上连续,则 $f(x)$ 在闭区间 $[a, b]$ 上有界.

**定理 4(介值定理)** 若函数 $f(x)$ 在闭区间 $[a, b]$ 上连续,且 $f(a) \neq f(b)$,则对于 $f(a)$ 与 $f(b)$ 之间的任意数 $C$,在区间 $(a, b)$ 内至少存在一点 $\xi$,使得 $f(\xi) = C$.

如图 1-7-8 所示,函数 $f(x)$ 在闭区间 $[a, b]$ 上连续,$f(a) < C < f(b)$,则在区间 $(a, b)$ 内存在三个点 $\xi_1, \xi_2, \xi_3$,使 $f(\xi_1) = f(\xi_2) = f(\xi_3) = C$.

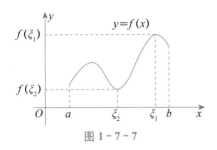

图 1-7-7

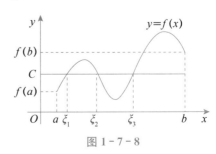

图 1-7-8

在定理 4 中,若 $f(a)$ 与 $f(b)$ 异号,则易得下面的结论:

**推论(零点定理)**　若函数 $f(x)$ 在闭区间 $[a,b]$ 上连续,且 $f(a) \cdot f(b) < 0$(即 $f(a)$ 与 $f(b)$ 异号),则在 $(a,b)$ 内至少存在一点 $\xi$,使 $f(\xi) = 0$,即方程 $f(x) = 0$ 在 $(a,b)$ 内至少有一个实数根 $\xi$.

如果 $f(x_0) = 0$,则称 $x_0$ 为函数 $f(x)$ 的**零点**.

零点定理的几何意义是:如果 $f(a)$ 与 $f(b)$ 异号,则连续曲线 $y = f(x)$ 与 $x$ 轴至少有一个交点,在图 1-7-9 所示情况下,方程 $f(x_0) = 0$ 在区间 $(a,b)$ 内存在三个根 $\xi_1, \xi_2, \xi_3$,即使 $f(\xi_1) = f(\xi_2) = f(\xi_3) = 0$.

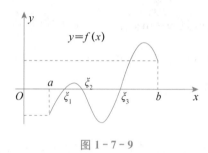

图 1-7-9

**例 10**　证明方程 $x^5 - 3x = 1$ 至少有一个实数根介于 1 和 2 之间.

**证明**:设 $f(x) = x^5 - 3x - 1$,$f(x)$ 在 $(-\infty, +\infty)$ 内连续,因而在区间 $[1,2]$ 上连续,且 $f(1) = -3 < 0$,$f(2) = 25 > 0$,由零点定理知,在 $(1,2)$ 内至少存在一点 $\xi$,使得 $f(\xi) = 0$.表明方程 $x^5 - 3x = 1$ 至少有一个实数根介于 1 和 2 之间.

 小结

函数在一点连续的定义.

间断点的判断.

应用连续函数求极限.

闭区间上连续函数的零点定理.

 课堂练习 1.7

1. $x = 0$ 是函数 $\dfrac{\sin x}{|x|}$ 的_____类_____型间断点;

2. 设 $f(x) = \dfrac{1}{x} \ln(1-x)$,若定义 $f(0) = $_____,则 $f(x)$ 在 $x = 0$ 处连续;

3. 若函数 $f(x) = \begin{cases} \dfrac{\tan ax}{x}, & x \neq 0 \\ 2, & x = 0 \end{cases}$ 在 $x = 0$ 处连续,则 $a$ 等于_____;

4. $f(x) = \dfrac{1}{\ln(x-1)}$ 的连续区间是_____.

 习题 1.7

1. 要使 $f(x)$ 连续,常数 $a,b$ 各应取何值?

$$f(x)=\begin{cases} \dfrac{1}{x}\sin x, & x<0 \\ a, & x=0 \\ x\sin\dfrac{1}{x}+b, & x>0 \end{cases}$$

2. 指出下列函数的间断点,并指明是哪一类型间断点.

(1) $f(x)=\dfrac{1}{x^2-1}$;

(2) $f(x)=\mathrm{e}^{\frac{1}{x}}$.

3. 求下列极限:

(1) $\lim\limits_{x\to 1}\ln(\mathrm{e}^x+|x|)$;

(2) $\lim\limits_{x\to 4}\dfrac{\sqrt{2x+1}-3}{\sqrt{x-2}-\sqrt{2}}$.

4. 证明方程 $4x-2^x=0$ 在 $\left(0,\dfrac{1}{2}\right)$ 内至少有一个实根.

 总 习 题 1

一、填空题

1. 设 $f(x)=\begin{cases} x+1, & |x|<2 \\ 1, & 2\leqslant x\leqslant 3 \end{cases}$,则 $f(x+1)$ 的定义域为_____;

2. 函数 $f(x)=\sqrt{x}+\ln(3-x)$ 在_____连续;

3. $\lim\limits_{x\to 0}\left(x^2\sin\dfrac{1}{x^2}+\dfrac{\sin 3x}{x}\right)=$_____;

4. $\lim\limits_{x\to\infty}\left(1+\dfrac{k}{x}\right)^x=$_____;

5. 设 $f(x)$ 在 $x=1$ 处连续,且 $f(1)=3$,则 $\lim\limits_{x\to 1}f(x)\left(\dfrac{1}{x-1}-\dfrac{2}{x^2-1}\right)=$_____;

6. $x=0$ 是函数 $f(x)=x\sin\dfrac{1}{x}$ 的_____间断点;

7. $f(x)=\dfrac{x^2-x}{|x|(x^2-1)}$ 的间断点是_____,其中可去间断点是_____,跳跃间断点是_____.

二、选择题

1. $y=x^2+1,x\in(-\infty,0]$ 的反函数是( ).

A. $y=\sqrt{x}-1,x\in[1,+\infty)$

B. $y=-\sqrt{x}-1,x\in[0,+\infty)$

C. $y=-\sqrt{x-1}, x\in[1,+\infty)$        D. $y=\sqrt{x-1}, x\in[1,+\infty)$

2. 当 $x\to\infty$ 时,下列函数中有极限的是(　　).

A. $\sin x$        B. $\dfrac{1}{e^x}$

C. $\dfrac{x+1}{x^2-1}$        D. $\arctan x$

3. $f(x)=\begin{cases}0, & x\leqslant 0 \\ \dfrac{1}{x}, & x>0\end{cases}$ 在点 $x=0$ 不连续是因为(　　).

A. $f(0-0)$ 不存在        B. $f(0+0)$ 不存在

C. $f(0+0)\neq f(0)$        D. $f(0-0)\neq f(0)$

4. 设 $f(x)=x^2+\arctan\dfrac{1}{x-1}$,则 $x=1$ 是 $f(x)$ 的(　　).

A. 可去间断点        B. 跳跃间断点

C. 无穷间断点        D. 连续点

5. 设 $f(x)=\begin{cases}\cos x-1, & x<0 \\ k, & x>0\end{cases}$,则 $k=0$ 是 $\lim\limits_{x\to 0}f(x)$ 存在的(　　).

A. 充分但非必要条件        B. 必要但非充分条件

C. 充分必要条件        D. 无关条件

6. 当 $x\to x_0$ 时,$\alpha$ 和 $\beta(\beta\neq 0)$ 都是无穷小. 当 $x\to x_0$ 时,下列变量中可能不是无穷小的是(　　).

A. $\alpha+\beta$        B. $\alpha-\beta$

C. $\alpha\cdot\beta$        D. $\dfrac{\alpha}{\beta}$

7. 当 $n\to\infty$ 时,若 $\sin^2\dfrac{1}{n}$ 与 $\dfrac{1}{n^k}$ 是等价无穷小,则 $k=$(　　).

A. 2        B. $\dfrac{1}{2}$

C. 1        D. 3

8. 当 $x\to 0$ 时,下列函数中为 $x$ 的高阶无穷小的是(　　).

A. $1-\cos x$        B. $x+x^2$

C. $\sin x$        D. $\sqrt{x}$

9. 当 $n\to\infty$ 时,$n\sin\dfrac{1}{n}$ 是(　　).

A. 无穷大量        B. 无穷小量

C. 无界变量        D. 有界变量

10. 方程 $x^3+px+1=0(p>0)$ 的实根个数是(　　).

A. 一个        B. 二个

C. 三个        D. 零个

11. 当 $x \to 0$ 时，$(1-\cos x)^2$ 是 $\sin^2 x$ 的（　　　）.

A. 高阶无穷小

B. 同阶无穷小，但不等价

C. 低阶无穷小

D. 等价无穷小

三、求下列函数的极限

1. $\lim\limits_{x \to 4} \dfrac{\sqrt{2x+1}-3}{\sqrt{x}-2}$ ；

2. $\lim\limits_{x \to 1} \dfrac{\sin(x-1)}{x^2+x-2}$ ；

3. $\lim\limits_{x \to +\infty} \left(\dfrac{x^2-1}{x^2+1}\right)^{x^2}$ ；

4. $\lim\limits_{x \to 0} \dfrac{\sin x^3}{(\sin x)^3}$ ；

5. $\lim\limits_{x \to 0} \dfrac{\sqrt{1+x}-\sqrt{1-x}}{\sin 3x}$ ；

6. $\lim\limits_{x \to \infty} \dfrac{x+3}{x^2-x}(\sin x+2)$ ；

7. $\lim\limits_{x \to a} \dfrac{\sin x - \sin a}{x-a}$ ；

8. $\lim\limits_{x \to 1} \dfrac{\sin \pi x}{4(x-1)}$ ；

9. $\lim\limits_{x \to \infty} \left(\dfrac{x^3}{2\,x^2-1}-\dfrac{x^2}{2x+1}\right)$ ；

10. $\lim\limits_{n \to +\infty} \dfrac{5^n+(-2)^n}{5^{n+1}+(-2)^{n+1}}$ .

四、设 $\lim\limits_{x \to -1} \dfrac{x^3+a\,x^2-x+4}{x+1}=b$（常数），求 $a,b$.

五、证明下列方程在 $(0,1)$ 之间均有一实根.

1. $x^5+x^3=1$；　　　　　2. $e^{-x}=x$；　　　　　3. $\arctan x = 1-x$.

六、设 $f(x)$ 在 $[a,b]$ 上连续，且 $a<f(x)<b$，证明在 $(a,b)$ 内至少有一点 $\xi$ 使 $f(\xi)=\xi$.

七、设 $f(x)=\begin{cases} 3x, & -1<x<1 \\ 2, & x=1 \\ 3\,x^2, & 1<x<2 \end{cases}$ ，求 $\lim\limits_{x \to 0} f(x)$，$\lim\limits_{x \to 1} f(x)$，$\lim\limits_{x \to \sqrt{2}} f(x)$.

八、设 $f(x)=\begin{cases} \dfrac{\ln(1-x)}{x}, & x>0 \\ -1, & x=0 \\ \dfrac{|\sin x|}{x}, & x<0 \end{cases}$ ，讨论 $f(x)$ 在 $x=0$ 处的连续性.

九、证明方程 $x=2\sin x+1$ 至少有一个小于 3 的正根.

第 2 章

# 导数与微分

**本章知识结构图**

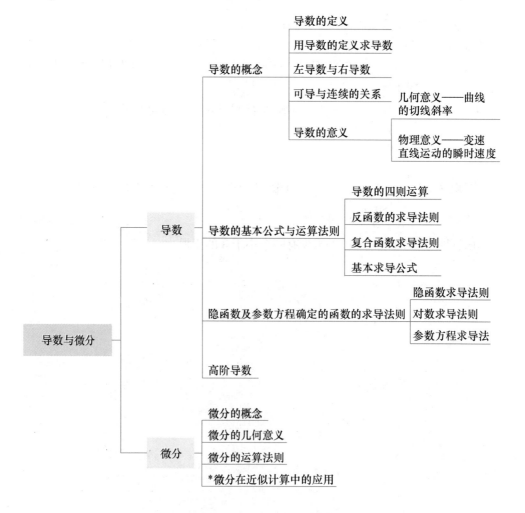

了解导数、微分的几何意义；了解函数可导、可微、连续之间的关系；理解高阶导数的概念；理解导数和微分的概念；掌握导数、微分的运算法则；掌握导数的基本公式；掌握复合函数的求导法则等.

**学习要求**

◆ 了解导数、微分的几何意义；
◆ 了解函数可导、可微、连续之间的关系；
◆ 理解高阶导数的概念；
◆ 理解导数和微分的概念；
◆ 掌握导数、微分的运算法则；
◆ 掌握导数的基本公式；
◆ 掌握复合函数的求导法则.

**重点与难点**

◆ 教学重点：导数、微分的运算法则，导数的基本公式；复合函数的求导法则；
◆ 教学难点：导数、微分的定义.

从 15 世纪初文艺复兴时期起，欧洲的工业、农业、航海事业与商贾贸易得到大规模的发展，形成了一个新的经济时代. 而 16 世纪的欧洲，正处在资本主义萌芽时期，生产力得到了很大的发展. 生产实践的发展对自然科学提出了新的课题，迫切要求力学、天文学等基础科学的发展，而这些学科都是深刻依赖于数学的，因而也推动了数学的发展. 在各类学科对数学提出的种种要求中，下列三类问题导致了微分学的产生：

（1）求变速运动的瞬时速度；
（2）求曲线上一点处的切线；
（3）求最大值和最小值.

这三类实际问题的现实原型在数学上都可归结为函数相对于自变量变化而变化的快慢程度，即所谓**函数的变化率**问题. 牛顿从第一个问题出发，莱布尼茨从第二个问题出发，分别给出了导数的概念.

## 第 1 节　导数的概念

导数概念源于寻找曲线切线以及确定变速直线运动的瞬时速度而产生的，它反映了函数相对自变量的变化快慢的程度.

## 1.1 引例

### 1.1.1 变速直线运动的瞬时速度

我们知道,物体做直线运动时,其位移 $s$ 是时间 $t$ 的函数,记作 $s=s(t)$. 下面求物体在时刻 $t_0$ 的瞬时速度 $v_0$.

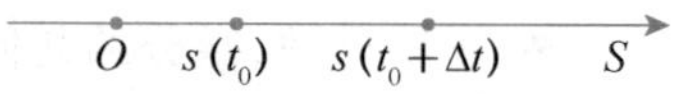

如图 2-1-1 所示,设自变量 $t$ 在 $t_0$ 有一个增量 $\Delta t$,相应地位移 $s$ 也有一个增量 $\Delta s=s(t_0+\Delta t)-s(t_0)$. 因而,物体在 $t_0$ 到 $t_0+\Delta t$ 这个时间段内的平均速度为

图 2-1-1

$$\bar{v}=\frac{\Delta s}{\Delta t}=\frac{s(t_0+\Delta t)-s(t_0)}{\Delta t}.$$

当时间间隔 $|\Delta t|$ 很小时,平均速度 $\bar{v}$ 可作为物体在时刻 $t_0$ 的速度 $v(t_0)$ 的近似值, $|\Delta t|$ 越小,精度就越高,若 $\Delta t$ 趋于 0 时,平均速度 $\bar{v}$ 的极限存在,则极限值就是物体在时刻 $t_0$ 的瞬时速度. 即

$$v_0=\lim_{\Delta t\to 0}\bar{v}=\lim_{\Delta t\to 0}\frac{\Delta s}{\Delta t}=\lim_{\Delta t\to 0}\frac{s(t_0+\Delta t)-s(t_0)}{\Delta t}.$$

### 1.1.2 曲线的切线斜率

设点 $A(x_0,y_0)$ 是曲线 $y=f(x)$ 上一点,当自变量 $x_0$ 变到 $x_0+\Delta x$ 时,在曲线上得到另一点 $B(x_0+\Delta x,y_0+\Delta y)$,连接 $A$ 与 $B$ 得割线 $AB$(见图 2-1-2).

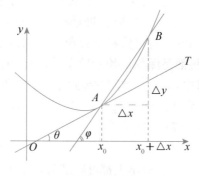

图 2-1-2

由图 2-1-2 可看出,割线 $AB$ 的斜率: $\tan\varphi=\dfrac{\Delta y}{\Delta x}=\dfrac{f(x_0+\Delta x)-f(x_0)}{\Delta x}$,其中 $\varphi$ 为割线 $AB$ 的倾斜角.

当 $B$ 点沿着曲线移动而趋向于 $A$ 点,此时割线 $AB$ 的极限位置 $AT$ 叫作曲线 $y=f(x)$ 在点 $A$ 处的切线,设切线 $AT$ 的倾斜角为 $\theta$.

当点 $B$ 沿曲线趋向于点 $A$(即 $\Delta x\to 0$)时,有 $\varphi\to\theta$,从而有 $\tan\varphi\to\tan\theta$,即

$$\tan\theta = \lim_{\varphi \to \theta} \tan\varphi = \lim_{\Delta x \to 0} \frac{\Delta y}{\Delta x} = \lim_{\Delta x \to 0} \frac{f(x_0 + \Delta x) - f(x_0)}{\Delta x}.$$

通过以上两个实际问题的讨论,可以发现,虽然二者的实际背景不同,但解决问题的数学方法是相同的,都是研究函数值改变量 $\Delta y$ 与自变量改变量 $\Delta x$ 的比 $\dfrac{\Delta y}{\Delta x}$ 以及当 $\Delta x \to 0$ 时 $\dfrac{\Delta y}{\Delta x}$ 的极限,根据这种极限即可引出导数.

## 1.2 导数的定义

**定义 1**

设函数 $y = f(x)$ 在点 $x_0$ 的某一邻域内有定义,若极限

$$\lim_{\Delta x \to 0} \frac{\Delta y}{\Delta x} = \lim_{\Delta x \to 0} \frac{f(x_0 + \Delta x) - f(x_0)}{\Delta x} = \lim_{x \to x_0} \frac{f(x) - f(x_0)}{x - x_0}$$

存在,则称函数 $f(x)$ 在点 $x_0$ 处**可导**,并称此极限值为函数 $f(x)$ 在点 $x_0$ 处的**导数**,记作

$$f'(x)\Big|_{x=x_0},\ f'(x_0),\ y'\big|_{x=x_0},\ \frac{\mathrm{d}y}{\mathrm{d}x}\Big|_{x=x_0}\ 或\ \frac{\mathrm{d}f(x)}{\mathrm{d}x}\Big|_{x=x_0}.$$

即

$$f'(x_0) = \lim_{\Delta x \to 0} \frac{f(x_0 + \Delta x) - f(x_0)}{\Delta x} = \lim_{x \to x_0} \frac{f(x) - f(x_0)}{x - x_0}.$$

若函数 $f(x)$ 在 $(a,b)$ 内的每一点处都可导,则称 $f(x)$ 在 $(a,b)$ 内可导,对于 $(a,b)$ 内每一个指定的 $x$ 值,函数都有一个确定的导数值与之相对应,这样就构成了一个新的函数,简称**导函数**,记作

$$f'(x),\ y',\ \frac{\mathrm{d}y}{\mathrm{d}x}\ 或\ \frac{\mathrm{d}f(x)}{\mathrm{d}x}.$$

同时也称 $f(x)$ 为 $(a,b)$ 内的**可导函数**.

## 1.3 用导数的定义求导数

根据定义求 $y = f(x)$ 的导数,可分为以下三个步骤:

(1)求增量:$\Delta y = f(x + \Delta x) - f(x)$;

(2)算比值:$\dfrac{\Delta y}{\Delta x}$;

(3)取极限:$y' = \lim\limits_{\Delta x \to 0} \dfrac{\Delta y}{\Delta x}$.

**例 1**　设 $y = C$($C$ 为常数),求 $y'$.

**解**:(1)求增量:因为 $y = C$,不论 $x$ 取什么值时,$y$ 都等于 $C$,所以 $\Delta y = 0$;

(2) 算比值：$\dfrac{\Delta y}{\Delta x}=0$；

(3) 取极限：$y'=\lim\limits_{\Delta x\to 0}\dfrac{\Delta y}{\Delta x}=\lim\limits_{\Delta x\to 0}0=0$.

即 $\boxed{(C)'=0}$.

**例 2** 幂函数的导数. $f(x)=x^n$（$n$ 为正整数），求 $y'$.

**解：** $y'=\lim\limits_{\Delta x\to 0}\dfrac{f(x+\Delta x)-f(x)}{\Delta x}=\lim\limits_{\Delta x\to 0}\dfrac{nx^{n-1}\Delta x+\frac{n(n-1)}{2}x^{n-2}(\Delta x)^2+\cdots+(\Delta x)^n}{\Delta x}=nx^{n-1}$.

所以，$\boxed{(x^n)'=nx^{n-1}}$.

特殊地，(1)若 $n=1$，则 $x'=1$；(2)若 $n=2$，则 $(x^2)'=2x$.

**例 3** 求函数 $f(x)=a^x(a>0,a\neq1)$ 的导数.

**解：** $f'(x)=\lim\limits_{h\to 0}\dfrac{f(x+h)-f(x)}{h}=\lim\limits_{h\to 0}\dfrac{a^{x+h}-a^x}{h}$

$=a^x\lim\limits_{h\to 0}\dfrac{a^h-1}{h}=a^x\lim\limits_{t\to 0}\dfrac{t}{\log_a(1+t)}$（令 $a^h-1=t$）

$=a^x\dfrac{1}{\log_a e}=a^x\ln a$.

特殊地，$\boxed{(e^x)'=e^x}$.

**例 4** 求函数 $f(x)=\log_a x(a>0,a\neq1)$ 的导数.

**解：** $f'(x)=\lim\limits_{h\to 0}\dfrac{\log_a(x+h)-\log_a x}{h}$

$=\lim\limits_{h\to 0}\dfrac{1}{h}\log_a\left(1+\dfrac{h}{x}\right)$

$=\dfrac{1}{x}\lim\limits_{h\to 0}\log_a(1+\dfrac{h}{x})^{\frac{x}{h}}=\dfrac{1}{x}\log_a e=\dfrac{1}{x\ln a}$.

所以，$\boxed{(\log_a x)'=\dfrac{1}{x\ln a}}$；特殊地，$\boxed{(\ln x)'=\dfrac{1}{x}}$.

**例 5** 求函数 $f(x)=\sin x$ 的导数.

**解：** $f'(x)=\lim\limits_{h\to 0}\dfrac{f(x+h)-f(x)}{h}=\lim\limits_{h\to 0}\dfrac{\sin(x+h)-\sin x}{h}$

$=\lim\limits_{h\to 0}\dfrac{1}{h}\cdot 2\cos\left(x+\dfrac{h}{2}\right)\sin\dfrac{h}{2}$

$=\lim\limits_{h\to 0}\cos\left(x+\dfrac{h}{2}\right)\cdot\dfrac{\sin\frac{h}{2}}{\frac{h}{2}}=\cos x$.

所以，$\boxed{(\sin x)'=\cos x}$. 用类似的方法，可求得 $\boxed{(\cos x)'=-\sin x}$.

## 1.4 左导数与右导数

**定义 2**

在定义 1 的条件下,如果 $\lim\limits_{\Delta x\to 0^-}\dfrac{\Delta y}{\Delta x}=\lim\limits_{\Delta x\to 0^-}\dfrac{f(x_0+\Delta x)-f(x_0)}{\Delta x}$ 存在,则称此极限值为函数 $f(x)$ 在点 $x_0$ 处的**左导数**,记为 $f'_-(x_0)$;如果 $\lim\limits_{\Delta x\to 0^+}\dfrac{\Delta y}{\Delta x}=\lim\limits_{\Delta x\to 0^+}\dfrac{f(x_0+\Delta x)-f(x_0)}{\Delta x}$ 存在,则称此极限值为函数 $f(x)$ 在点 $x_0$ 处的**右导数**,记为 $f'_+(x_0)$.

根据第 1 章第 2 节的极限存在的充要条件和导数的定义,有:$f'(x_0)$存在的充分必要条件是其左、右导数均存在且相等,即 $\boldsymbol{f'_-(x_0)=f'_+(x_0)}$.

**例 6** 设 $f(x)=\begin{cases}x^2, & x<0\\ \sin x, & x\geqslant 0\end{cases}$,判断 $f(x)$ 在 $x=0$ 处是否可导.

**解**:只需要判断 $f(x)$ 在 $x=0$ 处左右导数是否存在并且相等. 因为

$$f'_-(0)=\lim_{h\to 0^-}\frac{f(0+h)-f(0)}{h}=\lim_{h\to 0^-}\frac{\sin h-\sin 0}{h}=\lim_{h\to 0^-}\frac{\sin h}{h}=1;$$

$$f'_+(0)=\lim_{h\to 0^+}\frac{f(0+h)-f(0)}{h}=\lim_{h\to 0^+}\frac{h^2-0^2}{h}=\lim_{h\to 0^+}h=0.$$

$f'_-(0)\neq f'_+(0)$,所以 $f(x)$ 在 $x=0$ 处不可导.

## 1.5 可导与连续的关系

一个函数 $y=f(x)$ 在点 $x_0$ 处的可导性与连续性有什么关系呢?

**定理** 若函数 $y=f(x)$ 在点 $x_0$ 处可导,则 $y=f(x)$ 在点 $x_0$ 处连续.

**证明** 设函数 $y=f(x)$ 在点 $x_0$ 处可导,则在点 $x_0$ 处有 $\lim\limits_{\Delta x\to 0}\dfrac{\Delta y}{\Delta x}=f'(x_0)$,从而有

$$\lim_{\Delta x\to 0}\Delta y=\lim_{\Delta x\to 0}\frac{\Delta y}{\Delta x}\cdot\Delta x=f'(x_0)\times 0=0.$$

即 $y=f(x)$ 在点 $x_0$ 处连续. 证毕.

上述定理的逆命题不一定成立,即虽然函数 $y=f(x)$ 在点 $x_0$ 处连续,但 $f(x)$ 在点 $x_0$ 处不一定可导.

例如,函数 $y=|x|$ 在点 $x=0$ 处连续(见图 2-1-3),但在点 $x=0$ 处不可导.

这是因为 $\Delta y=f(0+\Delta x)-f(x)=|\Delta x|$,所以在 $x=0$ 点的右导数:

$$f'_+(0)=\lim_{\Delta x\to 0^+}\frac{\Delta y}{\Delta x}=\lim_{\Delta x\to 0^+}\frac{|\Delta x|}{\Delta x}=\lim_{\Delta x\to 0^+}\frac{\Delta x}{\Delta x}=1.$$

而左导数:

$$f'_-(0)=\lim_{\Delta x\to 0^-}\frac{\Delta y}{\Delta x}=\lim_{\Delta x\to 0^-}\frac{|\Delta x|}{\Delta x}=\lim_{\Delta x\to 0^-}\frac{-\Delta x}{\Delta x}=-1.$$

左右导数不相等,故函数在该点不可导. 所以,函数连续是可导的必要条件而不是充分条件.

同样,函数 $y=\sqrt[3]{x}$ 在点 $x=0$ 处连续(见图 2-1-4),但在点 $x=0$ 处不可导.

另外,上述定理的逆否命题一定成立,即**若函数 $y=f(x)$ 在点 $x_0$ 处不连续,则 $y=f(x)$ 在点 $x_0$ 处不可导.**

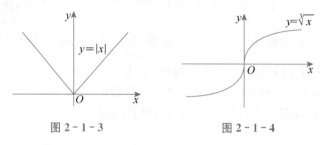

图 2-1-3　　　　图 2-1-4

## 1.6 导数的意义

### 1.6.1 导数的几何意义

由前面的讨论可知:函数 $y=f(x)$ 在点 $x_0$ 处的导数的几何意义就是曲线 $y=f(x)$ 在点 $(x_0,f(x_0))$ 处的切线斜率,即 $\tan\theta=f'(x_0)$,所以,如果 $f'(x_0)$ 存在,则曲线 $y=f(x)$ 在点 $(x_0,f(x_0))$ 处切线方程为:

$$y-f(x_0)=f'(x_0)(x-x_0).$$

**例 7**　求 $y=\dfrac{1}{\sqrt{x}}$ 在点 $(1,1)$ 处的切线方程.

**解:**因为 $y'=\left(\dfrac{1}{\sqrt{x}}\right)'=-\dfrac{1}{2}x^{-\frac{3}{2}}$,由导数的几何意义知,

曲线 $y=\dfrac{1}{\sqrt{x}}$ 在点 $(1,1)$ 处的切线斜率为 $y'|_{x=1}=-\dfrac{1}{2}$,

所以,所求的切线方程为 $y-1=-\dfrac{1}{2}(x-1)$,即

$y=-\dfrac{1}{2}x+\dfrac{3}{2}$. 如图 2-1-5 所示.

### 1.6.2 导数的物理意义

对于不同的物理量其导数有着不同的物理意义,例如变速直线运动位移函数 $s=s(t)$ 的导数就是速度,即 $s'(t)=v(t)$.

$\theta=\theta(t)$ 是物体绕一轴旋转的角度,它是时间 $t$ 的函数,$\theta(t)$ 对时间的导数,就是角速度,即 $\theta'(t)=\omega(t)$.

$Q=Q(t)$ 是通过导体截面的电量,它是时间 $t$ 的函

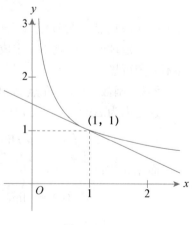

图 2-1-5

数,$Q(t)$ 对时间 $t$ 的导数,就是电流,即 $Q'(t)=i(t)$.

$M=M(x)$ 是质量分布函数,它是长度 $x$ 的函数,$M(x)$ 对长度 $x$ 的导数,就是质量非均匀分布的细杆在 $x$ 处的线密度,即 $M'(x)=\rho(x)$ 等等.

 小结

导数定义,用定义求导数.

可导与连续的关系.

导数的几何意义.

 课堂练习 2.1

1. 设 $f(x)$ 在 $x_0$ 处可导,则 $\lim\limits_{\Delta x \to 0} \dfrac{f(x_0-\Delta x)-f(x_0)}{\Delta x} = $ _____,

$\lim\limits_{h \to 0} \dfrac{f(x_0+h)-f(x_0-h)}{h} = $ _____;

2. 若 $f'(0)$ 存在且 $f(0)=0$,则 $\lim\limits_{x \to 0} \dfrac{f(x)}{x} = $ _____.

习题 2.1

1. 已知 $f(x)=\begin{cases} x^2, & x \leqslant 1 \\ ax+b, & x > 1 \end{cases}$.

(1)确定 $a,b$,使 $f(x)$ 在实数域内处处可导;

(2)将(1)中求出的 $a,b$ 的值代入 $f(x)$,求 $f(x)$ 的导数.

2. 求曲线 $y=x^4-3$ 在点 $(1,-2)$ 处的切线方程和法线方程.

## 第2节　导数的基本公式与运算法则

求函数的导数是理论研究和实践应用中经常遇到的问题,但是根据定义求导数往往比较烦琐,有时甚至是不可行的. 下面我们将学习求函数导数的一些法则和公式.

### 2.1　导数的四则运算

**定理 1**　设函数 $u(x),v(x)$ 在点 $x$ 处可导,则它们的和、差、积与商 $\dfrac{u(x)}{v(x)}(v(x) \neq 0)$ 在点 $x$ 处也可导,且

$(1)[u(x) \pm v(x)]' = u'(x) \pm v'(x);$

$(2)[u(x) \cdot v(x)]' = u'(x)v(x) + v'(x)u(x);$

$(3)[Cu(x)]' = Cu'(x), C$ 为常数;

$(4)\left[\dfrac{u(x)}{v(x)}\right]' = \dfrac{u'(x)v(x) - u(x)v'(x)}{v^2(x)} (v(x) \neq 0).$

按导数的定义容易证明上述结论. 根据定理中的(1)和(2), 容易得到下面两个法则:

**法则** (1)有限个可导函数的代数和的求导法则, 即:

$$[f_1(x) \pm f_2(x) \pm \cdots \pm f_n(x)]' = f'_1(x) \pm f'_2(x) \pm \cdots \pm f'_n(x).$$

**法则** (2)有限个可导函数的乘积的求导法则, 即:

$$(f_1 f_2 \cdots f_n)' = f'_1 f_2 \cdots f_n + f_1 f'_2 \cdots f_n + \cdots + f_1 f_{n-1} \cdots f'_n.$$

**例 1** 求函数 $y = \sin x + x^3 - 5$ 的导数.

**解:** $y' = (\sin x + x^3 - 5)'$

$= (\sin x)' + (x^3)' + (-5)'$

$= \cos x + 3x^2 - 0$

$= \cos x + 3x^2.$

**例 2** 设 $f(x) = 3x^4 - e^x + 5\cos x - 1$, 求 $f'(x)$ 及 $f'(0)$.

**解:** $f'(x) = (3x^4 - e^x + 5\cos x - 1)'$

$= (3x^4)' + (-e^x)' + (5\cos x)' - (1)'$

$= 12x^3 - e^x - 5\sin x;$

因为 $f(x)$ 在 $x = 0$ 处可导, 所以

$$f'(0) = (3x^4 - e^x + 5\cos x - 1)'\Big|_{x=0} = (12x^3 - e^x - 5\sin x)\Big|_{x=0} = -1.$$

**例 3** 求函数 $y = x^3 \ln x \cos x$ 的导数.

**解:** $y' = (x^3 \ln x \cos x)'$

$= (x^3)' \ln x \cos x + x^3 (\ln x)' \cos x + x^3 \ln x (\cos x)'$

$= 3x^2 \ln x \cos x + x^2 \cos x - x^3 \ln x \sin x.$

**例 4** 求函数 $y = \dfrac{x+1}{x-1}$ 的导数.

**解:** $y' = \left(\dfrac{x+1}{x-1}\right)' = \dfrac{(x+1)'(x-1) - (x+1)(x-1)'}{(x-1)^2}$

$= \dfrac{(x-1) - (x+1)}{(x-1)^2} = -\dfrac{2}{(x-1)^2}.$

**例 5** 求函数 $y = \tan x$ 的导数.

**解:** $y' = (\tan x)' = \left(\dfrac{\sin x}{\cos x}\right)' = \dfrac{(\sin x)' \cos x - \sin x (\cos x)'}{(\cos x)^2} = \sec^2 x.$

同理可得: $\boxed{(\cot x)' = -\csc^2 x}$.

**例 6** 求函数 $y = \sec x$ 的导数.

**解:** $y' = (\sec x)' = \left(\dfrac{1}{\cos x}\right)' = \dfrac{-(\cos x)'}{\cos^2 x} = \dfrac{\sin x}{\cos^2 x} = \sec x \tan x.$

同理可得：$\boxed{(\csc x)' = -\csc x \cot x}$.

至此，我们可以看到，在已学习过的基本初等函数中，仅剩下反三角函数的求导数公式未求出，下面就来讨论反三角函数的导数.

## 2.2 反函数的求导法则

**定理 2**　若函数 $y=f(x)$ 在区间 $(a,b)$ 内严格单调且有导数 $f'(x)\neq 0$，则其反函数在 $x=f^{-1}(y)=\varphi(y)$ 对应区间 $(c,d)$ 内有导数，且 $[f^{-1}(y)]'=\varphi'(y)=\dfrac{1}{f'(x)}$ 或 $\dfrac{\mathrm{d}x}{\mathrm{d}y}=\dfrac{1}{\dfrac{\mathrm{d}y}{\mathrm{d}x}}$，即：

**反函数的导数等于其直接函数的导数之倒数.**

**证明：**任意取 $x\in(a,b)$，给 $x$ 以增量 $\Delta x$，且 $\Delta x\neq 0$，$x+\Delta x\in(a,b)$. 由 $y=f(x)$ 的单调性可知，$\Delta y\neq 0$，于是，$\dfrac{\Delta y}{\Delta x}=\dfrac{1}{\dfrac{\Delta x}{\Delta y}}$. 又因为 $f(x)$ 连续，所以 $\Delta x\to 0$ 时，$\Delta y\to 0$；又因为 $f'(x)\neq 0$，所以 $\dfrac{\mathrm{d}x}{\mathrm{d}y}=[f^{-1}(y)]'=\varphi'(y)=\lim\limits_{\Delta y\to 0}\dfrac{\Delta x}{\Delta y}=\lim\limits_{\Delta y\to 0}\dfrac{1}{\dfrac{\Delta y}{\Delta x}}=\dfrac{1}{f'(x)}$. 证毕.

从直观几何图形来理解，函数在某点导数等于函数曲线在对应点处切线的斜率. 图 2-2-1 画出了 $y=\mathrm{e}^x$ 与其反函数 $y=\ln x$ 的图形，两函数的曲线在 $x=1$，$x=\mathrm{e}$ 点处的切线斜率分别为 $(\mathrm{e}^x)'\big|_{x=1}=\mathrm{e}$、$(\ln x)'\big|_{x=\mathrm{e}}=\dfrac{1}{\mathrm{e}}$，两切线斜率互为倒数.

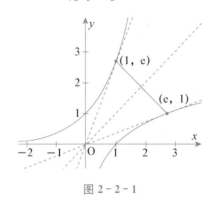

图 2-2-1

**例 7**　设 $y=\arcsin x$，求 $y'$.

**解：**反正弦函数 $y=\arcsin x(-1<x<1)$ 是 $x=\sin y\left(-\dfrac{\pi}{2}<y<\dfrac{\pi}{2}\right)$ 的反函数，而 $x=\sin y$ 在 $\left(-\dfrac{\pi}{2}<y<\dfrac{\pi}{2}\right)$ 内严格单调，且 $\dfrac{\mathrm{d}x}{\mathrm{d}y}=\cos y\neq 0$，故由定理 2 知

$$(\arcsin x)' = \frac{1}{(\sin y)'} = \frac{1}{\cos y}, 而 \cos y = \pm\sqrt{1 - \sin^2 y} = \sqrt{1 - x^2}, 从而得$$

$$\boxed{(\arcsin x)' = \frac{1}{\sqrt{1 - x^2}}(-1 < x < 1)}.$$

同理可得：$\boxed{(\arccos x)' = -\frac{1}{\sqrt{1 - x^2}}(-1 < x < 1)}$.

**例 8** 设 $y = \arctan x$，求 $y'$.

**解：**因为反正切函数 $y = \arctan x(-\infty < x < +\infty)$ 是 $x = \tan y\left(-\frac{\pi}{2} < y < \frac{\pi}{2}\right)$ 的反函数，而 $x = \tan y$ 在 $\left(-\frac{\pi}{2} < y < \frac{\pi}{2}\right)$ 内严格单调且可导，又 $\frac{dx}{dy} = (\tan y)' = \sec^2 y > 0$，由定理 2 知 $(\arctan x)' = \frac{1}{(\tan y)'} = \frac{1}{\sec^2 y} = \frac{1}{1 + \tan^2 y} = \frac{1}{1 + x^2}(-\infty < x < +\infty)$.

所以，$\boxed{(\arctan x)' = \frac{1}{1 + x^2}}$.

同理可得，$\boxed{(\text{arccot } x)' = -\frac{1}{1 + x^2}}$.

## 2.3 复合函数求导法则

**定理 3** 若函数 $u = \varphi(x)$ 在 $x$ 处可导，函数 $y = f(u)$ 也在相应的 $u$ 处可导，则复合函数 $y = f(\varphi(x))$ 在 $x$ 处也可导，且有 $y' = f'(u) \cdot \varphi'(x)$ 或 $\frac{dy}{dx} = \frac{dy}{du} \cdot \frac{du}{dx}$.

即：**复合函数中，因变量对自变量求导，等于因变量对中间变量求导，再乘以中间变量对自变量求导**. 我们称这一法则为复合函数求导的**链式法则**.

**证明：**函数 $y = f(u)$ 在点 $u$ 处可导，则 $\lim\limits_{\Delta u \to 0} \frac{\Delta y}{\Delta u} = f'(u)$. 根据函数极限与无穷小的关系，可得 $\frac{\Delta y}{\Delta u} = f'(u) + \alpha$，其中 $\lim\limits_{\Delta u \to 0} \alpha = 0$. 因此可得

$$\Delta y = f'(u)\Delta u + \alpha \Delta u.$$

所以，

$$\lim_{\Delta x \to 0} \frac{\Delta y}{\Delta x} = \lim_{\Delta x \to 0}\left[f'(u)\frac{\Delta u}{\Delta x} + \alpha\frac{\Delta u}{\Delta x}\right] = f'(u)\lim_{\Delta x \to 0}\frac{\Delta u}{\Delta x} + \lim_{\Delta x \to 0}\alpha\lim_{\Delta x \to 0}\frac{\Delta u}{\Delta x} = f'(u) \cdot \varphi'(x).$$

证毕.

该法则可推广到有限个函数构成的复合函数，例如，设 $y = \frac{dy}{dx} = \frac{dy}{du} \cdot \frac{du}{dv} \cdot \frac{dv}{dx}$.

**例 9** 求 $y = (1 + 2x)^{-30}$ 的导数.

**解：** 设 $y = u^{-30}, u = 1 + 2x$，则

$$y' = (u^{-30})'_u \cdot (1+2x)'_x = -30\,u^{-30-1} \times 2 = -60(1+2x)^{-31}.$$

**例 10**　求 $y = \ln\cos x$ 的导数.

**解**：设 $y = \ln u, u = \cos x$，则

$$y' = (\ln u)'_u (\cos x)'_x = \frac{1}{u}(-\sin x) = \frac{-\sin x}{\cos x} = -\tan x.$$

**例 11**　证明 $(x^\alpha)' = \alpha x^{\alpha-1}$（$\alpha$ 为实数，$x > 0$）.

**证明**：根据对数的性质，有 $x = \mathrm{e}^{\ln x}$，所以 $x^\alpha = (\mathrm{e}^{\ln x})^\alpha$，

设 $y = \mathrm{e}^u, u = \alpha\ln x$，则

$$(x^\alpha)' = (\mathrm{e}^u)' \cdot (\alpha\ln x)' = \mathrm{e}^u \cdot \alpha \cdot \frac{1}{x} = \mathrm{e}^{\alpha\ln x} \cdot \frac{\alpha}{x} = \alpha x^{\alpha-1}.$$

**例 12**　求 $y = \tan\sqrt{1-2x^2}$ 的导数.

**解**：设 $y = (\tan u), u = \sqrt{v}, v = 1-2x^2$，则

$$\begin{aligned}
y' &= (\tan u)' \cdot (\sqrt{v})' \cdot (1-2x^2)' \\
&= \sec^2 u \cdot \frac{1}{2}v^{-\frac{1}{2}} \cdot (0-4x) \\
&= -\frac{2x}{\sqrt{1-2x^2}}\sec^2\sqrt{1-2x^2}.
\end{aligned}$$

通过上面几个例子可以看出，求复合函数的关键在于搞清函数复合过程，认清中间变量，对于多次复合而成的函数，可按由表及里逐层求导的方式进行，如对复合过程掌握熟练、正确，各中间变量可以不写出，但必须弄清各层次分别是对哪个变量求导.

**例 13**　设 $y = \sqrt[3]{1+\ln^2 x}$，求 $y'$.

**解**：
$$\begin{aligned}
y' &= \frac{1}{3}(1+\ln^2 x)^{\frac{1}{3}-1}(1+\ln^2 x)' \\
&= \frac{1}{3}(1+\ln^2 x)^{-\frac{2}{3}}2\ln x(\ln x)' \\
&= \frac{2}{3}(1+\ln^2 x)^{-\frac{2}{3}}\ln x \cdot \frac{1}{x} \\
&= \frac{2}{3}\frac{\ln x}{x}(1+\ln^2 x)^{-\frac{2}{3}}.
\end{aligned}$$

**例 14**　设 $y = \dfrac{x\sin 2x}{x^2+1}$，求 $y'(\pi)$.

**解**：
$$\begin{aligned}
y' &= \frac{(x\sin 2x)'(x^2+1) - x\sin 2x(x^2+1)'}{(x^2+1)^2} \\
&= \frac{(\sin 2x + 2x\cos 2x)(x^2+1) - 2x^2\sin 2x}{(x^2+1)^2} \\
&= \frac{(1-x^2)\sin 2x + 2x(x^2+1)\cos 2x}{(x^2+1)^2}.
\end{aligned}$$

$$y'(\pi) = \frac{2\pi}{\pi^2+1}.$$

## 2.4 基本求导公式

为了方便查阅,下面列出了一些常见函数的导数公式.

$(C)' = 0$ ($C$ 为常数)　　　　　　　$(x^a)' = a \cdot x^{a-1}$ ($a$ 为任意实数)

$(a^x)' = a^x \ln a$　　　　　　　　　$(e^x)' = e^x$

$(\log_a x)' = \dfrac{1}{x} \log_a e = \dfrac{1}{x \ln a}$　　　　$(\ln x)' = \dfrac{1}{x}$

$(\sin x)' = \cos x$　　　　　　　　　$(\cos x)' = -\sin x$

$(\tan x)' = \sec^2 x$　　　　　　　　$(\cot x)' = -\csc^2 x$

$(\sec x)' = \sec x \tan x$　　　　　　$(\csc x)' = -\csc x \cot x$

$(\arcsin x)' = \dfrac{1}{\sqrt{1-x^2}}$　　　　　　$(\arccos x)' = -\dfrac{1}{\sqrt{1-x^2}}$

$(\arctan x)' = \dfrac{1}{1+x^2}$　　　　　　　$(\text{arccot}\, x)' = -\dfrac{1}{1+x^2}$

 小结

导数定义,用定义求导数.

可导与连续的关系.

导数的几何意义.

 课堂练习 2.2

1. $(\sqrt{2})' = $＿＿＿＿＿；　　　　　2. $(x^\mu)' = $＿＿＿＿＿,其中 $\mu$ 为实常数；

3. $(e^x)' = $＿＿＿＿＿；　　　　　　4. $(2^x)' = $＿＿＿＿＿；

5. $(\ln x)' = $＿＿＿＿＿；　　　　　6. $(\log_a x)' = $＿＿＿＿＿,$a>0$ 且 $a \neq 1$；

7. $(\sin x)' = $＿＿＿＿＿；　　　　　8. $(\cos x)' = $＿＿＿＿＿；

9. $(\tan x)' = $＿＿＿＿＿；　　　　　10. $(\cot x)' = $＿＿＿＿＿.

 习题 2.2

1. 求下列函数的导数

(1) $y = x^2(\cos x + \sqrt{x})$；　　　　　(2) $y = \dfrac{1-\sqrt{x}}{1+\sqrt{x}}$；

(3) $y = (x-1)(x-2)(x-3)$.

2. 设 $y = x \ln x + \dfrac{1}{\sqrt{x}}$,求 $\dfrac{dy}{dx}$ 及 $\dfrac{dy}{dx}\big|_{x=1}$.

3. 已知 $f(u)$ 为可导函数,且 $f(x+3)=x^5$,求 $f'(x+3)$ 和 $f'(x)$.

## 第 3 节　隐函数及参数方程确定的函数的求导法则

## 3.1　隐函数求导法则

若函数的因变量与自变量的对应关系由 $x$ 的解析式表示,这种函数称为**显函数**.例如,$y=x^2+\cos x$,$y=\ln \sin(3x+1)$ 等.

若 $y$ 与 $x$ 间的对应关系是由二元方程 $F(x,y)=0$ 确定的,则称此函数 $y=f(x)$ 是由方程 $F(x,y)=0$ 确定的**隐函数**,例如,二元方程 $x\,\mathrm{e}^y-y+1=0$ 确定了函数 $y=f(x)$.

对于隐函数的求导问题,我们可按下面的方法进行.

若方程 $F(x,y)=0$ 确定的是 $y$ 关于 $x$ 的函数,则要求 $y$ 关于 $x$ 的导数的步骤为:

(1)将方程 $F(x,y)=0$ 两端关于 $x$ 求导,其中 $y$ 视为 $x$ 的函数,即 $y=y(x)$;

(2)解上式关于 $y'$ 的方程,得出 $y'$ 的表达式,在表达式中允许保留 $y$.

从上面隐函数求导的步骤可以看出,隐函数的求导法则实质上是复合函数求导应用,下面举例说明.

**例 1**　求由方程 $x\,\mathrm{e}^y-y+1=0$ 所确定的隐函数的导数 $y'$.

**解**:方程两边对 $x$ 求导,注意方程中的 $y$ 是 $x$ 的函数,由复合函数求导法得:

$$\mathrm{e}^y+x\,\mathrm{e}^y\cdot y'-y'=0,$$

所以

$$y'=\frac{\mathrm{e}^y}{1-x\,\mathrm{e}^y}.$$

**例 2**　求曲线 $x^2+2xy-y^2=2x$ 在 $x=2$ 处的切线方程.

**解**:设 $y=y(x)$,对方程 $x^2+2xy-y^2=2x$ 两边关于 $x$ 求导,得

$$2x+2y+2xy'-2y\cdot y'=2,$$

解得

$$y'=\frac{2(1-x-y)}{2x-2y}.$$

当 $x=2$ 时,由所给曲线方程解得:$\begin{cases}x=2\\y=0\end{cases}$ 或 $\begin{cases}x=2\\y=4\end{cases}$,

对于点 $(2,0)$,所求切线斜率 $k_1=y'\Big|_{x=2,y=0}=\dfrac{2(1-x-y)}{2x-2y}\Big|_{x=2,y=0}=-\dfrac{1}{2}$,

故所求切线方程为 $y=-\dfrac{1}{2}x+1$;

对于点 $(2,4)$,所求切线斜率 $k_2=y'\Big|_{x=2,y=4}=\dfrac{2(1-x-y)}{2x-2y}\Big|_{x=2,y=4}=\dfrac{5}{2}$,

故所求切线方程为 $y=\dfrac{5}{2}x-1$.

## 3.2 对数求导法

对于形如 $y=\sqrt[4]{\dfrac{x(x-1)}{(x-2)(x+3)}}$、$y=x^{\sin x}$ 的函数,可用对数求导法求导数. **对数求导法**具体过程为,先对方程两边取对数,然后利用隐函数求导方法求出导数.

**例 3** 求函数 $y=\sqrt[4]{\dfrac{x(x-1)}{(x-2)(x+3)}}$ 的导数.

**解:**将等式两边取对数,得

$$\ln y=\frac{1}{4}\big[\ln x+\ln(x-1)-\ln(x-2)-\ln(x+3)\big],$$

两边对 $x$ 求导得 $\dfrac{1}{y}\cdot y'=\dfrac{1}{4}\Big(\dfrac{1}{x}+\dfrac{1}{x-1}-\dfrac{1}{x-2}-\dfrac{1}{x+3}\Big)$,

所以 $y'=\dfrac{y}{4}\Big(\dfrac{1}{x}+\dfrac{1}{x-1}-\dfrac{1}{x-2}-\dfrac{1}{x+3}\Big)$

$$=\frac{1}{4}\sqrt[4]{\frac{x(x-1)}{(x-2)(x+3)}}\Big(\frac{1}{x}+\frac{1}{x-1}-\frac{1}{x-2}-\frac{1}{x+3}\Big).$$

**例 4** 设 $y=x^{\sin x}\,(x>0)$,求 $y'$.

**解:**等式两边取对数,得 $\ln y=\sin x\cdot\ln x$,等式两边对 $x$ 求导数,得

$$\frac{1}{y}y'=\cos x\cdot\ln x+\sin x\cdot\frac{1}{x},$$

所以

$$y'=y\Big(\cos x\cdot\ln x+\sin x\cdot\frac{1}{x}\Big)=x^{\sin x}\Big(\cos x\cdot\ln x+\frac{\sin x}{x}\Big).$$

对数求导法适用于多个函数相乘和幂指函数 $u(x)^{v(x)}$ 的情形.

所谓**幂指函数**是形如 $y=u(x)^{v(x)}\,(u(x)>0,u(x)\neq1)$ 的函数,它是一种复合的指数函数,即 $u(x)^{v(x)}=\mathrm{e}^{v(x)\ln u(x)}$.

## 3.3 参数方程求导法则

若参数方程 $\begin{cases}x=\varphi(t)\\y=\psi(t)\end{cases}$ 确定 $y$ 与 $x$ 间的函数关系,称此为由**参数方程所确定的函数**.

例如 $\begin{cases}x=2t\\y=t^2\end{cases}\Rightarrow t=\dfrac{x}{2}$ 消去参数 $t$,所以 $y=t^2=\Big(\dfrac{x}{2}\Big)^2=\dfrac{x^2}{4}$,那么 $y'=\dfrac{1}{2}x$.

问题:若一个参数方程中,消去参数困难或无法消去参数,如何求导?

在方程 $\begin{cases} x = \varphi(t) \\ y = \psi(t) \end{cases}$ 中，设函数 $x = \varphi(t)$ 具有单调连续的反函数 $t = \varphi^{-1}(x)$，所以 $y = \psi[\varphi^{-1}(x)]$，再设函数 $x = \varphi(t)$、$y = \psi(t)$ 都可导，且 $\varphi'(t) \neq 0$，由复合函数及反函数的求导法则得

$$\frac{dy}{dx} = \frac{dy}{dt} \cdot \frac{dt}{dx} = \frac{dy}{dt} \cdot \frac{1}{\dfrac{dx}{dt}} = \frac{\psi'(t)}{\varphi'(t)},$$

即 $\dfrac{dy}{dx} = \dfrac{\dfrac{dy}{dt}}{\dfrac{dx}{dt}}$.

**例 5**　已知椭圆的参数方程为 $\begin{cases} x = a\cos t \\ y = b\sin t \end{cases}$，求 $\dfrac{dy}{dx}$.

**解：** $\dfrac{dy}{dx} = \dfrac{\dfrac{dy}{dt}}{\dfrac{dx}{dt}} = \dfrac{(b\sin t)'}{(a\cos t)'} = \dfrac{b\cos t}{-a\sin t} = -\dfrac{b}{a}\cot t.$

**例 6**　求摆线 $\begin{cases} x = a(t - \sin t) \\ y = a(1 - \cos t) \end{cases}$ （$a$ 为常数）在 $t = \dfrac{\pi}{2}$ 处的切线方程.

**解：** 与 $t = \dfrac{\pi}{2}$ 对应的曲线上的点为 $\left( a\left(\dfrac{\pi}{2} - 1\right), a \right)$，

$$\frac{dy}{dx} = \frac{\dfrac{dy}{dt}}{\dfrac{dx}{dt}} = \frac{[a(1 - \cos t)]'}{[a(t - \sin t)]'} = \frac{a\sin t}{a(1 - \cos t)} = \frac{\sin t}{1 - \cos t},$$

$$k = \frac{dy}{dx}\bigg|_{t = \frac{\pi}{2}} = \frac{\sin t}{1 - \cos t}\bigg|_{t = \frac{\pi}{2}} = 1,$$

所以，所求切线方程为 $y - a = x - a\left(\dfrac{\pi}{2} - 1\right)$，即 $y - x + \dfrac{a\pi}{2} - 2a = 0.$

 小结

隐函数求导方法.
参数方程求导.

 课堂练习 2.3

1. 求由方程 $x\,\mathrm{e}^y - xy = 0$ 所确定的隐函数的导数 $y'$.

2. 已知参数方程为 $\begin{cases} x = a\sin t \\ y = a\cos t \end{cases}$，求 $\dfrac{dy}{dx}$.

习题 2.3

1. 求由下面方程所确定的隐函数 $y=y(x)$ 的导数.

(1) $x^2+y^2=R^2$;　　　　　　　　　　(2) $y\sin x+\ln y=1$.

2. 已知 $y=x^x$,求 $y'$.

3. 求曲线 $\begin{cases} x=2e^t \\ y=e^{-t} \end{cases}$ 在点 $(2,1)$ 处的切线方程和法线方程.

## 第4节 高阶导数

根据本章第 1 节的引例 1 可知,物体作变速直线运动,其瞬时速度 $v(t)$ 就是路程函数 $s=s(t)$ 对时间 $t$ 的导数,即

$$v(t)=s'(t).$$

根据物理学知识,速度函数 $v(t)$ 对于时间 $t$ 的变化率就是加速度 $a(t)$,即 $a(t)$ 是 $v(t)$ 对于时间 $t$ 的导数,即

$$a(t)=v'(t)=[s'(t)]'.$$

于是,加速度 $a(t)$ 就是路程函数 $s(t)$ 对时间 $t$ 的导数的导数,称为 $s(t)$ 对时间 $t$ 的**二阶导数**,记为 $s''(t)$. 因此,变速直线运动的加速度就是路程函数 $s(t)$ 对时间 $t$ 的二阶导数,即

$$a(t)=s''(t).$$

**定义**

一般地,函数 $y=f(x)$ 的导数 $f'(x)$ 仍然是 $x$ 的函数,若 $f'(x)$ 的导数存在,则称该导数为 $f(x)$ 的二阶导数,记为 $y''$,$f''(x)$ 或 $\dfrac{d^2y}{dx^2}$,即

$$y''=(y')',f''(x)=[f'(x)]',\frac{d^2y}{dx^2}=\frac{d}{dx}\left(\frac{dy}{dx}\right).$$

若 $f''(x)$ 的导数存在,则称该导数为 $y=f(x)$ 的三阶导数,记为 $y'''$ 或 $f'''(x)$.

一般地,如果 $y=f(x)$ 的 $(n-1)$ 阶导数 $f^{(n-1)}(x)$ 的导数存在,则称 $(n-1)$ 阶导数的导数为 $f(x)$ 的 $n$ 阶导数,记为 $y^{(n)}$,$f^{(n)}(x)$ 或 $\dfrac{d^ny}{dx^n}$.

二阶或二阶以上的导数统称为**高阶导数**.

**例1** 求下列函数的二阶导数.

(1) $y=2x^2+x-5$;　　　　　　　　　　(2) $y=\ln(1-x^2)$;

(3) $y=e^{ax}$.

**解**:(1) $y'=(2x^2+x-5)'=4x+1$,

$y''=(4x+1)'=4$.

$(2)\,y' = \left[\ln(1-x^2)\right]' = \dfrac{-2x}{1-x^2}$,

$y'' = \left(\dfrac{-2x}{1-x^2}\right)' = \dfrac{-2(1-x^2)-(-2x)(-2x)}{(1-x^2)^2} = \dfrac{-2(1+x^2)}{(1-x^2)^2}$.

$(3)\,y' = (e^{ax})' = a\,e^{ax}$,

$y'' = (a\,e^{ax})' = a^2\,e^{ax}$.

**例 2**  已知 $y = \arctan 2x$,求 $y''(1)$.

**解**:$y' = (\arctan 2x)' = \dfrac{2}{1+4x^2}$,

$y'' = \left(\dfrac{2}{1+4x^2}\right)' = -\dfrac{16x}{(1+4x^2)^2}$,

$y''(1) = -\dfrac{16x}{(1+4x^2)^2}\Big|_{x=1} = -\dfrac{16}{25}$.

 小结

高阶导数的定义.

高阶导数的计算.

 课堂练习 2.4

求下列函数的二阶导数.

1. $y = \cos 2x$;                    2. $y = \ln x + x^2$.

 习题 2.4

求下列函数的二阶导数.

(1) $y = \sin 2x$;          (2) $y = \ln(1+x)$;          (3) $y = \ln \sin x$.

## 第 5 节  微分

在理论研究和实际应用中,常常会遇到这样的问题:当自变量 $x$ 有微小变化时,求函数 $y = f(x)$ 的微小改变量

$$\Delta y = f(x + \Delta x) - f(x).$$

这个问题初看起来似乎只要做减法运算就可以了,然而,对于较复杂的函数 $f(x)$,差值 $f(x+\Delta x) - f(x)$ 却是一个更复杂的表达式,不易求出其值. 一个想法是:我们设法将 $\Delta y$ 表示成 $\Delta x$ 的线性函数,即**线性化**,从而把复杂问题化为简单问题. 微分就是实现这种线性化的一种数学模型.

## 5.1 微分的概念

　　我们先看一个例子,一块正方形金属薄片,由于温度的变化,当边长增加 $\Delta x$ 时,其面积增加多少?

　　设此薄片边长为 $x$,面积为 $A$,$A=x^2$,面积的增加部分
$$\Delta A=(x+\Delta x^2)-x^2=2x\Delta x+(\Delta x)^2.$$
如图 $2-5-1$ 所示,$\Delta A$ 由两部分构成,第一部分 $2x\Delta x$ 是 $\Delta x$ 的线性函数,第二部分 $(\Delta x)^2$ 当 $\Delta x\rightarrow0$ 时是比 $\Delta x$ 高阶的无穷小量,当 $|\Delta x|$ 很小时,例如 $x=1$、$\Delta x=0.01$ 时,则 $2x\Delta x=0.02$,而另一部分 $\Delta x^2=0.000\ 1$.显然 $\Delta x^2$ 部分比 $2x\Delta x$ 要小得多,当 $|\Delta x|$ 越小, $(\Delta x)^2$ 部分可忽略不计,而用 $2x\Delta x$ 作为 $\Delta A$ 的近似值,即 $\Delta A\approx2x\Delta x$,称 $2x\Delta x$ 为 $A=x^2$ 的微分.对于一般的函数,我们有下面的定义.

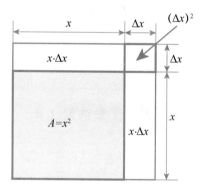

图 $2-5-1$

**定义 1**

　　设函数 $y=f(x)$ 在点 $x$ 的某一邻域内有定义,如果函数 $f(x)$ 在点 $x$ 处的增量 $\Delta y=f(x+\Delta x)-f(x)$ 可以表示为 $\Delta y=A\Delta x+o(\Delta x)$,其中 $A$ 与 $\Delta x$ 无关,$o(\Delta x)$ 是比 $\Delta x$ 高阶的无穷小量,则称 $A\Delta x$ 为函数 $y=f(x)$ 在 $x$ 处的**微分**,记作 $\mathrm{d}y$,即
$$\mathrm{d}y=A\Delta x.$$

　　上面定义中的 $A$ 是什么? 它与函数 $y=f(x)$ 有什么关系? 下面有关函数 $f(x)$ 在点 $x$ 处可微与可导关系的定理可回答这个问题.

　　**定理**　(1)若函数 $f(x)$ 在点 $x$ 处可微,则 $f(x)$ 在点 $x$ 处可导,且 $A=f'(x)$;

　　(2)若函数 $f(x)$ 在点 $x$ 处可导,则 $f(x)$ 在点 $x$ 处可微,且 $\mathrm{d}y=f'(x)\mathrm{d}x$.

　　**证明:**

　　(1)因为 $f(x)$ 在点 $x$ 处可微,根据可微的定义,$\Delta y=A\Delta x+O(\Delta x)$,所以 $\dfrac{\Delta y}{\Delta x}=A+\dfrac{O(\Delta x)}{\Delta x}$,则 $\lim\limits_{\Delta x\rightarrow0}\dfrac{\Delta y}{\Delta x}=A+\lim\limits_{\Delta x\rightarrow0}\dfrac{O(\Delta x)}{\Delta x}=A$,即 $f(x)$ 在点 $x$ 处可导,且 $A=f'(x)$.

（2）$f(x)$ 在点 $x$ 处可导，则 $\lim\limits_{\Delta x \to 0} \dfrac{\Delta y}{\Delta x} = f'(x)$，根据函数极限与无穷小的关系，可知 $\dfrac{\Delta y}{\Delta x} = f'(x) + \alpha$，其中 $\alpha$ 为 $\Delta x \to 0$ 时的无穷小. 从而 $\Delta y = f'(x)\Delta x + \alpha \Delta x$，即函数在点 $x$ 处可微，且 $f'(x) = A$. 证毕.

这个定理表明，一元函数的可微与可导是等价的.

**例 1**　求函数 $y = x^3$ 在 $x = 2, \Delta x = 0.02$ 时的增量与微分.

**解**：函数 $y = x^3$ 在 $x = 2$ 处当 $\Delta x = 0.02$ 时的增量为：
$$\Delta y = (2 + 0.02)^3 - 2^3 = 0.242\,408.$$

其微分 $\mathrm{d}y = f'(x)\mathrm{d}x = (x^3)'\Delta x = 3x^2 \cdot \Delta x$，所以当 $x = 2, \Delta x = 0.02$ 时，$\mathrm{d}y = 3 \times 2^2 \times 0.02 = 0.24$.

**例 2**　求函数 $y = x\,\mathrm{e}^x$ 的微分.

**解**：$\mathrm{d}(x\,\mathrm{e}^x) = (x\,\mathrm{e}^x)'\mathrm{d}x = \mathrm{e}^x(x+1)\mathrm{d}x$.

## 5.2 微分的几何意义

设 $\Delta x$ 是曲线 $y = f(x)$ 上的点 $M$ 在横坐标上的增量，$\Delta y$ 是曲线在点 $M$ 对应 $\Delta x$ 在纵坐标上的增量，$\mathrm{d}y$ 是曲线在点 $M$ 的切线对应 $\Delta x$ 在纵坐标上的增量. 当 $|\Delta x|$ 很小时，$|\Delta y - \mathrm{d}y|$ 比 $|\Delta y|$ 要小得多（高阶无穷小），因此在点 $M$ 附近，可以用切线段 $MP$ 来近似代替曲线段 $MN$. 由图 $2 - 5 - 2$ 可知，

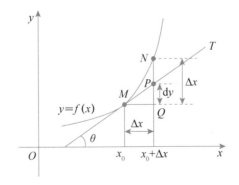

图 $2 - 5 - 2$

$$\mathrm{d}y = f'(x)\Delta x = \tan\theta\Delta x = \frac{PQ}{MQ}\Delta x = PQ.$$

所以，几何上 $\mathrm{d}y$ 表示曲线在点 $(x_0, f(x_0))$ 处切线的增量.

## 5.3 微分的运算法则

设 $y = f(x)$ 在 $x$ 处可微，则 $\mathrm{d}y = f'(x)\mathrm{d}x$. 即求微分 $\mathrm{d}y$ 只要求出导数 $f'(x)$，再乘以

$\mathrm{d}x$. 由前面所学的求导公式和法则可推出微分的公式和法则.

**1. 基本微分公式**

(1) $\mathrm{d}(C)=0$

(2) $\mathrm{d}(x^a)=a\,x^{a-1}\,\mathrm{d}x$

(3) $\mathrm{d}(a^x)=a^x\ln a\,\mathrm{d}x$

(4) $\mathrm{d}(\mathrm{e}^x)=\mathrm{e}^x\,\mathrm{d}x$

(5) $\mathrm{d}(\log_a x)=\dfrac{1}{x\ln a}\mathrm{d}x$

(6) $\mathrm{d}(\ln x)=\dfrac{1}{x}\mathrm{d}x$

(7) $\mathrm{d}(\sin x)=\cos x\,\mathrm{d}x$

(8) $\mathrm{d}(\cos x)=-\sin x\,\mathrm{d}x$

(9) $\mathrm{d}(\tan x)=\sec^2 x\,\mathrm{d}x$

(10) $\mathrm{d}(\cot x)=-\csc^2 x\,\mathrm{d}x$

(11) $\mathrm{d}(\sec x)=\sec x\tan x\,\mathrm{d}x$

(12) $\mathrm{d}(\csc x)=-\csc x\cot x\,\mathrm{d}x$

(13) $\mathrm{d}(\arcsin x)=\dfrac{1}{\sqrt{1-x^2}}\mathrm{d}x\,(-1<x<1)$

(14) $\mathrm{d}(\arccos x)=-\dfrac{1}{\sqrt{1-x^2}}\mathrm{d}x\,(-1<x<1)$

(15) $\mathrm{d}(\arctan x)=\dfrac{1}{1+x^2}\mathrm{d}x$

(16) $\mathrm{d}(\text{arccot}\,x)=-\dfrac{1}{1+x^2}\mathrm{d}x$

**2. 函数的和、差、积、商的微分法则**

(1) $\mathrm{d}[u(x)\pm v(x)]=\mathrm{d}u(x)\pm\mathrm{d}v(x)$;

(2) $\mathrm{d}[u(x)v(x)]=v(x)\mathrm{d}u(x)+u(x)\mathrm{d}v(x)$;

(3) $\mathrm{d}[C(u(x))]=C\mathrm{d}u(x)$($C$ 为常数);

(4) $\mathrm{d}\left[\dfrac{u(x)}{v(x)}\right]=\dfrac{v(x)\mathrm{d}u(x)-u(x)\mathrm{d}v(x)}{v^2(x)}$($v(x)\neq 0$).

**3. 复合函数的微分法则**

设函数 $y=f(u),u=\varphi(x)$ 均可微,由复合函数的求导法则可得复合函数 $y=f(\varphi(x))$ 的微分为 $\mathrm{d}y=f'(u)\varphi'(x)\mathrm{d}x$,由于 $\mathrm{d}u=\varphi'(x)\mathrm{d}x$,所以上式可写为 $\mathrm{d}y=f'(u)\mathrm{d}u$.

上式表明,不管 $u$ 是自变量还是中间变量,函数 $y=f(u)$ 的微分形式总是 $\mathrm{d}y=f'(u)\mathrm{d}u$,这个性质叫作**一阶微分的不变性**.

**例 3**　设 $y=\mathrm{e}^{\sin^2 x}$,求 $\mathrm{d}y$.

**解:方法 1**　先求函数 $y$ 的导数 $y'=(\mathrm{e}^{\sin^2 x})'=2\sin x\cdot\cos x\cdot\mathrm{e}^{\sin^2 x}=\sin 2x\,\mathrm{e}^{\sin^2 x}$,所以

$$\mathrm{d}y=y'\mathrm{d}x=\sin 2x\,\mathrm{e}^{\sin^2 x}\mathrm{d}x.$$

**方法 2** 利用一阶微分的不变性

$$dy = e^{\sin^2 x} d\sin^2 x \quad (视 \sin^2 x 为中间变量)$$
$$= e^{\sin^2 x} \cdot 2\sin x \, d\sin x \quad (视 \sin x 为中间变量)$$
$$= e^{\sin^2 x} \cdot 2\sin x \cos x \, dx$$
$$= \sin 2x \, e^{\sin^2 x} dx.$$

**例 4** 设方程 $y^3 = xy + 2x^2 + y^2$ 确定了函数 $y = y(x)$, 求 $dy$.

**解:** 方程 $y^3 = xy + 2x^2 + y^2$ 两端对 $x$ 求微分, 得 $dy^3 = d(xy) + d(2x^2) + dy^2$, 即

$$3y^2 dy = y dx + x dy + 4x dx + 2y dy.$$

从而 $$dy = \frac{y + 4x}{3y^2 - 2y - x} dx.$$

## *5.4 微分在近似计算中的应用

从微分的定义知, 当 $|\Delta x|$ 很小时, $\Delta y \approx dy$, 即

$$\Delta y = f(x_0 + \Delta x) - f(x_0) \approx f'(x_0)\Delta x.$$

此为求函数增量的近似公式, 将上式变形为

$$f(x_0 + \Delta x) \approx f(x_0) + f'(x_0)\Delta x.$$

此为求函数值的近似公式.

有了上面两个近似计算公式, 给我们的工程设计和科学研究带来了很大的方便, 下面通过 3 个例子说明其应用.

**例 5** 有一批半径为 1cm 的球, 为了提高球面光滑度要镀上一层铜, 厚度为 0.01cm. 估计一下每只球需要多少铜(铜的比重为 $8.9\text{g/cm}^3$).

**解:** 球体积为 $v = \frac{4}{3}\pi r^3$, 问题转化为求半径 $R_0 = 1$ 变到 $R_0 + \Delta R = 1 + 0.01$ 时的 $\Delta v$.

因为 $v' = 4\pi r^2$, 所以 $\Delta v \approx dv = 4\pi R^2 \Delta R$, 将数据代入可以算出

$$\Delta v \approx 0.13\text{cm}^3.$$

所以每只球需要铜 $0.13 \times 8.9 = 1.16$ 克.

**例 6** 计算 $\cos 61°$ 的近似值.

**解:** 把 $61°$ 化为弧度, 得 $61° = \frac{\pi}{3} + \frac{\pi}{180}$. 设 $f(x) = \cos x$, 则 $f'(x) = -\sin x$.

由近似公式 $f(x_0 + \Delta x) \approx f(x_0) + f'(x_0)\Delta x$, 得

$$\cos 61° = \cos\left(\frac{\pi}{3}\right) - \sin\frac{\pi}{3} \cdot \frac{\pi}{180} = \frac{1}{2} - \frac{\sqrt{3}}{2}\frac{\pi}{180} \approx 0.485.$$

**例 7** 计算 $\sqrt{4.2}$ 的近似值.

**解:** 设 $f(x) = \sqrt{x}$, 则 $x_0 = 4$, $\Delta x = 0.2$. 由公式 $f(x_0 + \Delta x) \approx f(x_0) + f'(x_0)\Delta x$, 得

$$\sqrt{4.2} \approx \sqrt{4} + \frac{1}{2} \cdot \left.\frac{1}{\sqrt{x}}\right|_{x=4} \times 0.2 = 2.05.$$

小结

微分的概念.
微分的运算.

 课堂练习 2.5

1. 设 $y=x^3-x$ 在 $x_0=2$ 处 $\Delta x=0.01$，则 $\Delta y=$＿＿＿＿＿，$\mathrm{d}y=$＿＿＿＿＿.

2. $2x^2\mathrm{d}x=\mathrm{d}$＿＿＿＿＿.

 习题 2.5

求下列函数的微分

1. $y=x^4+5x+6$；

2. $y=x\mathrm{e}^x$；

3. $y=\dfrac{1}{x}+2\sqrt{x}$；

4. $y=x^{2x}$；

5. $y=\dfrac{\ln x}{x^n}$；

6. $y=\ln\sqrt{1-x^2}$.

 总 习 题 2

一、填空题

1. 设 $f(x)=\ln 2x+2\mathrm{e}^{\frac{1}{2}x}$，则 $f'(2)=$＿＿＿＿＿；

2. 设 $y=\mathrm{e}^x\ln x$，则 $\mathrm{d}y=$＿＿＿＿＿；

3. 设 $f(x)=\ln\cot x$，则 $f'\left(\dfrac{\pi}{4}\right)=$＿＿＿＿＿；

4. 曲线 $y=\ln x+\mathrm{e}^x$ 在 $x=1$ 处的切线方程是＿＿＿＿＿；

5. 设 $f(x)=\begin{cases}x, & x\geqslant 0\\ \tan x, & x<0\end{cases}$，则 $f(x)$ 在 $x=0$ 处的导数为＿＿＿＿＿；

6. 设 $y=\mathrm{e}^{\cos x}$，则 $y''=$＿＿＿＿＿；

7. 设 $y=x^3+\ln(1+x)$，则 $\mathrm{d}y=$＿＿＿＿＿；

8. 设方程 $x^2+y^2-xy=1$ 确定隐函数 $y=y(x)$，则 $y'=$＿＿＿＿＿；

9. 设 $y=(1-3x)^{100}+3\log_2 x+\sin 2x$，则 $y''=$＿＿＿＿＿；

10. 设 $f(x)=\begin{cases}\dfrac{\sin x^2}{2x}, & x\neq 0\\ 0, & x=0\end{cases}$，则 $f'(0)=$＿＿＿＿＿.

二、选择题

1. 设 $y = x\sin x$, 则 $f'\left(\dfrac{\pi}{2}\right) = ($   $)$.

A. $-1$            B. $1$            C. $\dfrac{\pi}{2}$            D. $-\dfrac{\pi}{2}$

2. 已知 $f'(3) = 2$, $\lim\limits_{h\to 0}\dfrac{f(3-h)-f(3)}{2h} = ($   $)$.

A. $\dfrac{3}{2}$            B. $-\dfrac{3}{2}$            C. $1$            D. $-1$

3. 设 $f(x) = \ln(x^2+x)$, 则 $f'(x) = ($   $)$.

A. $\dfrac{2}{x+1}$            B. $\dfrac{2}{x^2+x}$            C. $\dfrac{2x+1}{x^2+x}$            D. $\dfrac{2x}{x^2+x}$

4. 设 $f(x)$ 为偶函数且在 $x=0$ 处可导, 则 $f'(0) = ($   $)$.

A. $1$            B. $-1$            C. $0$            D. A、B、C 三选项均不对

5. 设 $y = x\ln x$, 则 $y^{(3)} = ($   $)$.

A. $\ln x$            B. $x$            C. $\dfrac{1}{x^2}$            D. $-\dfrac{1}{x^2}$

6. 设 $y = f(-x)$, 则 $y' = ($   $)$.

A. $f'(x)$            B. $-f'(x)$            C. $f'(-x)$            D. $-f'(-x)$

7. 若两个函数 $f(x)$, $g(x)$ 在区间 $(a, b)$ 内各点的导数相等, 则这两个函数在区间 $(a, b)$ 内 $($   $)$.

A. $f(x) - g(x) = x$            B. 相等

C. 仅相差一个常数            D. 均为常数

8. 已知一个质点作变速直线运动的位移函数 $s(t) = 3t^2 + \mathrm{e}^{2t}$, $t$ 为时间, 则在时刻 $t = 2$ 处的速度和加速度分别为 $($   $)$.

A. $12 + 2\mathrm{e}^4$, $6 + 4\mathrm{e}^4$            B. $12 + 2\mathrm{e}^4$, $12 + 2\mathrm{e}^4$

C. $6 + 4\mathrm{e}^4$, $6 + 4\mathrm{e}^4$            D. $12 + \mathrm{e}^4$, $6 + \mathrm{e}^4$

三、求下列函数的导数

1. $y = (2x+3)^4$;            2. $y = \mathrm{e}^{-2x}$;

3. $y = \cos^3 x$;            4. $y = \ln[\sin(1-x)]$;

5. $y = 3x^2 + \cos 2x$;            6. $y = (x^2 - 2x + 5)^{10}$, 求 $y''$;

7. $y = \dfrac{\ln\sin x}{x-1}$;            8. $y = 10^{6x} + x^{\frac{1}{x}}$;

9. 已知 $\begin{cases} x = 2\mathrm{e}^t \\ y = \mathrm{e}^{-t} \end{cases}$, 求 $\dfrac{\mathrm{d}y}{\mathrm{d}x}\Big|_{t=0}$.

四、设 $f(x) = \sqrt{x + \ln^2 x}$, 求 $f'(1)$.

五、$f(x) = \arctan\sqrt{x^2 - 1} - \dfrac{\ln x}{\sqrt{x^2-1}}$, 求 $\mathrm{d}f(x)$.

六、设由 $x^2 y - \mathrm{e}^{2y} = \sin y$ 确定 $y$ 是 $x$ 的函数, 求 $\dfrac{\mathrm{d}y}{\mathrm{d}x}$.

七、设 $f(x) = \pi^x + x^\pi + x^x$，求 $f'(1)$.

八、已知 $y = x^3 + \ln \sin x$，求 $y''$.

九、设 $f(x) = x^2 \varphi(x)$，且 $\varphi(x)$ 有二阶连续导数，求 $f''(0)$.

十、设函数 $f(x) = \begin{cases} \sin x + a, & x \leqslant 0 \\ bx + 2, & x > 0 \end{cases}$ 在 $x = 0$ 处可导，求常数 $a$ 与 $b$ 的值.

第 **3** 章

# 微分中值定理和导数的应用

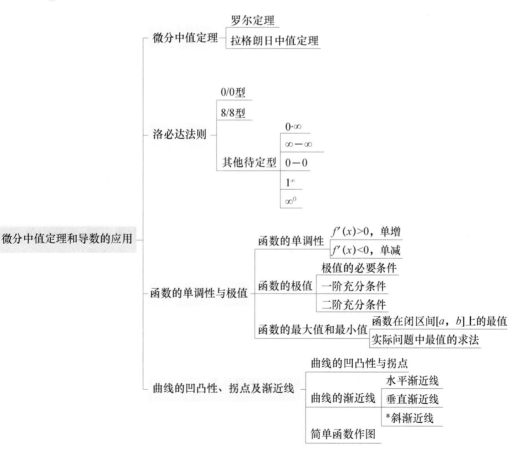

**学习目的**

用函数的导数研究函数的性态,包括判定函数的单调性及求函数的单调增、减区间,求函数的极值、最大值与最小值,判断曲线的凹凸性,求曲线的拐点与渐近线.

**学习要求**

◆ 理解罗尔定理、拉格朗日中值定理及它们的几何意义. 会用罗尔定理证明方程根的存在性. 会用拉格朗日中值定理证明简单的不等式.
◆ 熟练掌握用洛必达法则求未定式极限的方法.
◆ 掌握利用导数判定函数的单调性及求函数的单调增、减区间的方法,会利用函数的单调性证明简单的不等式.
◆ 理解函数极值的概念. 掌握求函数的极值、最大值与最小值的方法,会解简单的应用问题.
◆ 会判断曲线的凹凸性,会求曲线的拐点.
◆ 会求曲线的水平渐近线与铅直渐近线.
◆ 会作出简单函数的图形.

**重点与难点**

◆ 教学重点:以中值定理为理论基础,用洛必达法则求不定式的极限以及用函数的导数研究函数的性态.
◆ 教学难点:中值定理和用洛必达法则求不定式的极限.

本章将在导数概念的基础上建立微分学中一些基本定理—中值定理. 微分中值定理反映了导数的局部性与函数的整体性之间的关系,应用十分广泛. 在这些定理基础上,我们可以应用导数来研究函数以及曲线的某些性态,并应用这些知识解决一些实际问题.

## 第1节 微分中值定理

中值就是一个函数在某个区间中间的值. 中值定理主要通过函数在区间端点的值去表示中间的值. 中值定理可以帮助我们估算函数在整个区间里的大致情况. 本节将学习罗尔定理和拉格朗日中值定理.

### 1.1 罗尔定理

**罗尔定理** 若函数 $f(x)$ 满足下列条件:

(1)在闭区间$[a,b]$上连续；

(2)在开区间$(a,b)$内可导；

(3)$f(a)=f(b)$.

则在$(a,b)$内至少存在一点 $\xi(a<\xi<b)$，使得 $f'(\xi)=0$.

**证明：** 因为 $f(x)$ 在闭区间$[a,b]$上连续，根据连续函数极值定理，$f(x)$ 在$[a,b]$上有最大值 $M$ 和最小值 $m$. 如果最大值和最小值相等，且 $f(a)=f(b)$，那么 $f(x)$ 为常数函数. 对于任一点 $\xi\in(a,b)$，我们都有 $f'(\xi)=0$.

若 $M>m$，不妨设 $f(x)$ 在 $\xi\in(a,b)$ 处取得最大值（取极小值类似）. 我们只需证明 $f(x)$ 在点 $\xi$ 的导数为零.

取 $x\in(a,\xi)$，由最大值定义 $f(\xi)\geqslant f(x)$，那么 $\dfrac{f(x)-f(\xi)}{x-\xi}\geqslant0$. 令 $x\to\xi^-$，则 $\lim\limits_{x\to\xi^-}\dfrac{f(x)-f(\xi)}{x-\xi}\geqslant0$. 因为 $f(x)$ 在 $\xi$ 处可导，所以 $f'(\xi)\geqslant0$.

取 $x\in(\xi,b)$，那么 $\dfrac{f(x)-f(\xi)}{x-\xi}\leqslant0$. 这时令 $x\to\xi^+$，则有 $\lim\limits_{x\to\xi^+}\dfrac{f(x)-f(\xi)}{x-\xi}\leqslant0$，所以 $f'(\xi)\leqslant0$.

于是，$f'(\xi)=0$. 证毕.

定理的几何意义是：如果连续曲线除端点外处处都具有不垂直于 $Ox$ 轴的切线，且两端点处的纵坐标相等，那么其上至少有一条平行于 $Ox$ 轴的切线（见图 3-1-1）.

值得注意的是，该定理要求函数 $y=f(x)$ 应同时满足三个条件，若定理的三个条件不全满足，则定理的结论可能成立，也可能不成立. 如下面几个例子.

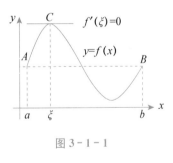

图 3-1-1

（1）端点的值不等.

例如，函数 $f(x)=x,x\in[0,1]$. 我们知道函数 $f(x)$ 满足定理的条件（1）和（2），但 $f(0)\neq f(1)$，又有 $f'(x)=1\neq0$，所以不存在这样的 $\xi\in[0,1]$，使得 $f'(\xi)=0$. 如图 3-1-2 所示.

（2）非闭区间连续.

例如，$f(x)=\begin{cases}\dfrac{1}{x}, & 0<x\leqslant1 \\ 1, & x=0\end{cases}$，$x\in[0,1]$. 易知函数 $f(x)$ 在 $x=0$ 处不连续，如图 3-1-3 所示，所以不满足定理的条件（1），又有 $f'(x)=-\dfrac{1}{x^2}$ $(0<x<1)$，所以不存在这样的 $\xi\in[0,1]$，使得 $f'(\xi)=0$.

（3）开区间内有不可导点.

例如，函数 $f(x)=|x|,x\in[-1,1]$. 易知函数 $f(x)$ 在点 $x=0$ 处不可导，如图 3-1-4 所示，所以不满足定理的条件（2），又有 $f'(x)$ 在 $x=0$ 处不存在，所以不存在这样的 $\xi\in[0,1]$，使得 $f'(\xi)=0$.

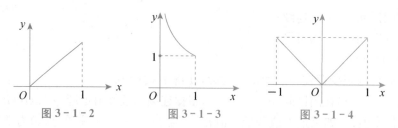

图 3 - 1 - 2　　　　　　图 3 - 1 - 3　　　　　　图 3 - 1 - 4

**例 1**　验证函数 $f(x)=1-x^2$ 在区间 $[-1,1]$ 上满足罗尔定理的三个条件,并求出满足 $f'(\xi)=0$ 的 $\xi$ 点.

**解:**由 $f(x)=1-x^2$ 在 $(-\infty,+\infty)$ 内连续且可导,故它在 $[-1,1]$ 上连续,在 $(-1,1)$ 内可导,$f(-1)=0,f(1)=0$,即 $f(-1)=f(1)$.

因此,$f(x)$ 满足罗尔定理的三个条件.

而 $f'(x)=-2x$,令 $f'(x)=0$,得 $x=0\in(-1,1)$,

取 $\xi=0$,因而 $f'(\xi)=0$.

## 1.2 拉格朗日中值定理

**拉格朗日中值定理**　若函数 $f(x)$ 满足下列条件:

(1)在闭区间 $[a,b]$ 上连续;

(2)在开区间 $(a,b)$ 内可导.

则在 $(a,b)$ 内至少存在一点 $\xi(a<\xi<b)$,使得 $f(b)-f(a)=f'(\xi)(b-a)$ 成立.

**证明:**构造辅助函数,应用罗尔定理. 令

$$g(x)=\frac{f(b)-f(a)}{b-a}\cdot(x-a)+f(a)-f(x).$$

那么 $g(x)$ 在 $[a,b]$ 上连续,$g(x)$ 在 $(a,b)$ 内可导,$g(a)=g(b)=0$. 由罗尔定理,至少存在一点 $\xi\in(a,b)$,使得 $g'(\xi)=0$. 即 $f'(\xi)=\dfrac{f(b)-f(a)}{b-a}$.

定理的几何意义:如函数 $y=f(x)$ 在 $[a,b]$ 上连续,在 $(a,b)$ 内可导. 则在 $(a,b)$ 内至少有一点,曲线 $y=f(x)$ 在该点的切线斜率与弦 $AB$ 的斜率相等(见图 3 - 1 - 5),即:

$$f'(\xi)=\frac{f(b)-f(a)}{b-a}.$$

可以看出,罗尔定理是拉格朗日定理中 $f(b)=f(a)$ 时的特例.

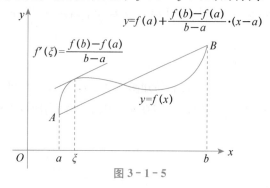

图 3 - 1 - 5

由拉格朗日中值定理容易得到以下推论：

**推论**　如果在开区间 $(a,b)$ 内，恒有 $f'(x)=0$，则 $f(x)$ 在 $(a,b)$ 内恒等于常数.

**例 2**　验证函数 $f(x)=x^3-3x$ 在区间 $[0,2]$ 是否满足拉格朗日定理的条件，如果满足，求出使定理成立的 $\xi$ 的值.

**解**：显然 $f(x)=x^3-3x$ 在区间 $[0,2]$ 上连续，在 $(0,2)$ 内可导，满足拉格朗日定理的条件，且 $f'(x)=3x^2-3$，所以 $\dfrac{f(2)-f(0)}{2-0}=f'(\xi)$.

又 $f(2)=2$，$f(0)=0$，$f'(\xi)=3\xi^2-3$，代入上式解得 $\xi=\dfrac{2}{\sqrt{3}}\in(0,2)$.

## 罗尔（Rolle，1652—1719）

罗尔是法国数学家．他出生于普通家庭，只受过初等教育，利用业余时间刻苦自学数学．1682 年，他解决了数学家奥扎南提出的一个数论难题，受到了学术界的好评，从而声名鹊起，也使他的生活有了转机，此后担任初等数学教师和陆军部行政官员．1685 年他进入法国科学院，担任低级职务，到 1690 年才获得科学院发给的固定薪水．此后他一直在科学院供职，1719 年因中风去世．

罗尔于 1691 年在题为《任意次方程的一个解法的证明》的论文中指出了：在多项式方程 $f(x)=0$ 的两个相邻的实根之间，方程 $f'(x)=0$ 至少有一个根．一百多年后，即 1846 年，尤斯托·伯拉维提斯将这一定理推广到可微函数，并把此定理命名为罗尔定理．

## 拉格朗日（Joseph-Louis Lagrange，1736—1813）

拉格朗日

拉格朗日是法国籍意大利裔数学家和天文学家．他被普鲁士腓特烈大帝称为"欧洲最伟大的数学家"，后受法国国王路易十六的邀请定居巴黎直至去世．他的成就包括提出著名的拉格朗日中值定理，创立了拉格朗日力学等等．1813 年 4 月 3 日，拿破仑授予他帝国大十字勋章．

拉格朗日在数学、力学和天文学三个学科中都有重大历史性的贡献，但他主要是数学家，研究力学和天文学的目的是为了表明数学分析的威力．他的全部著作、论文、学术报告记录、学术通讯超过 500 篇．他最突出的贡献是在把数学分析的基础脱离几何与力学方面起了决定性的作用，使数学的独立性更为清楚，而不仅是其他学科的工具．同时在使天文学力学化、力学分析上他也起了历史性的作用，促使力学和天文学（天体力学）更深入发展．由于历史的局限，严密性不够妨碍了他取得更多成果．

 小结

理解罗尔定理、拉格朗日中值定理及它们的几何意义．

会用罗尔定理证明方程根的存在性.

**课堂练习 3.1**

1. 在 $[-3,1]$ 上,函数 $f(x)=1-x^2$ 满足拉格朗日中值定理中的 $\xi=$ _____;

2. 若 $f(x)=1-x^{\frac{2}{3}}$,则在 $(-1,1)$ 内,$f'(x)$ 恒不为 $0$,即 $f(x)$ 在 $[-1,1]$ 不满足罗尔定理的一个条件是_____;

3. $f(x)=x(x-1)(x-2)(x-3)$,则方程 $f'(x)=0$ 有_____个实根,分别位于区间_____内.

**习题 3.1**

1. 说明函数 $f(x)=x^3+x^2$ 在区间 $[-1,0]$ 上满足罗尔定理的三个条件,并求出 $\xi$ 的值,使 $f'(\xi)=0$.

2. 下列函数在给定区间上是否满足罗尔定理的条件? 如果满足就求出定理中的 $\xi$ 的值:

(1) $f(x)=x^2-2x-3$,$x\in[-1,3]$;      (2) $f(x)=x\sqrt{3-x}$,$x\in[0,3]$;

(3) $f(x)=\mathrm{e}^{x^2}-1$,$x\in[-1,1]$;      (4) $f(x)=\ln\sin x$,$x\in\left[\dfrac{\pi}{6},\dfrac{5}{6}\pi\right]$.

3. 证明:$3\arccos x-\arccos(3x-4x^3)=\pi\left(-\dfrac{1}{2}\leqslant x\leqslant\dfrac{1}{2}\right)$.

## 第2节 洛必达法则

如果当 $x\to x_0$ 或 $x\to\infty$ 时,$f(x)$ 和 $F(x)$ 都趋于零或都趋于无穷大,那么极限 $\lim\limits_{\substack{x\to x_0 \\ (x\to\infty)}}\dfrac{f(x)}{F(x)}$ 可能存在,也可能不存在,通常称这类极限问题为**待定型(式)**,并分别简记为 $\dfrac{0}{0}$ 型或 $\dfrac{\infty}{\infty}$ 型. 在第 1 章中,我们曾计算过此类待定式的极限,把极限式经过适当的变形,转化成可利用极限运算法则或重要极限的形式进行计算.这种变形没有一般方法,需视具体问题而定,属于特定的方法.

本节将用导数作为工具,给出计算待定型极限的一般方法,即洛必达法则.

### 2.1 $\dfrac{0}{0}$型

**洛必达法则(I):**设

(1)当 $x \to x_0$ 时 $f(x)$ 和 $F(x)$ 的极限为 0；

(2)在点 $x_0$ 的某些邻域内，$f'(x)$ 及 $F'(x)$ 都存在，且 $F'(x) \neq 0$；

(3)$\lim\limits_{x \to x_0} \dfrac{f'(x)}{F'(x)}$ 存在（或为 $\infty$），则 $\lim\limits_{x \to x_0} \dfrac{f(x)}{F(x)} = \lim\limits_{x \to x_0} \dfrac{f'(x)}{F'(x)}$.

证明从略.

**推论**　若 $x \to x_0$ 时，$\dfrac{f'(x)}{F'(x)}$ 仍为 $\dfrac{0}{0}$ 型，且 $f'(x)$、$F'(x)$ 仍满足洛必达法则条件，则

$$\lim_{x \to x_0} \frac{f(x)}{F(x)} = \lim_{x \to x_0} \frac{f'(x)}{F'(x)} = \lim_{x \to x_0} \frac{f''(x)}{F''(x)}.$$

**例 1**　求 $\lim\limits_{x \to 0} \dfrac{1 - \cos x}{\sin x}$.

**解：**所求极限为 $\dfrac{0}{0}$ 型，运用洛必达法则，得

$$\lim_{x \to 0} \frac{1 - \cos x}{\sin x} = \lim_{x \to 0} \frac{(1 - \cos x)'}{(\sin x)'} = \lim_{x \to 0} \frac{\sin x}{\cos x} = 0.$$

**例 2**　求 $\lim\limits_{x \to 0} \dfrac{x - x \cos x}{x - \sin x}$.

**解：**所求极限为 $\dfrac{0}{0}$ 型，运用洛必达法则，得

$$\begin{aligned}
\lim_{x \to 0} \frac{x - x \cos x}{x - \sin x} &= \lim_{x \to 0} \frac{1 - \cos x + x \sin x}{1 - \cos x} \\
&= \lim_{x \to 0} \frac{\sin x + \sin x + x \cos x}{\sin x} \\
&= \lim_{x \to 0} \left( 2 + \frac{x \cos x}{\sin x} \right) \\
&= 2 + \lim_{x \to 0} \frac{\cos x}{\dfrac{\sin x}{x}} \\
&= 2 + 1 = 3.
\end{aligned}$$

**注 1**　运用洛必达法则求极限时，能简化的要进行简化，如非零极限因子提出、等价无穷小代换等，并要注意每次应用前要检查所求极限是否仍为待定型极限.

**例 3**　求 $\lim\limits_{x \to 0} \dfrac{2x\,\mathrm{e}^x - \mathrm{e}^x + 1}{6\ln(1 + x)}$.

**解：**因为 $x \to 0$ 时，$\ln(1 + x) \sim x$，所以

$$\lim_{x \to 0} \frac{2x\,\mathrm{e}^x - \mathrm{e}^x + 1}{6\ln(1 + x)} = \lim_{x \to 0} \frac{2x\,\mathrm{e}^x - \mathrm{e}^x + 1}{6x} = \lim_{x \to 0} \frac{2\mathrm{e}^x + 2x\,\mathrm{e}^x - \mathrm{e}^x}{6} = \frac{1}{6}.$$

**注 2**　并不是 $\dfrac{0}{0}$ 型都能使用洛必达法则求极限. 如下例.

**例 4**　求 $\lim\limits_{x \to 0} \dfrac{x^2 \sin \dfrac{1}{x}}{\sin x}$.

**解：**所求极限为 $\dfrac{0}{0}$ 型，但运用洛必达法则，得：$\lim\limits_{x \to 0} \dfrac{\left( x^2 \sin \dfrac{1}{x} \right)'}{(\sin x)'} = \lim\limits_{x \to 0} \dfrac{2x \sin \dfrac{1}{x} - \cos \dfrac{1}{x}}{\cos x}$,

此式极限不存在.

但不能由此而认为原极限一定不存在,事实上,

$$\lim_{x\to 0}\frac{x^2\sin\frac{1}{x}}{\sin x}=\lim_{x\to 0}\left(\frac{x}{\sin x}\cdot x\sin\frac{1}{x}\right)=\lim_{x\to 0}\frac{x}{\sin x}\cdot\lim_{x\to 0}\left(x\sin\frac{1}{x}\right)=1\times 0=0.$$

**洛必达法则(Ⅱ):**设

(1)当 $x\to\infty$ 时 $f(x)$ 和 $F(x)$ 的极限为 $0$;

(2)当 $|x|>M,M>0$ 时,$f'(x)$ 和 $F'(x)$ 都存在,且 $F'(x)\neq 0$;

(3)$\lim\limits_{x\to\infty}\dfrac{f'(x)}{F'(x)}$ 存在(或为 $\infty$),则 $\lim\limits_{x\to\infty}\dfrac{f(x)}{F(x)}=\lim\limits_{x\to\infty}\dfrac{f'(x)}{F'(x)}$.

**例 5** 求 $\lim\limits_{x\to\infty}\dfrac{\frac{\pi}{2}-\arctan x}{\frac{1}{x}}$.

**解:**所求极限为 $\dfrac{0}{0}$ 型,运用洛必达法则(Ⅱ),得:

$$\lim_{x\to\infty}\frac{\frac{\pi}{2}-\arctan x}{\frac{1}{x}}=\lim_{x\to\infty}\frac{\left(\frac{\pi}{2}-\arctan x\right)'}{\left(\frac{1}{x}\right)'}=\lim_{x\to\infty}\frac{-\frac{1}{1+x^2}}{-\frac{1}{x^2}}=\lim_{x\to\infty}\frac{x^2}{1+x^2}=1.$$

## 2.2 $\dfrac{\infty}{\infty}$ 型

**洛必达法则(Ⅲ):**设

(1)当 $x\to x_0$ 时,$f(x)\to\infty$,$F(x)\to\infty$;

(2)在点 $x_0$ 的某一去心邻域内,$f'(x)$ 及 $F'(x)$ 都存在,且 $F'(x)\neq 0$;

(3)$\lim\limits_{x\to x_0}\dfrac{f'(x)}{F'(x)}$ 存在(或为 $\infty$),则 $\lim\limits_{x\to x_0}\dfrac{f(x)}{F(x)}=\lim\limits_{x\to x_0}\dfrac{f'(x)}{F'(x)}$.

**洛必达法则(Ⅳ):**设

(1)当 $x\to\infty$ 时,$f(x)\to\infty$,$F(x)\to\infty$;

(2)当 $|x|>M,M>0$ 时,$f'(x)$ 和 $F'(x)$ 都存在,且 $F'(x)\neq 0$;

(3)$\lim\limits_{x\to\infty}\dfrac{f'(x)}{F'(x)}$ 存在(或为 $\infty$),则 $\lim\limits_{x\to\infty}\dfrac{f(x)}{F(x)}=\lim\limits_{x\to\infty}\dfrac{f'(x)}{F'(x)}$.

**例 6** 求 $\lim\limits_{x\to 0^+}\dfrac{\ln\sin lx}{\ln\sin px}(l>0,p>0)$.

**解:**所求极限为 $\dfrac{\infty}{\infty}$ 型,运用洛必达法则(Ⅲ),得

$$\lim_{x\to 0^+}\frac{\ln\sin lx}{\ln\sin px}=\lim_{x\to 0^+}\frac{\frac{l\cos lx}{\sin lx}}{\frac{p\cos px}{\sin px}}=\lim_{x\to 0^+}\frac{l\cos lx\sin px}{p\cos px\sin lx}=\frac{l}{p}\lim_{x\to 0^+}\frac{\cos lx}{\cos px}\cdot\lim_{x\to 0^+}\frac{\sin px}{\sin lx}$$

$$= \frac{l}{p} \cdot \lim_{x \to 0^+} \frac{\sin px}{\sin lx} = \frac{l}{p} \lim_{x \to 0^+} \frac{p \cos px}{l \cos lx} = \frac{l}{p} \cdot \frac{p}{l} = 1.$$

**例 7**　求 $\lim\limits_{x \to +\infty} \dfrac{\ln^2 x}{x}$.

**解:** 所求极限为 $\dfrac{\infty}{\infty}$ 型, 运用洛必达法则(IV), 得

$$\lim_{x \to +\infty} \frac{\ln^2 x}{x} = \lim_{x \to +\infty} \frac{2 \ln x}{\frac{x}{1}} = 2 \lim_{x \to +\infty} \frac{\ln x}{x} = 2 \lim_{x \to +\infty} \frac{\frac{1}{x}}{1} = 0.$$

使用洛必达法则求极限时需要注意以下几点:

(1) $\lim\limits_{x \to x_0} \dfrac{f'(x)}{g'(x)}$ 不存在(等于 $\infty$ 时除外), 并不能说明 $\lim\limits_{x \to x_0^+} \dfrac{f(x)}{g(x)}$ 不存在(为什么?)

(2) 不能对任何比式极限都按洛必达法则来求, 首先要注意它是不是不定式极限, 其次是否满足洛必达法则条件. 例如求极限 $\lim\limits_{x \to \infty} \dfrac{x + \sin x}{x}$(自己验证, 洛必达法则失效).

**例 8**　求 $\lim\limits_{x \to 0} \dfrac{\cos x(1 - \cos x)}{(e^{2x} - 1)x}$.

**解:** 由于 $x \to 0$ 时, $1 - \cos x \sim \dfrac{1}{2} x^2$, $e^{2x} - 1 \sim 2x$, 所以

$$\lim_{x \to 0} \frac{\cos x(1 - \cos x)}{(e^{2x} - 1)x} = \lim_{x \to 0} \cos x \cdot \lim_{x \to 0} \frac{\frac{1}{2} x^2}{2x \cdot x} = \frac{1}{4}.$$

## 2.3 其他待定型 $0 \cdot \infty, \infty - \infty, 0^0, 1^\infty, \infty^0$

对于形如 $0 \cdot \infty, \infty - \infty, 0^0, 1^\infty$ 和 $\infty^0$ 的待定型, 总可以通过适当的变换化为 $\dfrac{0}{0}$ 型或 $\dfrac{\infty}{\infty}$ 型, 然后再运用洛必达法则. 下面结合例子分别介绍.

**1. $0 \cdot \infty$ 可化为 $\dfrac{0}{0}$ 或 $\dfrac{\infty}{\infty}$ 型**

**例 9**　求 $\lim\limits_{x \to 0^+} x^2 \ln x$.

**解:** 所求极限为 $0 \cdot \infty$ 型, 故可化为

$$\lim_{x \to 0^+} x^2 \ln x = \lim_{x \to 0^+} \frac{\ln x}{x^{-2}} = \lim_{x \to 0^+} \frac{x^{-1}}{-2x^{-3}} = -\frac{1}{2} \lim_{x \to 0^+} x^2 = 0.$$

**2. $\infty - \infty$ 型可化为 $\dfrac{0}{0}$ 型**

**例 10**　求 $\lim\limits_{x \to 0} \left( \dfrac{1}{\sin x} - \dfrac{1}{x} \right)$.

**解:** 这是 $\infty - \infty$ 型, $\lim\limits_{x \to 0} \left( \dfrac{1}{\sin x} - \dfrac{1}{x} \right) = \lim\limits_{x \to 0} \dfrac{x - \sin x}{x \sin x}$, 这是 $\dfrac{0}{0}$ 型, 故可用洛必达法则.

$$\text{原式} = \lim_{x\to 0}\frac{1-\cos x}{\sin x + x\cos x} = \lim_{x\to 0}\frac{\sin x}{2\cos x - x\sin x} = 0.$$

**3. $0^0$, $1^\infty$ 和 $\infty^0$ 型**

利用公式 $[f(x)]^{g(x)} = e^{\ln[f(x)]^{g(x)}} = e^{g(x)\ln f(x)}$, $0^0$、$1^\infty$ 和 $\infty^0$ 型可化为 $0\cdot\infty$ 型,再化为 $\dfrac{0}{0}$ 或 $\dfrac{\infty}{\infty}$ 型.

**例 11** 求 $\lim\limits_{x\to 0^+}(\sin x)^{2x}$.

**解**:这是 $0^0$ 型. 由于 $(\sin)^{2x} = e^{2x\ln\sin x}$,而

$$\lim_{x\to 0^+} 2x\ln\sin x = \lim_{x\to 0^+}\frac{2\ln\sin x}{\dfrac{1}{x}} = \lim_{x\to 0^+}\frac{2\dfrac{\cos x}{\sin x}}{-x^{-2}}$$

$$= -2\lim_{x\to 0^+} x\cos x \cdot \frac{x}{\sin x} = 0,$$

所以 $\lim\limits_{x\to 0^+}(\sin x)^{2x} = e^0 = 1.$

**例 12** 求 $\lim\limits_{x\to 0^+}(\cot x)^{\frac{1}{\ln x}}$.

**解**:这是 $\infty^0$ 型. 由于 $(\cot x)^{\frac{1}{\ln x}} = e^{\frac{1}{\ln x}\cdot\ln\cot x}$,而

$$\lim_{x\to 0^+}\frac{1}{\ln x}\cdot\ln\cot x = \lim_{x\to 0^+}\frac{\ln\cot x}{\ln x} = \lim_{x\to 0^+}\frac{\dfrac{1}{\cot x}(-\csc^2 x)}{\dfrac{1}{x}} = \lim_{x\to 0^+}\frac{-1}{\cos x}\cdot\frac{x}{\sin x} = -1.$$

所以 $\lim\limits_{x\to 0^+}(\cot x)^{\frac{1}{\ln x}} = e^{-1}.$

## 洛必达(L'Hospital, 1661—1704)

洛必达是法国数学家,他生于法国贵族家庭,拥有圣梅特侯爵、昂特尔芒伯爵等称号.青年时期他一度任骑兵军官,因眼睛近视自行告退,转向从事学术研究.

洛必达很早即显示出其数学的才华,15 岁时就解决了帕斯卡提出的一个摆线难题.

洛必达是莱布尼茨微积分的忠实信徒,并且是法国科学院院士约翰·伯努利的高足,成功地解答过约翰·伯努利提出的"最速降线"问题.

洛必达的最大功绩是撰写了世界上第一本系统的微积分教程——《用于理解曲线的无穷小分析》.这部著作于 1696 年出版,后来多次修订再版,为在欧洲大陆,特别是在法国普及微积分起了重要作用.这本书追随欧几里得和阿基米德古典范例,以定义和公理为出发点,同时得益于他的老师约翰·伯努利的著作,其经过是这样的:约翰·伯努利在 1691—1692 年

洛必达

间写了两篇关于微积分的短论,但未发表.不久以后,他答应为年轻的洛必达讲授微积分,定期领取薪金.作为答谢,他把自己的数学发现传授给洛必达,并允许他随时使用.于是洛必达根据约翰•伯努利的传授和未发表的论著以及自己的学习心得,撰写了该书.在书中第九章记载了约翰•伯努利在 1694 年 7 月 22 日告诉他的一个著名定理——"洛必达法则",后人误以为是他的发明,故"洛必达法则"之名沿用至今.

　　洛必达豁达大度,气宇不凡,由于他与当时欧洲各国主要数学家都有交往,从而成为全欧洲传播微积分的著名人物.

## 小结

理解待定式的判定.

熟练使用洛必达法则求待定式极限.

### 课堂练习 3.2

用洛必达法则求下列函数的极限.

1. $\lim\limits_{x\to 1}\dfrac{x^3-3x+2}{x^3-x^2-x+1}$;

2. $\lim\limits_{x\to 0}\dfrac{\sin 3x}{\tan 5x}$.

### 习题 3.2

结合等价无穷小代换,用洛必达法则求下列函数的极限.

1. $\lim\limits_{x\to +\infty}\dfrac{\ln\left(1+\dfrac{1}{x}\right)}{\operatorname{arccot} x}$;

2. $\lim\limits_{x\to 1}\left(\dfrac{x}{x-1}-\dfrac{1}{\ln x}\right)$;

3. $\lim\limits_{x\to 1}\dfrac{x^2-3x+2}{x^3-1}$;

4. $\lim\limits_{x\to a}\dfrac{\sin x-\sin a}{x-a}$.

## 第 3 节　函数的单调性与极值

### 3.1　函数的单调性

　　第 1 章已经给出函数在某个区间内单调性的定义,但直接用定义判别函数,通常是比较困难的,现介绍利用导数判定函数单调性的方法.

函数 $y=f(x)$ 的单调增减性在几何上表现为曲线沿 $x$ 轴正方向的上升或下降. 如果函数 $f(x)$ 在区间 $I$ 上单调增加,从图 3-3-1(a)中可以看出,曲线各点的切线的倾斜角都是锐角,其斜率 $\tan\alpha>0$,即 $f'(x)>0$. 如果函数 $f(x)$ 在区间 $I$ 上单调减少,从图 3-3-1(b)中可以看到曲线各点的切线的倾斜角都是钝角,其斜率 $\tan\alpha<0$,即 $f'(x)<0$.

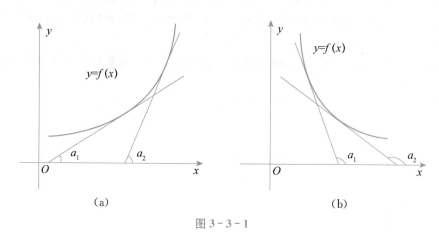

图 3-3-1

这就意味着函数单调性与其导数的正负有着密切的关系.

**定理 1** 设函数 $f(x)$ 在闭区间 $[a,b]$ 上连续,在开区间 $(a,b)$ 内可导.

(1)如果在 $(a,b)$ 内 $f'(x)>0$,则 $f(x)$ 在 $[a,b]$ 上单调增加(简记为 ↗);

(2)如果在 $(a,b)$ 内 $f'(x)<0$,则 $f(x)$ 在 $[a,b]$ 上单调减少(简记为 ↘).

如果将定理中的闭区间换成其他各种区间(包括无限区间),定理 1 的结论仍成立,使定理 1 结论成立的区间,称为函数的单调区间.

**例 1** 讨论函数 $f(x)=x^2-2x+2$ 的单调性.

**解:** 函数的定义域为 $(-\infty,+\infty)$,$f'(x)=2(x-1)=0$,得 $x_0=1$.

点 $x_0=1$ 将定义域 $(-\infty,+\infty)$ 分成两个子区间,列表讨论如下:

| $x$ | $(-\infty,1)$ | 1 | $(1,+\infty)$ |
|:---:|:---:|:---:|:---:|
| $f'(x)$ | $-$ | 0 | $+$ |
| $f(x)$ | ↘ | 1 | ↗ |

所以,函数在 $f(x)=x^2-2x+2$ 在 $(-\infty,1]$ 上单调递减,在 $[1,+\infty)$ 上单调递增.

**例 2** 确定函数 $y=\dfrac{x^3}{3-x^2}$ 的单调区间.

**解:** 函数的定义域为 $(-\infty,-\sqrt{3})\cup(-\sqrt{3},\sqrt{3})\cup(\sqrt{3},+\infty)$,$x=\pm\sqrt{3}$ 为函数的间断点.

$$y'=\frac{3x^2(3-x^2)-x^3(-2x)}{(3-x^2)^2}=\frac{9x^2-x^4}{(3-x^2)^2}=\frac{x^2(3+x)(3-x)}{(3-x^2)^2}.$$

令 $y'=0$ 得:$x_1=0$,$x_2=-3$,$x_3=3$.

用 $x=\pm\sqrt{3},\pm3,0$ 分定义域成如下区间,列表讨论如下:

| $x$ | $(-\infty,-3)$ | $(-3,-\sqrt{3})$ | $(-\sqrt{3},0)$ | $(0,\sqrt{3})$ | $(\sqrt{3},3)$ | $(3,+\infty)$ |
|---|---|---|---|---|---|---|
| $f'(x)$ | $-$ | $+$ | $+$ | $+$ | $+$ | $-$ |
| $f(x)$ | ↘ | ↗ | ↗ | ↗ | ↗ | ↘ |

所以函数的单调减少区间为：$(-\infty,-3],[3,+\infty)$，单调增加区间为：$[-3,-\sqrt{3})$，$(-\sqrt{3},\sqrt{3}),(\sqrt{3},3]$.

**例3**　证当 $x>0$ 时，$\ln(1+x)>x-\dfrac{1}{2}x^2$.

**证明：**考虑函数 $f(x)=\ln(1+x)-\left(x-\dfrac{1}{2}x^2\right)$，只要证明 $f(x)>0(x>0)$ 即可.

因为 $f(x)$ 在 $[0,+\infty)$ 连续，在 $(0,+\infty)$ 可导，且 $f'(x)=\dfrac{1}{1+x}-1+x=\dfrac{x^2}{1+x}$，当 $x>$ 0 时，$f'(x)=\dfrac{x^2}{1+x}>0$，所以，当 $x>0$ 时，$f(x)$ 是单调增加的；且由 $f(0)=0$ 可知，当 $x>0$ 时，$f(x)>0$，所以 $\ln(1+x)>x-\dfrac{1}{2}x^2(x>0)$.

## 3.2 函数的极值

在讨论函数的增减性时，有时会出现这样的情况：在函数的增减性发生转变的地方，该点的函数值与附近的函数值比较是最大的或最小的，我们把前者称函数的**极大值**，后者称为函数的**极小值**，下面我们给出它们的定义.

**定义**

设函数 $f(x)$ 在 $x_0$ 的某一邻域内有定义，对于该邻域内（除 $x_0$ 外）的任意 $x$，
(1)如果都有 $f(x)<f(x_0)$，则称 $f(x_0)$ 是 $f(x)$ 的极大值；
(2)如果都有 $f(x)>f(x_0)$，则称 $f(x_0)$ 是 $f(x)$ 的极小值.
函数的极大值与极小值称为函数的**极值**，极大值点与极小值点统称为**极值点**.

定义表明，函数的极值是局部性概念，只是与极值点 $x_0$ 附近的所有点的函数值相比较，$f(x_0)$ 是最大的或是最小的，它不一定是整个定义域上最大的或最小的函数值. 如图 3-3-2 所示，函数在 $x_1,x_3$ 两点处取得极大值，且极大值 $f(x_3)$ 大于极大值 $f(x_1)$；而在两点 $x_2,x_4$ 取极小值，且极小值 $f(x_4)$ 大于极大值 $f(x_1)$.

**定理2**　（极值的必要条件）

设函数 $f(x)$ 在 $x_0$ 处可导，如果 $f(x)$ 在 $x_0$ 处取得极值，则 $f'(x_0)=0$.

使函数的导数为零的点 $x_0$（即方程 $f'(x)=0$ 的实根），称为函数 $f(x)$ 的一个**驻点**.

定理2说明，可导函数 $f(x)$ 满足 $f'(x_0)=0$ 是点 $x_0$ 为极值点的必要条件，但不是充分条件，也就是说驻

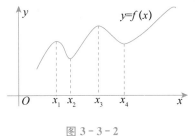

图 3-3-2

点不一定是极值点.例如,$f(x)=x^3$,驻点 $x=0$ 不是它的极值点.

另外 $f'(x)$ 不存在的点可能是函数 $f(x)$ 的极值点,也可能不是极值点.例如 $f(x)=|x|$ 在 $x=0$ 处函数不可导,但 $x=0$ 是函数的极小值点;$f(x)=x^{\frac{1}{3}}$ 在 $x=0$ 处也不可导,但 $x=0$ 不是函数的极值点.

那么,如何判断一个函数的驻点和不可导点是不是极值点呢? 下面给出两个判断极值点的充分条件.结合图 3-3-3,给出如下定理 3 和定理 4.

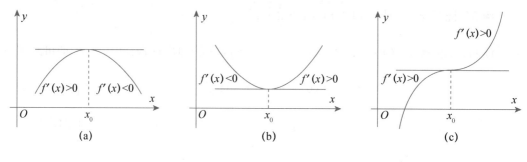

图 3-3-3

**定理 3** (极值存在的一阶充分条件)

设函数 $f(x)$ 在 $x_0$ 处连续,且在 $\overset{\circ}{U}(x_0,\delta)=(x_0-\delta,x_0)\bigcup(x_0,x_0+\delta)(\delta>0)$ 上可导,

(1)如果 $x\in(x_0-\delta,x_0)$,$f'(x)>0$;$x\in(x_0,x_0+\delta)$,$f'(x)<0$,则 $x_0$ 是 $f(x)$ 的一个极大值点;

(2)如果 $x\in(x_0-\delta,x_0)$,$f'(x)<0$;$x\in(x_0,x_0+\delta)$,$f'(x)>0$,则 $x_0$ 是 $f(x)$ 的一个极小值点;

(3)如果 $x\in\overset{\circ}{U}(x_0,\delta)$,$f'(x)$ 符号相同,则 $x_0$ 不是 $f(x)$ 的极值点.

根据定理 2、定理 3 及函数单调性的判别法,下面给出求函数极值的一般步骤.

(1)求出函数的定义域;

(2)求出函数 $f(x)$ 的一阶导数为零的点和一阶导数不存在的点;

(3)用驻点和不可导点分定义域成区间,再根据各区间 $f'(x)$ 的符号,确定极值点;

(4)把极值点代入函数 $f(x)$ 中算出极值.

**例 4** 求函数 $f(x)=(x+2)^2(x-1)^3$ 的极值.

**解**:函数的定义域为 $(-\infty,+\infty)$ 且函数在 $(-\infty,+\infty)$ 内可导,

$f'(x)=(x+2)(x-1)^2(5x+4)$,令 $f'(x)=0$ 得:$x_1=-2,x_2=-\dfrac{4}{5},x_3=1$,

用 $x_1=-2,x_2=-\dfrac{4}{5},x_3=1$ 分定义域 $(-\infty,+\infty)$ 成如下区间,讨论如下:

| $x$ | $(-\infty,-2)$ | $-2$ | $\left(-2,-\dfrac{4}{5}\right)$ | $-\dfrac{4}{5}$ | $\left(-\dfrac{4}{5},1\right)$ | $1$ | $(1,+\infty)$ |
| --- | --- | --- | --- | --- | --- | --- | --- |
| $f'(x)$ | $+$ | $0$ | $-$ | $0$ | $+$ | $0$ | $+$ |
| $f(x)$ | ↗ | 极大值 | ↘ | 极小值 | ↗ | 非极值 | ↗ |

由上表可知,函数在 $x=-2$ 时取得极大值 $f(-2)=0$,在 $x=\dfrac{4}{5}$ 时取得极小值 $f\left(-\dfrac{4}{5}\right)=-8.398\,08$.

**例 5**　求函数 $y=(x-1)\sqrt[3]{x^2}$ 的极值.

**解**:函数的定义域为 $(-\infty,+\infty)$,$y'=\dfrac{5x-2}{3\sqrt[3]{x}}$. 当 $x_1=\dfrac{2}{5}$ 时,$y'=0$;当 $x_2=0$ 时 $y'$ 不存在.

用 $x_1=\dfrac{2}{5}$,$x_2=0$ 分定义域成如下区间,讨论如下:

| $x$ | $(-\infty,0)$ | $0$ | $\left(0,\dfrac{2}{5}\right)$ | $\dfrac{2}{5}$ | $\left(\dfrac{2}{5},+\infty\right)$ |
|---|---|---|---|---|---|
| $f'(x)$ | $+$ | 不存在 | $-$ | $0$ | $+$ |
| $f(x)$ | ↗ | 极小值 | ↘ | 极小值 | ↗ |

由上表可知,函数在 $x=0$ 时取得极大值 $y(0)=0$;当 $x_1=\dfrac{2}{5}$ 时,取得极小值 $y\left(\dfrac{2}{5}\right)=-\dfrac{3}{5}\sqrt[3]{\dfrac{4}{25}}$.

如果函数 $f(x)$ 不仅在点 $x_0$ 附近有一阶导数,而且在点 $x_0$ 处有二阶导数,则可用下面的极值存在的二阶充分条件判断.

**定理 4**　(极值存在的二阶充分条件)

设函数 $f(x)$ 在 $x_0$ 处存在二阶导数,且 $f'(x_0)=0$,$f''(x)\neq0$,则:

(1)如果 $f''(x_0)<0$,则 $x_0$ 是 $f(x)$ 的一个极大值点;

(2)如果 $f''(x_0)>0$,则 $x_0$ 是 $f(x)$ 的一个极小值点;

(3)如果 $f''(x_0)=0$,无法确定.

**例 6**　函数 $f(x)=x^4-10x^2+5$ 的极值.

**解**:函数的定义域为 $(-\infty,+\infty)$,$f'(x)=4x^3-20x=4x(x^2-5)$,令 $f'(x)=0$,得:$x_1=-\sqrt{5},x_2=0,x_3=\sqrt{5},f''(x)=12x^2-20$.

当 $x_1=-\sqrt{5}$ 时,$f''(-\sqrt{5})=40>0$,所以 $x_1=-\sqrt{5}$ 为极小值点;

当 $x_2=0$ 时,$f''(0)=-20<0$,所以 $x_2=0$ 为极大值点;

当 $x_3=\sqrt{5}$ 时,$f''(\sqrt{5})=40>0$,所以 $x_3=\sqrt{5}$ 为极小值点.

故函数的极小值为 $f(-\sqrt{5})=f(\sqrt{5})=-20$,极大值为 $f(0)=5$.

## 3.3　函数的最大值和最小值

在生产实际中,常常会遇到在一定条件下,如何使材料最省、效率最高、利润最大等问题,在数学上,这类问题就是求函数的最大值或最小值问题.

### 3.3.1　函数在闭区间$[a,b]$上的最值

函数在闭区间$[a,b]$上的最值是指整个区间上的所有函数值当中的最值,是个全局性的概念,根据函数在闭区间$[a,b]$连续的性质,它的最值要么在区间的端点取得,要么在区间内的极值点上取得,从而得出求闭区间上最值的如下步骤.

(1)求区间端点处的函数值$f(a),f(b)$;

(2)求$f(x)$在$(a,b)$内驻点处的函数值$f(x_i)$;

(3)求$f(x)$在$(a,b)$内不可导点处的函数值$f(x_j)$;

(4)比较上面三类点处的函数值,最小者为最小值,最大者为最大值.

**例7**　求函数$f(x)=x^4-8x^2+1$在区间$[-3,3]$上的最大值和最小值.

**解:** $f'(x)=4x^3-16x=4x(x+2)(x-2)$,令$f'(x)=0$,得驻点$x_1=-2,x_2=0,x_3=2$,计算$f(-2)=f(2)=-15,f(0)=1,f(-3)=f(3)=10$,比较上述各值的大小,得函数在区间$[-3,3]$上的最大值为$f(-3)=f(3)=10$,最小值为$f(-2)=f(2)=-15$. 如图$3-3-4$所示.

**例8**　求函数$f(x)=x(x-1)^{\frac{1}{3}}$在区间$[-2,2]$上的最值.

**解:** 因$f'(x)=\dfrac{4x-3}{3\sqrt[3]{(x-1)^2}}$,令$f'(x)=0$,得驻点$x_1=\dfrac{3}{4}$,且在点$x_2=1$处导数不存在. 计算驻点、不可导点及端点函数值得:

$$f\left(\frac{3}{4}\right)\approx-0.47,f(1)=0,f(-2)\approx2.88,f(2)=2.$$

比较以上各值得函数$f(x)$在区间$[-2,2]$上的最大值为$f(-2)\approx2.88$,最小值为$f\left(\dfrac{3}{4}\right)\approx-0.47$. 如图$3-3-5$所示.

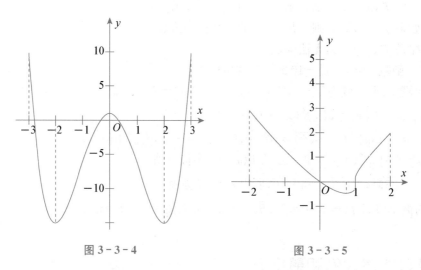

图$3-3-4$　　　　　　　　　　图$3-3-5$

### 3.3.2　实际问题中最值的求法

在实际应用问题中,如果$(a,b)$内部只有一个驻点$x_0$,而从该实际本身又可以知道在

$(a,b)$内函数的最大值(或最小值)确实存在,那么 $f(x_0)$ 就是所要求的最大值(或最小值),不需要再算 $f(a),f(b)$ 进行比较了.

**例 9**　图 3-3-6 所示为稳压电源回路,电动势为 $\varepsilon$,内阻为 $r$,负载电阻为 $R$,问 $R$ 取多大时,输出功率最大?

**解:**由电学知道,消耗在负载电阻 $R$ 上的功率 $P = I^2 R$,$I$ 为回路中的电流,又由欧姆定律知道 $I = \dfrac{\varepsilon}{R+r}$,则有:

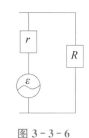

$$P = P(R) = \left(\frac{\varepsilon}{R+r}\right)^2 R = \frac{\varepsilon^2 R}{(R+r)^2} \Rightarrow P'(R) = \varepsilon^2 \frac{r-R}{(r+R)^3},$$

令 $P'(R)=0$,解得:$R=r$.

此实际问题应有最大值,所以当 $R=r$ 时,输出功率最大,最大值为

$$P = \frac{\varepsilon^2 r}{(r+r)^2} = \frac{\varepsilon^2}{4r}.$$

图 3-3-6

小结

用导数判定函数的单调性、求极值.

会求简单实际问题的最值.

课堂练习 3.3

**填空**

1.函数 $y=\dfrac{e^x}{x}$ 的单调增区间是_____,单调减区间是_____;

2.$y=(x-1)\sqrt[3]{x^2}$ 在 $x_1=$_____处有极_____值,在 $x_2=$_____处有极_____值;

3.方程 $x^5+x-1=0$ 在实数范围内有_____个实根;

4.若函数 $f(x)=ax^2+bx$ 在点 $x=1$ 处取极值 2,则 $a=$_____,$b=$_____.

习题 3.3

1.求下列函数的单调区间

(1)$y=2x^3-6x^2-18x-7$;　　　　　　　(2)$y=x^2-\ln x$;

(3)$y=2x+\dfrac{8}{x}$;　　　　　　　(4)$y=x-2\sin x(0 \leqslant x \leqslant 2\pi)$.

2.求下列函数的极值

(1)$y=-x^4+2x^2$;　　　　　　　(2)$y=-(x+1)^{\frac{2}{3}}$;

(3)$y=x^4-8x^2+2$;　　　　　　　(4)$y=e^x\cos x$.

3.求下列函数在给定区间上的最大值和最小值

(1)$y=x^4-2x^2+5, x\in[-2,2]$;　　　　　　　　(2)$y=\dfrac{x^2}{1+x}, x\in\left[-\dfrac{1}{2}, 1\right]$.

## 第4节 曲线的凹凸性、拐点及渐近线

我们已经研究了函数的单调性与极值,但为了较准确的描绘函数的图形,还必须研究曲线的凹凸性、拐点及渐近线.

### 4.1 曲线的凹凸性与拐点

从图 3-4-1(a)可以看出,曲线弧 $AB$ 在区间$(a,b)$内是向下凹的,此时曲线 $AB$ 位于该弧上任一点切线的上方;从图 3-4-1(b)可以看出曲线弧 $AB$ 在区间$(a,b)$内是向上凸的,此时曲线 $AB$ 位于该弧上任一点切线的下方.为了更好地研究曲线的弯曲方向,我们给出下面的定义.

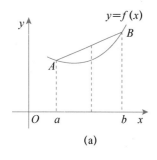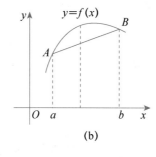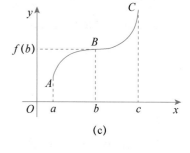

| (a) | (b) | (c) |

图 3-4-1

**定义 1**

如果曲线 $y=f(x)$ 在开区间$(a,b)$内,各点的切线都位于该曲线下方,则称该曲线在$(a,b)$内是凹的(记作 $\bigcup$),此区间称为**凹区间**;如果曲线 $y=f(x)$ 在开区间$(a,b)$内,各点的切线都位于该曲线上方,则称该曲线在$(a,b)$内是凸的(记作 $\bigcap$),此区间称为**凸区间**.

例如在图 3-4-1(a)中,区间$(a,b)$称为曲线 $y=f(x)$ 的凹区间,在图 3-4-1(b)中区间$(a,b)$称为曲线的凸区间.

**定义 2**

连续曲线凸凹的分界点,称为曲线的**拐点**,在图 3-4-1(c)中点 $B(b,f(b))$ 为曲线 $y=f(x)$ 的拐点.

关于曲线的凸凹性有下述定理:

**定理** 设函数 $y=f(x)$ 在区间$(a,b)$内具有二阶导数 $f''(x)$,若 $f''(x)>0$,则曲线 $y=f(x)$ 在$(a,b)$内是凹的;若 $f''(x)<0$,则此曲线 $y=f(x)$ 在$(a,b)$内是凸的.

结合定义 1、定义 2 和定理,下面给出判别曲线 $y=f(x)$ 的凹凸性和拐点的步骤:

(1)确定函数的定义域;

(2)求函数的二阶导数 $f''(x)$;

(3)令 $f''(x)=0$,求出函数二阶导数为 0 的点和二阶导数不存在的点;

(4)用(3)中的点把定义域划分为几个区间,根据各区间 $f''(x)$ 的符号确定曲线的凹凸性,再根据相邻区间的凹凸性确定曲线的拐点.

**例 1**　求曲线 $y=\dfrac{x^3}{x^2+12}$ 的凹凸区间与拐点.

**解**:$y=\dfrac{x^3}{x^2+12}$ 的定义域是 $(-\infty,+\infty)$,

$$y'=\frac{x^2(x^2+36)}{(x^2+12)^2},\ y''=\frac{-24x(x^2-36)}{(x^2+12)^3},$$

令 $y''=0$,得 $x_1=0,x_2=-6,x_3=6$.

用点 $x_1,x_2,x_3$ 把定义域 $(-\infty,+\infty)$ 分成 4 个子区间,其讨论结果列表如下:

| $x$ | $(-\infty,-6)$ | $-6$ | $(-6,0)$ | $0$ | $(0,6)$ | $6$ | $(6,+\infty)$ |
|---|---|---|---|---|---|---|---|
| $y''$ | $+$ | $0$ | $-$ | $0$ | $+$ | $0$ | $-$ |
| $y$ | $\cup$ | $\left(-6,-\dfrac{9}{2}\right)$ | $\cap$ | 拐点$(0,0)$ | $\cup$ | 拐点$\left(6,\dfrac{9}{2}\right)$ | $\cap$ |

由上表可得,$(-\infty,-6]$,$[0,6]$ 是曲线 $y=f(x)$ 的凹区间;区间 $[-6,0]$,$[6,+\infty)$ 是曲线的凸区间,拐点分别是 $\left(-6,-\dfrac{9}{2}\right)$,$(0,0)$,$\left(6,\dfrac{9}{2}\right)$.

## 4.2 曲线的渐近线

**定义 3**

若曲线 $y=f(x)$ 上的点沿曲线趋于无穷远时,此点与某一直线的距离趋于零,则称此直线是曲线的**渐近线**.

根据渐近线的图形特点,分为水平渐近线、垂直渐近线和斜渐近线,下面分三种情形讨论曲线 $y=f(x)$ 的渐近线.

### 4.2.1　水平渐近线

若曲线 $y=f(x)$ 的定义域是无限区间,且有 $\lim\limits_{x\to+\infty}f(x)=C$ 或 $\lim\limits_{x\to-\infty}f(x)=C$,则直线 $y=C$ 是曲线 $y=f(x)$ 的**水平渐近线**.

例如曲线 $y=\arctan x$,因为 $\lim\limits_{x\to-\infty}\arctan x=-\dfrac{\pi}{2}$,$\lim\limits_{x\to+\infty}\arctan x=\dfrac{\pi}{2}$,所以直线 $y=\dfrac{\pi}{2}$,$y=-\dfrac{\pi}{2}$ 是曲线 $y=\arctan x$ 的水平渐近线(见图 3-4-2).

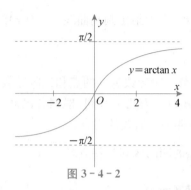

图 3 - 4 - 2

### 4.2.2　垂直渐近线

若曲线 $y=f(x)$ 在点 $a$ 处间断,且 $\lim\limits_{x\to a^+}f(x)=\infty$ 或 $\lim\limits_{x\to a^-}f(x)=\infty$,则直线 $x=a$ 称为曲线 $y=f(x)$ 的**垂直渐近线**.

例如曲线 $y=\dfrac{1}{x-1}$,因为 $\lim\limits_{x\to 1}\dfrac{1}{x-1}=\infty$,所以 $x=1$ 是曲线 $y=\dfrac{1}{x-1}$ 的垂直渐近线(见图 3 - 4 - 3).

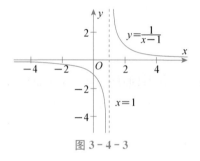

图 3 - 4 - 3

### *4.2.3　斜渐近线

若曲线 $y=f(x)$ 定义在无限区间,且 $\lim\limits_{x\to\infty}\dfrac{f(x)}{x}=k$,$\lim\limits_{x\to\infty}(f(x)-kx)=b$,则直线 $y=kx+b$ 称为曲线 $y=f(x)$ 的**斜渐近线**.

例如,曲线 $y=\dfrac{x^3}{x^2+2x-3}$,因为 $\lim\limits_{x\to\infty}\dfrac{f(x)}{x}=\lim\limits_{x\to\infty}\dfrac{x^2}{x^2+2x-3}=1$,所以 $k=1$;又 $\lim\limits_{x\to\infty}(f(x)-kx)=$ $\lim\limits_{x\to\infty}\left(\dfrac{x^3}{x^2+2x-3}-x\right)=-2$,从而 $b=-2$,所以直线 $y=x-2$ 为曲线 $y=\dfrac{x^3}{x^2+2x-3}$ 的斜渐近线. 同时,$\lim\limits_{x\to 1}f(x)=\infty$,$\lim\limits_{x\to -3}f(x)=\infty$,所以 $x=1$ 和 $x=-3$ 为垂直渐近线. 如图 3 - 4 - 4 所示.

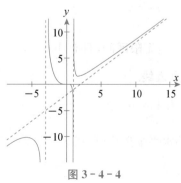

图 3 - 4 - 4

## 4.3 简单函数作图

前面已经研究了函数的单调性与极值、曲线的凹凸性与拐点以及渐近线,有了这些,就可以画一些简单函数的图形了.

函数图像的描绘一般可按以下步骤进行:

(1)确定函数的定义域,并讨论其对称性和周期性;

(2)讨论函数的单调性、极值点和极值;

(3)讨论曲线的凹凸性和拐点;

(4)确定曲线的水平渐近线和垂直渐近线;

(5)根据需要由曲线的方程计算出一些特殊点的坐标,特别是曲线与坐标轴的交点;

(6)描图.

**例 2** 描绘函数 $y = e^{-x^2}$ 的图像.

**解:**该函数的定义域为 $(-\infty, +\infty)$,且为偶函数,因此只要作出它在 $(0, +\infty)$ 内的图像,然后再以 $y$ 轴对称绘制即可.

$$y' = -2x\,e^{-x^2},\quad y'' = 2e^{-x^2}(2x^2 - 1).$$

令 $y' = 0$ 得驻点 $x = 0$,令 $y'' = 0$ 得 $x = \pm\dfrac{\sqrt{2}}{2}$. 又因为 $\lim\limits_{x \to \infty} y = 0$,所以 $y = 0$ 为函数图形的水平渐近线.

列表如下:

| $x$ | $0$ | $\left(0, \dfrac{\sqrt{2}}{2}\right)$ | $\dfrac{\sqrt{2}}{2}$ | $\left(\dfrac{\sqrt{2}}{2}, +\infty\right)$ |
|---|---|---|---|---|
| $y'$ | $0$ | $-$ | $-$ | $-$ |
| $y''$ | $-$ | $-$ | $0$ | $+$ |
| $y$ | 极大值 $f(0) = 1$ | ↘ | 拐点 $\left(\dfrac{\sqrt{2}}{2}, e^{-\frac{1}{2}}\right)$ | ↘ |

根据以上讨论,即可描绘所给函数的图像(见图 3-4-5).

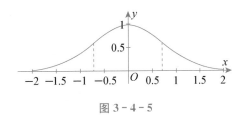

图 3-4-5

 小结

函数凹凸性与拐点以及渐近线的确定.

简单的函数作图.

课堂练习 3.4

**填空**

(1)曲线 $y=x^3$ 拐点是_____;

(2)曲线 $y=e^{\frac{1}{x}}-1$ 的水平渐近线的方程为_____;

(3)曲线 $y=\dfrac{3x^2-4x+5}{(x+3)^2}$ 的铅直渐近线的方程为_____;

(4)已知 $f(x)$ 二阶可导,$f''(x_0)=0$ 是曲线 $y=f(x)$ 上点 $(x_0,f(x_0))$ 为拐点的_____条件.

习题 3.4

1.求下列函数图形的凹凸区间和拐点

(1)$y=x^3-5x^2+3x+5$;          (2)$y=x^4(12\ln x-7)$;

(3)$y=\ln x$;          (4)$y=\sqrt[3]{x}$;

(5)$y=x^4-12x^3+48x^2-50$;          (6)$y=e^{-x^2}$.

2.作出函数 $y=x^3-3x-2$ 的图像.

总 习 题 3

一、填空题

1.函数 $y=\ln(x+1)$ 在 $[0,1]$ 上满足拉格朗日中值定理的 $\xi=$_____;

2.$\lim\limits_{x\to+\infty}\dfrac{x^2}{x+e^x}=$_____;

3.$\lim\limits_{x\to0^+}(\cos\sqrt{x})^{\frac{\pi}{x}}=$_____;

4.$y=x-\dfrac{3}{2}x^{\frac{2}{3}}$ 的单调递增区间为_____,单调递减区间为_____;

5.$(x)=3-x-\dfrac{4}{(x+2)^2}$ 在区间 $[-1,2]$ 上的最大值为_____;最小值为_____;

6.曲线 $y=\ln(1+x^2)$ 的凹区间为_____,凸区间为_____,拐点为_____;

7.曲线 $y=\dfrac{\sin 2x}{x(2x+1)}$ 的铅直渐近线为_____;

8.函数 $y=ax^3+bx^2+cx+d$ 以 $y(-2)=44$ 为极大值,函数图形以 $(1,-10)$ 为拐点,

则 $a=$ _____ , $b=$ _____ , $c=$ _____ , $d=$ _____ ;

9. 曲线 $y=2x^2-x+1$ 上求一点,使过此点的切线平行于连接曲线上的点 $A(-1,4)$、$B(3,16)$ 所成的弦. 该点的坐标是_____ ;

10. $\lim\limits_{x\to 0}\dfrac{e^x+e^{-x}-2}{1-\cos x}=$ _____ ;

11. 曲线 $y=2\ln x+x^2-1$ 的拐点是_____ ;

12. 函数 $y=x+2\cos x$ 在区间 $[0,\dfrac{\pi}{2}]$ 上的最大值为_____ .

二、选择题

1. $f(x)=x\sqrt{3-x}$ 在 $[0,3]$ 上满足罗尔定理的 $\xi$ 是(　　).

A. 0 　　　　　　　 B. 3 　　　　　　　 C. $\dfrac{3}{2}$ 　　　　　　　 D. 2

2. 下列求极限问题中能够使用洛必达法则的是(　　).

A. $\lim\limits_{x\to 0}\dfrac{x^2\sin\dfrac{1}{x}}{\sin x}$ 　　　　　　　 B. $\lim\limits_{x\to 1}\dfrac{1-x}{1-\sin x}$

C. $\lim\limits_{x\to\infty}\dfrac{x-\sin x}{x\tan x}$ 　　　　　　　 D. $\lim\limits_{x\to+\infty}x(\dfrac{\pi}{2}-\arctan x)$

3. 函数 $y=x-\ln(1+x^2)$ 在定义域内(　　).

A. 无极值 　　　　　　　 B. 极大值为 $1-\ln 2$

C. 极小值为 $1-\ln 2$ 　　　　　　　 D. $f(x)$ 为非单调函数

4. 设函数 $y=f(x)$ 在区间 $[a,b]$ 上有二阶导数,则当(　　)成立时,曲线 $y=f(x)$ 在 $(a,b)$ 内是凹的.

A. $f''(a)>0$

B. $f''(b)>0$

C. 在 $(a,b)$ 内 $f''(x)\neq 0$

D. $f''(a)>0$ 且 $f''(x)$ 在 $(a,b)$ 内单调增加

5. 若 $f(x)$ 在点 $x=a$ 的邻域内有定义,且除点 $x=a$ 外恒有 $\dfrac{f(x)-f(a)}{(x-a)^2}>0$,则以下结论正确的是(　　).

A. $f(x)$ 在点 $a$ 的邻域内单调增加 　　　　　　　 B. $f(x)$ 在点 $a$ 的邻域内单调减少

C. $f(a)$ 为 $f(x)$ 的极大值 　　　　　　　 D. $f(a)$ 为 $f(x)$ 的极小值

6. 设 $f(x)=x^4-2x^2+5$,则 $f(0)$ 为 $f(x)$ 在区间 $[-2,2]$ 上的(　　).

A. 极小值 　　　　　　　 B. 最小值

C. 极大值 　　　　　　　 D. 最大值

7. 已知 $f(x)$ 在 $[0,+\infty)$ 可导,且 $f(0)<0$,$f'(x)>0$,则方程 $f(x)=0$ 在 $[0,+\infty)$ 上(　　).

A. 有唯一根 　　　　　　　 B. 至少存在一个根

C. 没有根 　　　　　　　 D. 不能确定有根

8. 若 $f(x)$ 在 $(a,b)$ 内二阶可导,且 $f'(x)>0$,$f''(x)<0$,则 $y=f(x)$ 在 $(a,b)$ 内

( ).

    A. 单调增加且凸                       B. 单调增加且凹

    C. 单调减少且凸                       D. 单调减少且凹

9. 曲线 $y=\dfrac{4x-1}{(x-2)^2}$( ).

    A. 只有水平渐近线               B. 只有铅直渐近线

    C. 没有渐近线                     D. 既有水平渐近线又有铅直渐近线

10. 曲线 $y=(x-1)^2(x-2)^2$ 的拐点个数为( ).

A. 0                B. 1                C. 2                D. 3

三、求下列极限

1. $\lim\limits_{x\to 0}\dfrac{\tan x-x}{x-\sin x}$;

2. $\lim\limits_{x\to\infty}\dfrac{\ln(1+3x^2)}{\ln(3+x^4)}$;

3. $\lim\limits_{x\to 0}\dfrac{\sin x-e^x+1}{1-\sqrt{1-x^2}}$;

4. $\lim\limits_{x\to 0}x\cot 2x$;

5. $\lim\limits_{x\to 1}(\ln x)^{x-1}$;

6. $\lim\limits_{x\to 0}\left(\sin\dfrac{x}{2}+\cos 2x\right)^{\frac{1}{x}}$;

7. $\lim\limits_{x\to 0}\dfrac{2^x-3^x}{\sin x}$;

8. $\lim\limits_{x\to+\infty}\dfrac{e^x+\sin x}{e^x-\cos x}$.

四、求下列函数的单调区间

1. $y=(x-1)(x+1)^3$;

2. $y=x^n e^{-x}(n>0,x\geqslant 0)$.

五、求下列函数的极值

1. $f(x)=x^2\ln x$;

2. $f(x)=\dfrac{1+2x}{\sqrt{1+x^2}}$.

六、求下列函数的最大值与最小值

1. $y=x^2 e^{-x}(-1\leqslant x\leqslant 3)$;

2. $y=x^2-\dfrac{54}{x}(x<0)$.

七、求函数 $y=\dfrac{x}{1+x^2}$ 的单调区间、凹凸区间、极值及拐点、渐进线并绘图.

八、证明方程 $x^5+3x^3+x-3=0$ 只有一个正实根.

第 **4** 章

# 不定积分

**本章知识结构图**

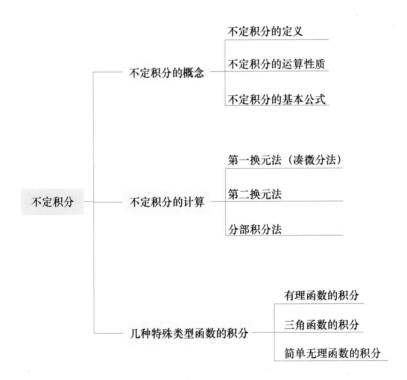

不定积分
- 不定积分的概念
  - 不定积分的定义
  - 不定积分的运算性质
  - 不定积分的基本公式
- 不定积分的计算
  - 第一换元法（凑微分法）
  - 第二换元法
  - 分部积分法
- 几种特殊类型函数的积分
  - 有理函数的积分
  - 三角函数的积分
  - 简单无理函数的积分

**学习目的**

理解原函数、不定积分的概念,并了解原函数与被积函数的关系.掌握不定积分的基本公式,掌握不定积分的换元积分法和分部积分法,能熟练求一些简单的不定积分.

**学习要求**

◆ 理解原函数的概念,了解原函数的存在性与不唯一性.
◆ 理解不定积分的概念,掌握不定积分表并能运用其计算简单不定积分.
◆ 了解不定积分的性质.
◆ 掌握和理解不定积分的第一类换元法和第二类换元法,熟练运用其求解不定积分问题.
◆ 熟练掌握不定积分的分部积分法,运用其求解不定积分问题.
◆ 了解一些简单的有理函数、三角函数和无理函数的不定积分.

**重点与难点**

◆ 教学重点:不定积分的概念,不定积分的基本公式,换元法与分部积分法.
◆ 教学难点:特殊类型函数的积分.

数学发展的动力主要来源于社会发展的环境力量.17 世纪,微积分的创立首先是为了解决当时数学面临的四类核心问题中的第四类问题,即求曲线的长度、曲线围成的面积、曲面围成的体积、物体的重心和引力等等. 此类问题的研究具有久远的历史,例如,古希腊人曾用穷竭法求出了某些图形的面积和体积,我国南北朝时期的祖冲之、祖恒也曾推导出某些图形的面积和体积. 而在欧洲,对此类问题的研究兴起于 17 世纪,先是穷竭法被逐渐修改,后来由于微积分的创立彻底改变了解决这一大类问题的方法.

由求运动速度、曲线的切线和极值等问题产生了导数和微分,其构成了微积分学的微分学部分;同时由已知速度求路程、已知切线求曲线以及上述求面积与体积等问题,产生了不定积分和定积分,其构成了微积分学的积分学部分.

前面已经介绍已知函数求导数的问题,现在我们要考虑其反问题:已知导数求其函数,即求一个未知函数,使其导数恰好是某一已知函数. 这种由导数或微分求原来函数的逆运算称为不定积分. 本章将介绍不定积分的概念及其计算方法.

## 第 1 节 不定积分的概念

在第 2 章我们学习了导数的概念及导数的运算. 给一个函数,我们可以求它的导数,下面我们考虑跟导数运算问题相反的问题.

**引例**　填空：

$(\qquad)' = \dfrac{1}{1+x^2}$；　　　　$(\qquad)' = -2\sin x$；

$\dfrac{\mathrm{d}}{\mathrm{d}x}(\qquad) = x^2$；　　　$\dfrac{\mathrm{d}}{\mathrm{d}x}(\qquad) = \mathrm{e}^x - \sin x$；　　　$\mathrm{d}(\qquad) = x\mathrm{d}x$；

$(\qquad)' = \mathrm{arccot}\,x$.

像这样的问题在科学研究中是大量存在的. 例如，一个质量为 $m$ 的静止物体在力 $F = A\sin t$ 的作用下沿直线运动，求物体的运动速度.

由牛顿第二定理 $a = \dfrac{F}{m} = \dfrac{A\sin t}{m}$，而 $a = \dfrac{\mathrm{d}v}{\mathrm{d}t}$，因此 $\dfrac{\mathrm{d}v}{\mathrm{d}t} = \dfrac{A\sin t}{m}$. 这就归结为已知 $\dfrac{\mathrm{d}v}{\mathrm{d}t}$ 求 $v$.

## 1.1　不定积分的定义

已知函数 $y = f(x)$ 在区间 $I$ 上每一点都可导，它的导函数记为 $f'(x)$，则 $y$ 就可以看作是 $f'(x)$ 的一个原函数.

### 1.1.1　原函数

**定义 1**

已知 $f(x)$ 在区间 $I$ 上有定义，若存在可导函数 $F(x)$ 使得对任意 $x \in I$，都有
$$F'(x) = f(x) \text{ 或 } \mathrm{d}F(x) = f(x)\mathrm{d}x,$$
则称 $F(x)$ 为 $f(x)$ 在区间 $I$ 上的一个**原函数**.

例如，$(x^2)' = 2x$，故 $x^2$ 是 $2x$ 的一个在 $(-\infty, +\infty)$ 内的原函数；$(\sin x)' = \cos x$，故 $\sin x$ 是 $\cos x$ 的在 $(-\infty, +\infty)$ 内的一个原函数.

注意到在上面的例子当中，$(x^2+1)' = (x^2+2)' = (x^2-\sqrt{3})' = \cdots = 2x$，$(\sin x)' = (\sin x+2)' = (\sin x+3)' = \cdots = \cos x$，所以，一个函数的原函数是不唯一的. 那么如果一个函数有原函数，其数目是多少？原函数之间的关系又是什么？有下面的两个定理.

**定理 1**　若 $F(x)$ 是 $f(x)$ 在区间 $I$ 上的原函数，则一切形如 $F(x)+C$ 的函数也是 $f(x)$ 的原函数（其中 $C$ 为常数）.

**证明**：有 $F'(x) = f(x)$，则
$$(F(x)+C)' = F'(x) + C' = f(x),$$
所以 $F(x)+C$ 也是 $f(x)$ 的原函数.

**定理 2**　若 $F(x)$、$G(x)$ 为 $f(x)$ 在区间 $I$ 上的两个原函数，则 $G(x) = F(x)+C$.

**证明**：因为 $F(x)$ 和 $G(x)$ 均为 $f(x)$ 的原函数，即 $F'(x) = f(x)$，$G'(x) = f(x)$，所以
$$(F(x)-G(x))' = F'(x) - G'(x) = 0,$$

故 $G(x)=F(x)+C$.

上面两个定理说明,同一函数的任意两个原函数只差一个常数. 但是,任给一个函数,它是不是一定有原函数呢? 什么条件下,一个函数的原函数一定存在?

**定理 3(原函数存在定理)**    如果函数 $f(x)$ 在区间 $I$ 上连续,那么在区间 $I$ 上存在可导函数 $F(x)$,满足

$$F'(x) = f(x), \forall x \in I.$$

证明略.

### 1.1.2  不定积分

**定义 2**

若 $F(x)$ 是 $f(x)$ 在区间 $I$ 上的一个原函数,则称 $f(x)$ 的全体原函数 $F(x)+C$ 为 $f(x)$ 在区间 $I$ 上的**不定积分**. 记为

$$\int f(x)\mathrm{d}x = F(x)+C.$$

其中 $F'(x)=f(x)$. 上式中,我们称 $x$ 为**积分变量**,$f(x)$ 为**被积函数**,$f(x)\mathrm{d}x$ 为**被积表达式**,$C$ 为**积分常数**,"$\int$" 为**积分号**.

由定义 2 可知,不定积分与原函数是整体与个体的关系,计算 $\int f(x)\mathrm{d}x$ 时,只要求得 $f(x)$ 的任何一个原函数 $F(x)$,再加上任意的常数 $C$ 即可.

**例 1**    求 $\int \sin x \, \mathrm{d}x$.

**解**:因为 $(-\cos x)' = \sin x$,所以 $-\cos x$ 是 $\sin x$ 的一个原函数. 因此

$$\int \sin x \, \mathrm{d}x = -\cos x + C.$$

**例 2**    求 $\int 3x^2 \, \mathrm{d}x$.

**解**:因为 $(x^3)'=3x^2$,所以 $x^3$ 是 $3x^2$ 的一个原函数. 因此

$$\int 3x^2 \, \mathrm{d}x = x^3 + C.$$

**例 3**    求 $\int \dfrac{1}{x}\mathrm{d}x$.

**解**:当 $x>0$ 时,$(\ln |x|)' = (\ln x)' = \dfrac{1}{x}$;

当 $x<0$ 时,$(\ln |x|)' = (\ln(-x))' = (-1)\left(-\dfrac{1}{x}\right) = \dfrac{1}{x}$.

所以,$\int \dfrac{1}{x}\mathrm{d}x = \ln |x| + C$.

### *1.1.3  不定积分的几何意义

若 $F(x)$ 是 $f(x)$ 的一个原函数,则称 $F(x)$ 的图形为 $f(x)$ 的一条积分曲线,$F(x)+$

$C(C$为任意常数)的图形是由 $F(x)$ 的图形沿 $y$ 轴正、负方向平移 $C$ 所得所有积分曲线组成的曲线簇,称为 $f(x)$ 的积分曲线簇,所以不定积分 $F(x)+C$ 在几何上表示 $f(x)$ 的全部积分曲线所组成的平行曲线簇(见图 $4-1-1$).

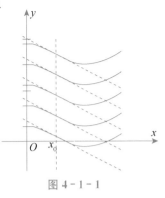

图 $4-1-1$

**例 4**　求过点 $(1,2)$,且在任意一点 $P(x,y)$ 处切线的斜率为 $2x$ 的曲线方程.

**解**:由 $\displaystyle\int 2x\mathrm{d}x = x^2 + C$ 得积分曲线 $y = x^2 + C$,

将点 $(1,2)$ 带入,得 $C=1$.

所以 $y = x^2 + 1$ 为所求曲线方程.

函数 $f(x)$ 的原函数的图形称为 $f(x)$ 的**积分曲线**. 显然,求不定积分得到一积分曲线簇.

## 1.2 不定积分的运算性质与基本公式

### 1.2.1　不定积分的运算性质

关于不定积分,有一个很重要的问题,就是怎样计算不定积分? 前面我们都是通过观察来计算不定积分的,这种方法,只能对一些很简单的函数才能使用,一般情况下是无法用这种方法来计算不定积分的,即使像 $\displaystyle\int \ln x\,\mathrm{d}x$ 这样的基本初等函数的不定积分,也没有办法通过观察得到结果. 下面讨论如何计算不定积分.

首先,不定积分有下面的一些运算性质.

(1) $\left(\displaystyle\int f(x)\mathrm{d}x\right)' = f(x), \mathrm{d}\displaystyle\int f(x)\mathrm{d}x = f(x)\mathrm{d}x.$

其实,由于 $\displaystyle\int f(x)\mathrm{d}x$ 表示 $f(x)$ 的原函数,由原函数的定义可知,

$$\left(\int f(x)\mathrm{d}x\right)' = f(x).$$

(2) $\displaystyle\int f'(x)\mathrm{d}x = f(x)+C, \displaystyle\int \mathrm{d}f(x) = f(x)+C.$

因为 $(f(x))' = f'(x)$,根据不定积分的定义,即得

$$\int f'(x)\mathrm{d}x = f(x)+C.$$

(3) $\alpha \neq 0$ 时,$\displaystyle\int \alpha f(x)\mathrm{d}x = \alpha \displaystyle\int f(x)\mathrm{d}x.$

(4) $\displaystyle\int (f(x)\pm g(x))\mathrm{d}x = \displaystyle\int f(x)\mathrm{d}x \pm \displaystyle\int g(x)\mathrm{d}x.$

性质(4)可推广到任意有限个函数的情形. 上述运算性质在计算不定积分时经常用到.

### 1.2.2　不定积分的基本公式

计算不定积分,还可以像数的计算那样,先给出一些公式. 下面是不定积分的公式

表,是直接根据导数的基本公式得到的.

(1) $\int \mathrm{d}x = x + C, \int a\,\mathrm{d}x = ax + C$

(2) $\int x^a\,\mathrm{d}x = \dfrac{x^{a+1}}{1+a} + C\,(a \neq -1)$

(3) $\int \dfrac{1}{x}\,\mathrm{d}x = \ln|x| + C$

(4) $\int a^x\,\mathrm{d}x = \dfrac{a^x}{\ln a} + C, \int e^x\,\mathrm{d}x = e^x + C$

(5) $\int \sin x\,\mathrm{d}x = -\cos x + C$

(6) $\int \cos x\,\mathrm{d}x = \sin x + C$

(7) $\int \sec^2 x\,\mathrm{d}x = \int \dfrac{1}{\cos^2 x}\,\mathrm{d}x = \tan x + C$

(8) $\int \csc^2\,\mathrm{d}x = -\cot x + C$

(9) $\int \dfrac{\mathrm{d}x}{\sqrt{1-x^2}} = \arcsin x + C$

(10) $\int \dfrac{1}{1+x^2}\,\mathrm{d}x = \arctan x + C$

这些积分公式是后面计算不定积分的基础,需要熟练应用.

**例 5**　求 $\int 2x^3\,\mathrm{d}x$.

**解:** $\int 2x^3\,\mathrm{d}x = 2\int x^3\,\mathrm{d}x = 2\cdot\dfrac{x^{3+1}}{3+1} + C = \dfrac{1}{2}x^4 + C$.

**例 6**　求 $\int (3x^2 - \cos x + 5\sqrt{x})\,\mathrm{d}x$.

**解:** $\int (3x^2 - \cos x + 5\sqrt{x})\,\mathrm{d}x = \int 3x^2\,\mathrm{d}x - \int \cos x\,\mathrm{d}x + \int 5\sqrt{x}\,\mathrm{d}x$

$$= \int 3x^2\,\mathrm{d}x - \int \cos x\,\mathrm{d}x + \int 5\sqrt{x}\,\mathrm{d}x$$

$$= 3\cdot\dfrac{x^3}{3} - \sin x + 5\cdot\dfrac{x^{\frac{3}{2}}}{\dfrac{3}{2}} + C$$

$$= x^3 - \sin x + \dfrac{10}{3}x^{\frac{3}{2}} + C.$$

**例 7**　求 $\int \dfrac{(x-1)^3}{x^2}\,\mathrm{d}x$.

**解:** $\int \dfrac{(x-1)^3}{x^2}\,\mathrm{d}x = \int \dfrac{x^3 - 3x^2 + 3x - 1}{x^2}\,\mathrm{d}x$

$$= \int \left(x - 3 + \dfrac{3}{x} - \dfrac{1}{x^2}\right)\mathrm{d}x$$

$$= \frac{x^2}{2} - 3x + 3\ln|x| + \frac{1}{x} + C.$$

**例 8**　求 $\displaystyle\int \frac{1}{\sin^2 x \cos^2 x} dx$.

**解:** $\displaystyle\int \frac{1}{\sin^2 x \cos^2 x} dx = \int \frac{\sin^2 x + \cos^2 x}{\sin^2 x \cos^2 x} dx$

$$= \int \frac{1}{\cos^2 x} dx + \int \frac{1}{\sin^2 x} dx$$

$$= \int \sec^2 x dx + \int \csc^2 x dx$$

$$= \tan x - \cot x + C.$$

**例 9**　求 $\displaystyle\int 2^x e^x dx$.

**解:** $\displaystyle\int 2^x e^x dx = \int (2e)^x dx$

$$= \frac{(2e)^x}{\ln 2e} + C$$

$$= \frac{(2e)^x}{1 + \ln 2} + C.$$

**例 10**　已知物体以速度 $v = 2t^2 + 1 (\text{m/s})$ 沿 $Ox$ 轴做直线运动,当 $t = 1$ s 时,物体经过的路程为 3 m,求物体的运动方程.

**解:** 设物体的运动方程为 $x = x(t)$,于是有 $x'(t) = v = 2t^2 + 1$,

$$x(t) = \int (2t^2 + 1) dt = \frac{2}{3} t^3 + t + C,$$

由已知条件 $t = 1$ s 时, $x = 3$ m,代入上式得

$$3 = \frac{2}{3} + 1 + C, \text{即 } C = \frac{4}{3},$$

所以,物体的运动方程为 $x(t) = \frac{2}{3} t^3 + t + \frac{4}{3}$.

 小结

原函数的概念.

不定积分的定义.

不定积分的运算性质.

不定积分的基本公式.

 课堂练习 4.1

1.求下列不定积分:

(1) $\displaystyle\int \frac{1}{x^2} dx$;　　　　(2) $\displaystyle\int x\sqrt{x} \, dx$;　　　　(3) $\displaystyle\int \frac{dx}{\sqrt{2gx}}$.

## 第2节 不定积分的计算

### 2.1 凑微分法

**定理 1**　如果 $\int f(x)\mathrm{d}x = F(x)+C$,则 $\int f(u)\mathrm{d}u = F(u)+C$,其中 $u = \varphi(x)$ 是 $x$ 的任意一个可微函数.

**证明:**由于 $\int f(x)\mathrm{d}x = F(x)+C$,所以 $\mathrm{d}F(x) = f(x)\mathrm{d}x$.

根据微分形式不变性,则有 $\mathrm{d}F(u) = f(u)\mathrm{d}u$,其中 $u = \varphi(x)$ 是 $x$ 的可微函数,由此得 $\int f(u)\mathrm{d}u = \int \mathrm{d}F(u) = F(u)+C$.

这个定理非常重要,它表明在基本积分公式中,自变量 $x$ 换成任一可微函数 $u = \varphi(x)$ 后公式仍成立,这就大大扩充了基本积分公式的使用范围. 可得到一般化的计算程序:

$$\int f[\varphi(x)]\varphi'(x)\mathrm{d}x \xrightarrow{\text{凑微分}} \int f[\varphi(x)]\mathrm{d}\varphi(x) \xrightarrow{\text{令 } u = \varphi(x)} \int f(u)\mathrm{d}u \Rightarrow \int f(u)\mathrm{d}u$$

$$= F(u)+C \xrightarrow{\text{回代}} F[\varphi(x)]+C.$$

这种先"凑"微分式,再作变量置换的方法,叫**凑微分法**,也称**第一换元积分法**.

**例 1**　求 $\int (1+2x)^3\mathrm{d}x$.

**解:**将 $\mathrm{d}x$ 凑成 $\mathrm{d}x = \dfrac{1}{2}\mathrm{d}(1+2x)$,则

$$\int (1+2x)^3\mathrm{d}x = \int \frac{1}{2}(1+2x)^3\mathrm{d}(1+2x) = \frac{1}{2}\int u^3\mathrm{d}u = \frac{1}{8}u^4+C = \frac{1}{8}(1+2x)^4+C.$$

**例 2**　求 $\int \dfrac{1}{3x+1}\mathrm{d}x$.

**解:**将 $\mathrm{d}x$ 凑成 $\mathrm{d}x = \dfrac{1}{3}\mathrm{d}(3x+1)$,则

$$\int \frac{1}{3x+1}\mathrm{d}x = \frac{1}{3}\int \frac{\mathrm{d}(3x+1)}{3x+1} = \frac{1}{3}\int \frac{\mathrm{d}u}{u} = \frac{1}{3}\ln|u|+C = \frac{1}{3}\ln|3x+1|+C.$$

**例 3**　求 $\int 3x\,\mathrm{e}^{x^2}\mathrm{d}x$.

**解:**设 $x^2 = u$,则 $2x\mathrm{d}x = \mathrm{d}(x^2)\mathrm{d}u$,所以

$$\int 3x\,\mathrm{e}^{x^2}\mathrm{d}x = \frac{3}{2}\int \mathrm{e}^{x^2}\mathrm{d}x^2 = \frac{3}{2}\int \mathrm{e}^u\mathrm{d}u = \frac{3}{2}\mathrm{e}^u+C = \frac{3}{2}\mathrm{e}^{x^2}+C.$$

**例 4**　求 $\int \dfrac{\cos\sqrt{x}}{\sqrt{x}}\mathrm{d}x$.

**解**：因为 $\dfrac{1}{\sqrt{x}}\mathrm{d}x = 2\mathrm{d}\sqrt{x}$，令 $u = \sqrt{x}$，则

$$\int \frac{\cos\sqrt{x}}{\sqrt{x}}\mathrm{d}x = 2\int\cos\sqrt{x}\,\mathrm{d}\sqrt{x} = 2\int\cos u\,\mathrm{d}u = 2\sin u + C = 2\sin\sqrt{x} + C.$$

**例 5**　求 $\displaystyle\int\tan x\,\mathrm{d}x$.

**解**：$\displaystyle\int\tan x\,\mathrm{d}x = \int\frac{\sin x}{\cos x}\mathrm{d}x = -\int\frac{\mathrm{d}\cos x}{\cos x} = -\ln|\cos x| + C.$

所以，$\boxed{\displaystyle\int\tan x\,\mathrm{d}x = -\ln|\cos x| + C}$.

同理，$\boxed{\displaystyle\int\cot x\,\mathrm{d}x = \ln|\sin x| + C}$.

**例 6**　求 $\displaystyle\int\frac{1}{x(\ln x + 1)}\mathrm{d}x$.

**解**：$\displaystyle\int\frac{1}{x(\ln x + 1)}\mathrm{d}x = \int\frac{\mathrm{d}(\ln x)}{\ln x + 1} = \int\frac{\mathrm{d}(\ln x + 1)}{\ln x + 1} = \ln|1 + \ln x| + C.$

**例 7**　求 $\displaystyle\int\frac{1}{a^2 + x^2}\mathrm{d}x\,(a > 0)$.

**解**：$\displaystyle\int\frac{1}{a^2 + x^2}\mathrm{d}x = \int\frac{1}{a^2\left(1 + \dfrac{x^2}{a^2}\right)}\mathrm{d}x = \frac{1}{a}\int\frac{\mathrm{d}\left(\dfrac{x}{a}\right)}{1 + \left(\dfrac{x}{a}\right)^2} = \frac{1}{a}\arctan\frac{x}{a} + C.$

所以，$\boxed{\displaystyle\int\frac{1}{a^2 + x^2}\mathrm{d}x = \frac{1}{a}\arctan\frac{x}{a} + C}$.

**例 8**　求 $\displaystyle\int\frac{1}{a^2 - x^2}\mathrm{d}x$.

**解**：$\displaystyle\int\frac{1}{a^2 - x^2}\mathrm{d}x = \int\frac{1}{(a+x)(a-x)}\mathrm{d}x$

$$= \frac{1}{2a}\int\frac{(a+x) + (a-x)}{(a+x)(a-x)}\mathrm{d}x$$

$$= \frac{1}{2a}\int\left(\frac{1}{a-x} + \frac{1}{a+x}\right)\mathrm{d}x$$

$$= \frac{1}{2a}\left(\int\frac{1}{a-x}\mathrm{d}x + \int\frac{1}{a+x}\mathrm{d}x\right)$$

$$= \frac{1}{2a}(-\ln|a-x| + \ln|a+x|) + C$$

$$= \frac{1}{2a}\ln\left|\frac{a+x}{a-x}\right| + C.$$

所以，$\boxed{\displaystyle\int\frac{1}{a^2 - x^2}\mathrm{d}x = \frac{1}{2a}\ln\left|\frac{a+x}{a-x}\right| + C}$.

**例 9**　求 $\displaystyle\int\frac{1}{\sqrt{a^2 - x^2}}\,\mathrm{d}x\,(a > 0)$.

**解:** $\int \dfrac{1}{\sqrt{a^2-x^2}}\,\mathrm{d}x = \int \dfrac{1}{a\sqrt{1-\left(\dfrac{x}{a}\right)^2}}\,\mathrm{d}x = \int \dfrac{1}{a\sqrt{1-\left(\dfrac{x}{a}\right)^2}}\,\mathrm{d}\left(\dfrac{x}{a}\right) = \arcsin\dfrac{x}{a} + C.$

所以，$\boxed{\int \dfrac{1}{\sqrt{a^2-x^2}}\,\mathrm{d}x = \arcsin\dfrac{x}{a} + C}.$

**例 10** 求 $\int \csc x \,\mathrm{d}x.$

**解:**
$$\begin{aligned}
\int \csc x \,\mathrm{d}x &= \int \frac{1}{\sin x}\mathrm{d}x \\
&= \int \frac{1}{2\sin\dfrac{x}{2}\cos\dfrac{x}{2}}\mathrm{d}x \\
&= \int \frac{1}{2\tan\dfrac{x}{2}\,\cos^2\dfrac{x}{2}}\mathrm{d}x \\
&= \int \frac{\sec^2\dfrac{x}{2}}{\tan\dfrac{x}{2}}\mathrm{d}\left(\frac{x}{2}\right) \\
&= \int \frac{\mathrm{d}\left(\tan\dfrac{x}{2}\right)}{\tan\dfrac{x}{2}} \\
&= \ln\left|\tan\dfrac{x}{2}\right| + C.
\end{aligned}$$

由三角公式 $\tan\dfrac{x}{2} = \dfrac{1-\cos x}{\sin x} = \csc x - \cot x,$

所以 $\boxed{\int \csc x \,\mathrm{d}x = \ln|\csc x - \cot x| + C}.$

类似地可得 $\boxed{\int \sec x \,\mathrm{d}x = \ln|\sec x + \tan x| + C}.$

下面列出常用的凑微分形式：

$$\mathrm{d}x = \frac{1}{a}\mathrm{d}(ax) = \frac{1}{a}\mathrm{d}(ax+b),\ x\mathrm{d}x = \frac{1}{2}\mathrm{d}x^2 = \frac{1}{2a}\mathrm{d}(ax^2+b),$$

$$\frac{1}{x}\mathrm{d}x = \mathrm{d}\ln x,$$

$$\frac{1}{\sqrt{x}}\mathrm{d}x = 2\mathrm{d}\sqrt{x},$$

$$-\sin x \,\mathrm{d}x = \mathrm{d}\cos x,$$

$$\cos x \,\mathrm{d}x = \mathrm{d}\sin x,$$

$$x^{\alpha-1}\mathrm{d}x = \frac{1}{\alpha}\mathrm{d}x^{\alpha}\,(\alpha \neq 0),$$

$$\mathrm{d}\varphi(x) = \mathrm{d}[\varphi(x) \pm b].$$

## 2.2 第二换元法

第一换元积分法(凑微分法)是将积分 $\int f[\varphi(x)]\varphi'(x)\mathrm{d}x$ 中 $\varphi(x)$ 用一个新的变量 $u$ 替换,化为积分 $\int f(u)\mathrm{d}u$,从而使不定积分容易计算;而第二换元积分法,则是引入新积分变量 $t$,将 $x$ 表示为 $t$ 的一个连续函数 $x = \varphi(t)$,从而简化积分计算.

**定理 2**　设 $x = \varphi(t)$ 是单调可导函数,且 $\varphi'(t) \neq 0$. 如果 $f[\varphi(t)]\varphi'(t)$ 存在原函数 $\Phi(t)$,即 $\int f[\varphi(t)]\varphi'(t)\mathrm{d}t = \varphi(t) + C$. 则

$$\int f(x)\mathrm{d}x = \left[\int f[\varphi(t)]\varphi'(t)\mathrm{d}t\right]_{t=\psi(x)} = \varphi[\psi(x)] + C.$$

其中 $t = \psi(x)$ 是 $x = \varphi(t)$ 的反函数.

**证明:**由假设 $\varphi(t)$ 是 $f[\varphi(t)]\varphi'(t)$ 的原函数,有 $\mathrm{d}\varphi(t) = f[\varphi(t)]\varphi'(t)\mathrm{d}t$,

由于 $t = \psi(x)$ 是 $x = \varphi(t)$ 的反函数,根据复合函数微分法,

$$\mathrm{d}\Phi[\psi(x)] = \Phi'[\psi(x)]\mathrm{d}\psi(x) = \Phi'(t)\mathrm{d}t = f[\varphi(t)]\varphi'(t)\mathrm{d}t = f(x)\mathrm{d}x,$$

所以 $\Phi[\psi(x)]$ 是 $f(x)$ 的原函数,即

$$\int f(x)\mathrm{d}x = \Phi[\psi(x)] + C.$$

第二类换元积分法是用一个新积分变量 $t$ 的函数 $\varphi(t)$ 代换旧积分变量 $x$,将关于积分变量 $x$ 的不定积分 $\int f(x)\mathrm{d}x$ 转化为关于积分变量 $t$ 的不定积分 $\int g(t)\mathrm{d}t$(其中 $g(t) = f[\varphi(t)]\varphi'(t)$). 经过代换后,不定积分 $\int g(t)\mathrm{d}t$ 比原积分 $\int f(x)\mathrm{d}x$ 容易积出. 在应用这种换元积分法时,要注意适当的选择变量代换 $x = \varphi(t)$,否则会使积分更加复杂.

**例 11**　求 $\int \dfrac{x-2}{1+\sqrt[3]{x-3}}\,\mathrm{d}x$.

**解:**设 $t = \sqrt[3]{x-3}$,则 $t^3 = x - 3, x = t^3 + 3, \mathrm{d}x = 3t^2\mathrm{d}t$, 所以

$$\int \frac{x-2}{1+\sqrt[3]{x-3}}\,\mathrm{d}x = \int \frac{t^3 + 3 - 2}{1+t} \cdot 3t^2 \mathrm{d}t$$

$$= \int \frac{t^3 + 1}{1+t} \cdot 3t^2 \mathrm{d}t$$

$$= \int 3t^2(t^2 - t + 1)\mathrm{d}t$$

$$= 3\left(\frac{1}{5}t^5 - \frac{1}{4}t^4 + \frac{1}{3}t^3\right) + C$$

$$= \frac{3}{5}\sqrt[3]{(x-3)^5} - \frac{3}{4}\sqrt[3]{(x-3)^4} + x - 3 + C.$$

**例 12**　求 $\int \dfrac{1}{\sqrt[3]{x} + \sqrt{x}}\,\mathrm{d}x$.

**解**:作变换 $x = t^6, \mathrm{d}x = 6t^5 \mathrm{d}t$,则

$$
\begin{aligned}
\int \frac{1}{\sqrt[3]{x} + \sqrt{x}} \mathrm{d}x &= \int \frac{6t^5}{t^2 + t^3} \mathrm{d}t \\
&= 6 \int \frac{t^3}{1+t} \mathrm{d}t \\
&= 6 \int \left( t^2 - t + 1 - \frac{1}{1+t} \right) \mathrm{d}t \\
&= 6 \int (t^2 - t + 1) \mathrm{d}t - 6 \int \frac{1}{1+t} \mathrm{d}t \\
&= 2t^3 - 3t^2 + 6t - 6\ln|t+1| + C \\
&= 2\sqrt{x} - 3\sqrt[3]{x} + 6\sqrt[6]{x} - 6\ln(\sqrt[6]{x} + 1) + C.
\end{aligned}
$$

**例 13**　求 $\displaystyle\int \sqrt{a^2 - x^2}\,\mathrm{d}x\,(a > 0)$.

**解**:令 $x = a\sin t, -\dfrac{\pi}{2} \leqslant t \leqslant \dfrac{\pi}{2}$,如图 4-2-1 所示,则 $\sqrt{a^2 - x^2} = a\cos t, \mathrm{d}x = a\cos t\,\mathrm{d}t$,因此有

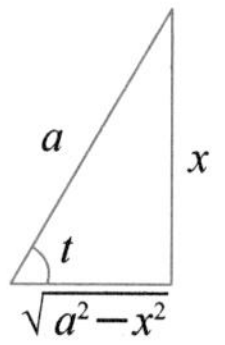

$$
\begin{aligned}
\int \sqrt{a^2 - x^2}\,\mathrm{d}x &= \int a\cos t\, a\cos t\,\mathrm{d}t \\
&= a^2 \int \cos^2 t\,\mathrm{d}t \\
&= a^2 \int \frac{1 + \cos 2t}{2}\,\mathrm{d}t \\
&= \frac{a^2}{2} t + \frac{a^2}{4}\sin 2t + C \\
&= \frac{a^2}{2} t + \frac{a^2}{2}\sin t \cos t + C \\
&= \frac{a^2}{2}\arcsin \frac{x}{a} + \frac{a^2}{2} \frac{x}{a} \frac{\sqrt{a^2 - x^2}}{a} + C \\
&= \frac{a^2}{2}\arcsin \frac{x}{a} + \frac{1}{2} x\sqrt{a^2 - x^2} + C.
\end{aligned}
$$

图 4-2-1

**例 14**　求 $\displaystyle\int \frac{1}{\sqrt{x^2 - a^2}}\,\mathrm{d}x\,(a > 0)$.

**解**:令 $x = a\sec t, \mathrm{d}x = a\sec t \tan t\,\mathrm{d}t$,

$$
\begin{aligned}
\int \frac{1}{\sqrt{x^2 - a^2}}\,\mathrm{d}x &= \int \frac{a\sec t \cdot \tan t}{a\tan t}\,\mathrm{d}t = \int \sec t\,\mathrm{d}t \\
&= \ln(\sec t + \tan t) + C \\
&= \ln\left( \frac{x}{a} + \frac{\sqrt{x^2 - a^2}}{a} \right) + C.
\end{aligned}
$$

**例 15**　求 $\displaystyle\int \frac{1}{\sqrt{x^2 + a^2}}\,\mathrm{d}x\,(a > 0)$.

**解**:令 $x = a\tan t \Rightarrow \mathrm{d}x = a\sec^2 t\,\mathrm{d}t, t \in \left( -\dfrac{\pi}{2}, \dfrac{\pi}{2} \right)$,则

$$\int \frac{1}{\sqrt{x^2 + a^2}} \, \mathrm{d}x = \int \frac{1}{a \sec t} \cdot a \sec^2 t \, \mathrm{d}t = \int \sec t \, \mathrm{d}t$$

$$= \ln(\sec t + \tan t) + C$$

$$= \ln\left( \frac{x}{a} + \frac{\sqrt{x^2 + a^2}}{a} \right) + C.$$

以上几例所使用的均为三角代换. 三角代换的目的是化掉根式. 一般规律如下:当被积函数中含有以下三种类型的根式时,分别用不同的代换.

(1) $\sqrt{a^2 - x^2}$,可令 $x = a \sin t$;

(2) $\sqrt{a^2 + x^2}$,可令 $x = a \tan t$;

(3) $\sqrt{x^2 - a^2}$,可令 $x = a \sec t$.

在本节的例题中,有几个积分经常用到. 它们通常也被当作公式使用. 因此,除了基本积分公式外,再补充下面几个积分公式:

(1) $\displaystyle\int \tan x \, \mathrm{d}x = - \ln | \cos x | + C$;

(2) $\displaystyle\int \cot x \, \mathrm{d}x = \ln | \sin x | + C$;

(3) $\displaystyle\int \sec x \, \mathrm{d}x = \ln | \sec x + \tan x | + C$;

(4) $\displaystyle\int \csc x \, \mathrm{d}x = \ln | \csc x - \cot x | + C$;

(5) $\displaystyle\int \frac{1}{a^2 + x^2} \, \mathrm{d}x = \frac{1}{a} \arctan \frac{x}{a} + C$;

(6) $\displaystyle\int \frac{1}{x^2 - a^2} \, \mathrm{d}x = \frac{1}{2a} \ln \left| \frac{x-a}{x+a} \right| + C$;

(7) $\displaystyle\int \frac{1}{\sqrt{a^2 - x^2}} \, \mathrm{d}x = \arcsin \frac{x}{a} + C$;

(8) $\displaystyle\int \sqrt{a^2 - x^2} \, \mathrm{d}x = \frac{x}{2} \sqrt{a^2 - x^2} + \frac{a^2}{2} \arcsin \frac{x}{a} + C$;

(9) $\displaystyle\int \frac{1}{\sqrt{x^2 + a^2}} \, \mathrm{d}x = \ln(x + \sqrt{x^2 + a^2}) + C$;

(10) $\displaystyle\int \frac{1}{\sqrt{x^2 - a^2}} \, \mathrm{d}x = \ln \left| x + \sqrt{x^2 - a^2} \right| + C$.

## 2.3 分部积分法

设函数 $u = u(x)$ , $v = v(x)$ 都有连续导数,则由求导法则
$$(uv)' = u'v + uv' \text{ 或 } \mathrm{d}(uv) = v \, \mathrm{d}u + u \, \mathrm{d}v,$$
两边积分得
$$uv = \int v \, \mathrm{d}u + \int u \, \mathrm{d}v,$$

移项,有

$$\int u \, dv = uv - \int v \, du$$

或者

$$\int u(x) \, v'(x) dx = u(x)v(x) - \int v(x) \, u'(x) dx.$$

上面两式称为**分部积分公式**.

分部积分公式的意义:如果要求的积分 $\int u(x) \, v'(x) dx$ 不容易计算,可以用公式转而求积分 $\int v(x) \, u'(x) dx$.

**例 16** 求 $\int x \cos x \, dx$.

**解**:令 $u = x, \cos x \, dx = d\sin x = dv$,则

$$\int x \cos x \, dx = \int x \, d\sin x$$
$$= x \sin x - \int \sin x \, dx$$
$$= x \sin x + \cos x + C.$$

**例 17** 求 $\int x \, e^{-2x} dx$.

**解**:设 $u = x, dv = e^{-2x} dx = d\left(-\dfrac{1}{2} e^{-2x}\right)$,于是 $du = dx, v = -\dfrac{1}{2} e^{-2x}$,则

$$\int x \, e^{-2x} dx = -\frac{1}{2} x \, e^{-2x} + \frac{1}{2} \int e^{-2x} dx = -\frac{1}{2} x \, e^{-2x} - \frac{1}{4} e^{-2x} + C.$$

**例 18** 求 $\int \ln x \, dx$.

**解**:设 $u = \ln x, dv = dx$,则

$$\int \ln x \, dx = x\ln x - \int \frac{x}{x} dx = x \ln x - x + C.$$

**例 19** 求 $\int x \arctan x \, dx$.

**解**:
$$\int x \arctan x \, dx = \int \frac{1}{2} \arctan x \, d(x^2)$$
$$= \frac{x^2}{2} \arctan x - \int \frac{x^2}{2} d(\arctan x)$$
$$= \frac{x^2}{2} \arctan x - \int \frac{x^2}{2} \cdot \frac{1}{1+x^2} dx$$
$$= \frac{x^2}{2} \arctan x - \int \frac{1}{2} \cdot \left(1 - \frac{1}{1+x^2}\right) dx$$
$$= \frac{x^2}{2} \arctan x - \frac{1}{2}(x - \arctan x) + C.$$

**例 20** 求 $\int x^2 \sin \frac{x}{3} dx$.

**解:** $\displaystyle\int x^2 \sin \frac{x}{3} \mathrm{d}x = -3 \int x^2 \mathrm{d}\left(\cos \frac{x}{3}\right) = -3\, x^2 \cos \frac{x}{3} + 6 \int x \cos \frac{x}{3} \mathrm{d}x$, 而 $\displaystyle\int x \cos \frac{x}{3} \mathrm{d}x$ 仍

不能立即求出, 需再次运用分部积分公式, 即

$$\int x \cos \frac{x}{3} \mathrm{d}x = 3 \int x \mathrm{d}\left(\sin \frac{x}{3}\right) = 3x \sin \frac{x}{3} - 3 \int \sin \frac{x}{3} \mathrm{d}x = 3x \sin \frac{x}{3} + 9 \cos \frac{x}{3} + C,$$

所以, $\displaystyle\int x^2 \sin \frac{x}{3} \mathrm{d}x = -3\, x^2 \cos \frac{x}{3} + 18x \sin \frac{x}{3} + 54 \cos \frac{x}{3} + C.$

**例 21**　求 $\displaystyle\int \mathrm{e}^x \sin x \, \mathrm{d}x$.

**解:**
$$\begin{aligned}
\int \mathrm{e}^x \sin x \, \mathrm{d}x &= \int \sin x \, \mathrm{d}\, \mathrm{e}^x \\
&= \mathrm{e}^x \sin x - \int \mathrm{e}^x \mathrm{d} \sin x \\
&= \mathrm{e}^x \sin x - \int \mathrm{e}^x \cos x \, \mathrm{d}x \\
&= \mathrm{e}^x \sin x - \int \cos x \, \mathrm{d}\, \mathrm{e}^x \\
&= \mathrm{e}^x \sin x - \left(\mathrm{e}^x \cos x - \int \mathrm{e}^x \mathrm{d} \cos x\right) \\
&= \mathrm{e}^x \sin x - \mathrm{e}^x \cos x - \int \mathrm{e}^x \sin x \, \mathrm{d}x.
\end{aligned}$$

因此得　　$\displaystyle 2 \int \mathrm{e}^x \sin x \, \mathrm{d}x = \mathrm{e}^x (\sin x - \cos x),$

即　　　　$\displaystyle \int \mathrm{e}^x \sin x \, \mathrm{d}x = \frac{1}{2} \mathrm{e}^x (\sin x - \cos x) + C.$

**说明:** (1) 在例 21 中, 连续两次应用分部积分公式, 而且第一次取 $u = \sin x$, 第二次必须取 $u = \cos x$, 即两次所取的 $u(x)$ 一定要是同类函数; 假若第二次取的 $u(x)$ 为 $\mathrm{e}^x$, 即 $u(x) = \mathrm{e}^x$, 则计算结果将回到原题.

(2) 分部积分公式中 $u(x), v'(x)$ 的选择是以积分运算简便易求为原则的, 即选择的 $v'(x)$ 要容易找到一个原函数, 且 $\displaystyle\int v(x)\, u'(x) \mathrm{d}x$ 要比 $\displaystyle\int u(x) v'(x) \mathrm{d}x$ 容易求积分.

根据被积函数的特点, 常用的分部积分形式总结如下, 其中 $P(x)$ 为多项式:

* $P(x)\, \mathrm{e}^x \mathrm{d}x = P(x) \mathrm{d}(\mathrm{e}^x)$,
* $P(x) \sin x \, \mathrm{d}x$ 或 $P(x) \cos x \, \mathrm{d}x$ 凑为 $-P(x) \mathrm{d} \cos x$ 或 $P(x) \mathrm{d} \sin x$,
* $P(x) \ln x \, \mathrm{d}x$ 或 $P(x) \arcsin x \, \mathrm{d}x$ 把 $P(x) \mathrm{d}x$ 凑成微分形式,
* $\mathrm{e}^{ax} \cos bx \, \mathrm{d}x$ 或 $\mathrm{e}^{ax} \sin bx \, \mathrm{d}x$ 把 $\mathrm{e}^{ax} \mathrm{d}x$ 凑成微分或把 $\cos bx \, \mathrm{d}x$、$\sin bx \, \mathrm{d}x$ 凑成微分都可以.

**例 22**　求 $\displaystyle\int \mathrm{e}^{\sqrt[3]{x}} \mathrm{d}x$.

**解:** 令 $\sqrt[3]{x} = t$, 则 $x = t^3$, $\mathrm{d}x = 3t^2 \mathrm{d}t$, 于是有

$$\int \mathrm{e}^{\sqrt[3]{x}} \mathrm{d}x = 3 \int t^2\, \mathrm{e}^t \mathrm{d}t$$

$$= 3 \int t^2 \mathrm{d}(e^t)$$

$$= 3 t^2 e^t - 6 \int t \mathrm{d}(e^t)$$

$$= 3 t^2 e^t - 6t e^t + 6 \int e^t \mathrm{d}t$$

$$= 3 t^2 e^t - 6t e^t + 6 e^t + C.$$

代回原变量,得 $\int e^{\sqrt[3]{x}} \mathrm{d}x = 3(x^{\frac{2}{3}} - 2 x^{\frac{1}{3}} + 2) e^{\sqrt[3]{x}} + C.$

 小结

不定积分的三种计算方法.
(1)凑微分法.
(2)换元法.
(3)分部积分法.

 课堂练习 4. 2

1. 求 $\dfrac{1}{1 + \cos x} \mathrm{d}x$.

2. 求 $\int \dfrac{1}{\sqrt{x} - 1} \mathrm{d}x$.

3. 求 $\int \arctan \sqrt{x}\, \mathrm{d}x$.

 习题 4. 2

1.求下列不定积分:

(1) $\int \dfrac{\ln 2x}{x\sqrt{1 + \ln x}}\, \mathrm{d}x$;
(2) $\int \dfrac{\mathrm{d}x}{x \cdot \ln x \cdot \ln \ln x}$.

2.求下列不定积分:

(1) $\int \dfrac{\mathrm{d}x}{1 + \sqrt{1 - x^2}}$;
(2) $\int \dfrac{\mathrm{d}x}{x + \sqrt{1 - x^2}}$;

(3) $\int x^3 \sqrt{4 - x^2}\, \mathrm{d}x$.

3.已知 $f(x)$ 的一个原函数为 $e^{-x^2}$,求 $\int x f'(x) \mathrm{d}x$.

4.求 $\int x \cos^2 \dfrac{x}{2} \mathrm{d}x$.

5.求 $\int x \tan^2 x\, \mathrm{d}x$.

## \* 第 3 节　几种特殊类型函数的积分

### 3.1　有理函数的积分

计算有理函数的不定积分,要用到一些代数的相关知识.

有理函数的一般形式为 $\dfrac{P(x)}{Q(x)}$,其中 $P(x)$ 和 $Q(x)$ 都是多项式. 即

$$\frac{P(x)}{Q(x)} = \frac{a_0\,x^n + a_1\,x^{n-1} + \cdots + a_n}{b_0\,x^m + b_1\,x^{m-1} + \cdots + b_m},$$

若 $P(x)$ 的次数大于或等于 $Q(x)$ 的次数(即 $n \geqslant m$),称为**有理假分式**;

若 $P(x)$ 的次数小于 $Q(x)$ 的次数(即 $n < m$),称为**有理真分式**.

结论:任何有理假分式 $\dfrac{P(x)}{Q(x)}$,通过多项式的除法,都能化为一个多项式 $T(x)$ 与一个有理真分式 $\dfrac{F(x)}{Q(x)}$ 之和. 即

$$\frac{P(x)}{Q(x)} = T(x) + \frac{F(x)}{Q(x)}\ ,$$

其中 $T(x)$ 为 $x$ 的多项式,例如,$\dfrac{x^4-3}{x^2+2x+1} = x^2 - 2x + 3 - \dfrac{4x+6}{x^2+2x+1}$. 可见,**任何有理函数的不定积分,都可以化为多项式的积分和有理真分式的不定积分**. 而多项式的不定积分很简单,因此只要讨论有理真分式的不定积分的计算方法即可. 先介绍两个定理:

**定理 1(多项式的因式分解定理)**　任何实系数多项式 $Q(x)$ 总可以唯一分解为实系数一次或二次因式的乘积:$Q(x) = b_0 (x-a)^k \cdots (x-b)^l (x^2+px+q)^s \cdots (x^2+rx+s)^v$. 例如,$x^5 + x^4 - 5\,x^3 - 2\,x^2 + 4x - 8 = (x-2)(x+2)^2(x^2-x+1)$.

**定理 2(分项分式定理)**　设 $\dfrac{P(x)}{Q(x)}$ 为真分式,则

$$\begin{aligned}
\frac{P(x)}{Q(x)} =\ & \frac{A_1}{(x-a)} + \frac{A_2}{(x-a)^2} + \cdots + \frac{A_k}{(x-a)^k} \\
& + \cdots + \frac{B_1}{(x-b)} + \frac{B_2}{(x-b)^2} + \cdots + \frac{B_l}{(x-b)^l} \\
& + \cdots \frac{P_1 x + Q_1}{x^2+px+q} + \frac{P_2 x + Q_2}{(x^2+px+q)^2} \\
& + \cdots + \frac{P_\lambda x + Q_\lambda}{(x^2+px+q)^\lambda} + \cdots + \frac{R_1 x + H_1}{x^2+rx+s} \\
& + \cdots + \frac{R_2 x + H_2}{(x^2+rx+s)^2} \\
& + \cdots + \frac{R_\mu x + H_\mu}{(x^2+rx+s)^\mu}
\end{aligned}$$

由分项分式定理,有理真分式 $\dfrac{F(x)}{Q(x)}$ 总能表示为若干个简单分式之和.

**例 1** 将下列分式分解为若干个简单分式之和.

(1) $\dfrac{2x-1}{x^2-5x+6}$; (2) $\dfrac{1}{x\,(x-1)^2}$.

**解:**(1) $\dfrac{2x-1}{x^2-5x+6}=\dfrac{2x-1}{(x-2)(x-3)}=\dfrac{A}{x-2}+\dfrac{B}{x-3}$,

整理得 $2x-1=A(x-3)+B(x-2)$.

比较两边对应项的系数,得 $\begin{cases} A+B=2 \\ 3A+2B=1 \end{cases}$ 解之,得 $A=-3,B=5$,

于是 $\dfrac{2x-1}{x^2-5x+6}=\dfrac{5}{x-3}-\dfrac{3}{x-2}$.

(2) $\dfrac{1}{x\,(x-1)^2}=\dfrac{A}{x}+\dfrac{B}{x-1}+\dfrac{C}{(x-1)^2}$,

整理得 $1=A\,(x-1)^2+Bx(x-1)+Cx$. 下面通过取特殊值来确定系数 $A,B,C$.

取 $x=0$,得 $A=1$;取 $x=1$,得 $C=1$;取 $x=2$,并把 $A,C$ 的值代入,得 $B=-1$;

于是 $\dfrac{1}{x\,(x-1)^2}=\dfrac{1}{x}+\dfrac{1}{(x-1)^2}-\dfrac{1}{x-1}$.

将有理函数分项分式后,有理函数的积分问题就归结为

$$\int\dfrac{\mathrm{d}x}{(x-a)^m} \quad 和 \quad \int\dfrac{Mx+N}{(x^2+px+q)^n}$$

这两类积分的问题. 因此,将有理函数分成分项分式对我们计算不定积分可以起到化繁为简的作用,接下来主要是解决

$$\int\dfrac{\mathrm{d}x}{(x-a)^m} \quad 和 \quad \int\dfrac{Mx+N}{(x^2+px+q)^n}$$

这两类不定积分的问题.

第一类容易计算,即

$$\int\dfrac{\mathrm{d}x}{(x-a)^m}=\begin{cases}\ln\mid x-a\mid+C, & m=1 \\[2mm] \dfrac{1}{1-m}\,(x-a)^{1-m}+C, & m\neq 1\end{cases}.$$

第二类比较复杂,我们通过例 2 来说明.

**例 2** 求不定积分 $\displaystyle\int\dfrac{2x-1}{x^2-5x+6}\mathrm{d}x$.

**解:**由例 1 可知,被积函数 $\dfrac{2x-1}{x^2-5x+6}=\dfrac{5}{x-3}-\dfrac{3}{x-2}$,所以

$$\int\dfrac{2x-1}{x^2-5x+6}\mathrm{d}x=\int\left(\dfrac{5}{x-3}-\dfrac{3}{x-2}\right)\mathrm{d}x=\ln\left|\dfrac{(x-3)^5}{(x-2)^3}\right|+C.$$

## 3.2 三角函数的积分

$\int R(\sin x, \cos x)\mathrm{d}x$ 是三角函数有理式的不定积分. 一般通过变换 $t = \tan\dfrac{x}{2}$, 可把它化为有理函数的不定积分. 这是因为

$$\sin x = \frac{2\sin\dfrac{x}{2}\cos\dfrac{x}{2}}{\sin^2\dfrac{x}{2} + \cos^2\dfrac{x}{2}} = \frac{2\tan\dfrac{x}{2}}{1 + \tan^2\dfrac{x}{2}} = \frac{2t}{1 + t^2} \tag{1}$$

$$\cos x = \frac{\cos^2\dfrac{x}{2} - \sin^2\dfrac{x}{2}}{\sin^2\dfrac{x}{2} + \cos^2\dfrac{x}{2}} = \frac{1 - \tan^2\dfrac{x}{2}}{1 + \tan^2\dfrac{x}{2}} = \frac{1 - t^2}{1 + t^2} \tag{2}$$

$$\mathrm{d}x = \frac{2}{1 + t^2}\mathrm{d}t \tag{3}$$

所以 $\displaystyle\int R(\sin x, \cos x)\mathrm{d}x = \int R\Big(\frac{2t}{1 + t^2}, \frac{1 - t^2}{1 + t^2}\Big)\frac{2}{1 + t^2}\mathrm{d}t.$

**例 3**　求 $\displaystyle\int \frac{1 + \sin x}{\sin x(1 + \cos x)}\mathrm{d}x.$

**解**: 令 $t = \tan\dfrac{x}{2}$, 将 (1), (2), (3) 代入被积表达式, 则

$$\int \frac{1 + \sin x}{\sin x(1 + \cos x)}\mathrm{d}x = \int \frac{1 + \dfrac{2t}{1 + t^2}}{\dfrac{2t}{1 + t^2}\Big(1 + \dfrac{1 - t^2}{1 + t^2}\Big)} \cdot \frac{2}{1 + t^2}\mathrm{d}t$$

$$= \int \frac{1}{2}\Big(t + 2 + \frac{1}{t}\Big)\mathrm{d}t$$

$$= \frac{1}{2}\Big(\frac{t^2}{2} + 2t + \ln|t|\Big) + C$$

$$= \frac{1}{4}\tan^2\frac{x}{2} + \tan\frac{x}{2} + \frac{1}{2}\ln\Big|\tan\frac{x}{2}\Big| + C.$$

注意, 上面所用的变换 $t = \tan\dfrac{x}{2}$ 对三角函数有理式的不定积分虽然总是有效的, 但并不意味着在任何场合都是简便的.

**例 4**　求 $\displaystyle\int \frac{\mathrm{d}x}{a^2\sin^2 x + b^2\cos^2 x}\quad(ab \neq 0).$

**解**: 由于 $\displaystyle\int \frac{\mathrm{d}x}{a^2\sin^2 x + b^2\cos^2 x} = \int \frac{\sec^2 x}{a^2\tan^2 x + b^2}\mathrm{d}x = \int \frac{\mathrm{d}(\tan x)}{a^2\tan^2 x + b^2},$

故令 $t = \tan x$, 就有

$$\int \frac{\mathrm{d}x}{a^2\sin^2 x + b^2\cos^2 x} = \int \frac{\mathrm{d}t}{a^2 t^2 + b^2} = \frac{1}{a}\int \frac{\mathrm{d}(at)}{(at)^2 + b^2}$$

$$= \frac{1}{ab}\arctan\frac{at}{b} + C = \frac{1}{ab}\arctan\left(\frac{a}{b}\tan x\right) + C.$$

通常当被积函数是 $\sin^2 x$, $\cos^2 x$ 及 $\sin x \cos x$ 的有理式时,采用变换 $t = \tan x$ 往往较为简便. 其他特殊情形可因题而异,选择合适的变换.

## 3.3 简单无理函数的积分

(1) $\int R\left(x, \sqrt[n]{\frac{ax+b}{cx+d}}\right)\mathrm{d}x$ 型不定积分 $(ad - bc \neq 0)$.

对这类型问题可以令 $t = \sqrt[n]{\frac{ax+b}{cx+d}}$,就可化为有理函数的不定积分.

**例 5**  求 $\int \frac{1}{x}\sqrt{\frac{x+2}{x-2}}\mathrm{d}x$.

**解:** 令 $t = \sqrt{\frac{x+2}{x-2}}$,则有 $x = \frac{2(t^2+1)}{t^2-1}$,$\mathrm{d}x = \frac{-8t}{(t^2-1)^2}\mathrm{d}t$,

$$\int \frac{1}{x}\sqrt{\frac{x+2}{x-2}}\mathrm{d}x = \int \frac{4t^2}{(1-t^2)(1+t^2)}\mathrm{d}t$$

$$= \int \left(\frac{2}{1-t^2} - \frac{2}{1+t^2}\right)\mathrm{d}t$$

$$= \ln\left|\frac{1+t}{1-t}\right| - 2\arctan t + C$$

$$= \ln\left|\frac{1+\sqrt{(x+2)/(x-2)}}{1-\sqrt{(x+2)/(x-2)}}\right|$$

$$\qquad - 2\arctan\sqrt{\frac{x+2}{x-2}} + C.$$

**例 6**  求 $\int \frac{\mathrm{d}x}{(1+x)\sqrt{2+x-x^2}}$.

**解:** 由于 $\frac{1}{(1+x)\sqrt{2+x-x^2}} = \frac{1}{(1+x)^2}\sqrt{\frac{1+x}{2-x}}$,

故令 $t = \sqrt{\frac{1+x}{2-x}}$,则有 $x = \frac{2t^2-1}{1+t^2}$,$\mathrm{d}x = \frac{6t}{(1+t^2)^2}\mathrm{d}t$,那么

$$\int \frac{\mathrm{d}x}{(1+x)\sqrt{2+x-x^2}} = \int \frac{1}{(1+x)^2}\sqrt{\frac{1+x}{2-x}}\mathrm{d}x$$

$$= \int \frac{(1+t^2)^2}{9t^4} \cdot t \cdot \frac{6t}{(1+t^2)^2}\mathrm{d}t$$

$$= \int \frac{2}{3t^2}\mathrm{d}t$$

$$= -\frac{2}{3t} + C$$

$$=-\frac{2}{3}\sqrt{\frac{2-x}{1+x}}+C.$$

(2) $\displaystyle\int R(x,\sqrt{ax^2+bx+c})\mathrm{d}x$ 型不定积分($a>0$ 时 $b^2-4ac\neq 0$，$a<0$ 时 $b^2-4ac>0$).

由于 $ax^2+bx+c=a\Big[\Big(x+\dfrac{b}{2a}\Big)^2+\dfrac{4ac-b^2}{4a^2}\Big]$，若记 $u=x+\dfrac{b}{2a}$，$k^2=\Big|\dfrac{4ac-b^2}{4a^2}\Big|$，

则此二次三项式必属于以下三种情形之一：

$$|a|(u^2+k^2),\quad |a|(u^2-k^2),\quad |a|(k^2-u^2).$$

因此上述无理根式的不定积分也就转化为以下三种类型之一：

$$\int R(u,\sqrt{u^2\pm k^2})\mathrm{d}u,\quad \int R(u,\sqrt{k^2-u^2})\mathrm{d}u.$$

当分别令 $u=k\tan t$，$u=k\sec t$，$u=k\sin t$ 后，它们都化为三角有理式的不定积分.

**例 7**　求 $I=\displaystyle\int\frac{\mathrm{d}x}{x\sqrt{x^2-2x-3}}$.

**解**：按上述一般步骤，求得

$$I=\int\frac{\mathrm{d}x}{x\sqrt{(x-1)^2-4}}=\int\frac{\mathrm{d}u}{(u+1)\sqrt{u^2-4}}\quad(\text{令 }x=u+1)$$

$$=\int\frac{2\sec\theta\tan\theta}{(2\sec\theta+1)\cdot 2\tan\theta}\mathrm{d}\theta\qquad\qquad(\text{令 }u=2\sec\theta)$$

$$=\int\frac{\mathrm{d}\theta}{2+\cos\theta}=\int\frac{\dfrac{2}{1+t^2}}{2+\dfrac{1-t^2}{1+t^2}}\mathrm{d}t\qquad\qquad\Big(\text{令 }t=\tan\frac{\theta}{2}\Big)$$

$$=\int\frac{2}{t^2+3}\mathrm{d}t=\frac{2}{\sqrt{3}}\arctan\frac{t}{\sqrt{3}}+C$$

$$=\frac{2}{\sqrt{3}}\arctan\Big(\frac{1}{\sqrt{3}}\tan\frac{\theta}{2}\Big)+C.$$

由于 $\tan\dfrac{\theta}{2}=\dfrac{\sin\theta}{1+\cos\theta}=\dfrac{\tan\theta}{\sec\theta+1}=\dfrac{\sqrt{\big(\dfrac{u}{2}\big)^2-1}}{\dfrac{u}{2}+1}=\dfrac{\sqrt{x^2-2x-3}}{x+1}$，因此

$$I=\frac{2}{\sqrt{3}}\arctan\frac{\sqrt{x^2-2x-3}}{\sqrt{3}(x+1)}+C.$$

 小结

有理函数的积分.

三角函数的积分.

简单无理函数的积分.

 课堂练习 4.3

求 $\int \dfrac{1}{x\,(x-1)^2}\mathrm{d}x.$

 习题 4.3

1. 求 $\int \dfrac{x^2}{(x+2)(x^2+2x+2)}\mathrm{d}x.$

2. 求 $\int \dfrac{\sin x}{1+\sin x}\mathrm{d}x.$

## 总 习 题 4

一、选择题

1. 若 $\int f(x)\mathrm{d}x = \dfrac{3}{4}\ln\sin 4x + C$，则 $f(x) = $ _____.

A. $\cot 4x$          B. $-\cot 4x$          C. $-3\cot 4x$          D. $3\cot 4x$

2. 在区间 $(a,b)$ 内，若 $f'(x)=g'(x)$，则必有 _____.

A. $f(x)=g(x)$                   B. $f(x)=g(x)+C$

C. $\int f(x)\mathrm{d}x = \int g(x)\mathrm{d}x$         D. $\left[\int f(x)\mathrm{d}x\right]' = \left[\int g(x)\mathrm{d}x\right]'$

3. 不定积分 $\int \dfrac{1}{1-2x}\mathrm{d}x = $ _____.

A. $2\ln|2x-1|+C$              B. $-2\ln|2x-1|+C$

C. $\dfrac{1}{2}\ln|2x-1|+C$           D. $-\dfrac{1}{2}\ln|2x-1|+C$

4. 不定积分 $\int \dfrac{1}{4+x^2}\mathrm{d}x = $ _____.

A. $\arctan\dfrac{x}{2}+C$           B. $\ln(4+x^2)+C$

C. $\dfrac{1}{2}\arctan\dfrac{x}{2}+C$        D. $\dfrac{1}{2}\arctan x+C$

5. 若 $\int f(x)\mathrm{d}x = F(x)+C$，则 $\int \mathrm{e}^{-x}f(\mathrm{e}^{-x})\mathrm{d}x = $ _____.

A. $F(\mathrm{e}^x)+C$              B. $-F(\mathrm{e}^x)+C$

C. $F(\mathrm{e}^{-x})+C$            D. $-F(\mathrm{e}^{-x})+C$

6. 若 $F'(x)=\dfrac{1}{\sqrt{1-x^2}}$，$F(1)=\dfrac{1}{2}\pi$，则 $F(x)$ 为 _____.

A. $\arcsin x$                    B. $\arcsin x + \dfrac{1}{2}\pi$

C. $\arcsin x + \pi$              D. $\arcsin x - \pi$

二、求下列各积分

(1) $\displaystyle\int \frac{4x+6}{x^2+3x-8}\mathrm{d}x$;

(2) $\displaystyle\int \frac{x+\arccos x}{\sqrt{1-x^2}}\mathrm{d}x$;

(3) $\displaystyle\int (2^x+3^x)^2\mathrm{d}x$;

(4) $\displaystyle\int x^2\arcsin x\,\mathrm{d}x$;

(5) $\displaystyle\int (1+\sin^2 x)(1+\cos^2 x)\mathrm{d}x$;

(6) $\displaystyle\int \frac{\sqrt[3]{x}}{x(\sqrt{x}+\sqrt[3]{x})}\mathrm{d}x$.

三、若 $f(x)=x\,\mathrm{e}^x$,求 $\displaystyle\int \ln x \cdot f'(x)\mathrm{d}x$.

四、若 $\sin x$ 是 $f(x)$ 的一个原函数,证明:

$$\int xf''(x)\mathrm{d}x = -x\sin x - \cos x + C.$$

第 5 章

# 定积分及其应用

**本章知识结构图**

定积分及其应用
- 定积分的概念及性质
  - 定积分概念的引入
    - 求曲边梯形的面积
    - 求变速直线运动走过的路程
  - 定积分的定义
  - 定积分的几何意义
  - 定积分基本的性质
    - 线性性质
    - 保号性
    - 区间可加性
    - 有界性（估值不等式）
    - 积分中值定理
- 微积分基本定理
  - 变上限积分函数
  - 微积分基本定理
- 定积分的计算
  - 换元积分法
  - 分部积分法
- 定积分的应用
  - 元素法
  - 平面图形的面积
  - 求立体的体积
  - 变力做功

**学习目的**

　　理解定积分的概念,掌握牛顿-莱布尼茨公式;掌握定积分的性质及积分中值定理;理解变上限积分的概念,掌握微积分基本定理;掌握定积分的计算方法:换元法和分部积分法;掌握用定积分应用中的元素法解决实际应用问题.

**学习要求**

　◆　理解定积分的概念及其几何意义,了解函数可积的条件.
　◆　掌握定积分的性质及积分中值定理,并能运用到定积分的计算和估值中.
　◆　理解变上限积分是变上限的函数,掌握变上限定积分求导数的方法.
　◆　熟练掌握牛顿-莱布尼茨公式.
　◆　掌握定积分的换元积分法与分部积分法.
　◆　了解无穷区间的广义积分的概念,掌握其计算方法.
　◆　掌握直角坐标系下用定积分计算平面图形的面积以及平面图形绕坐标轴旋转所生成的旋转体体积.
　◆　掌握定积分应用中的元素法,会解决一些实际应用问题.

**重点与难点**

　◆　教学重点:定积分的概念,定积分的性质,积分中值定理,牛顿-莱布尼茨公式,变上限积分的概念,微积分基本定理,定积分的计算,定积分的应用.
　◆　教学难点:变上限积分的概念,无限区间上的广义积分.

　　定积分起源于求图形的面积和体积等实际问题.古希腊的阿基米德用"穷竭法",我国的刘徽用"割圆术",都曾计算过一些几何体的面积和体积,这些均为定积分的雏形.直到17世纪中叶,牛顿和莱布尼茨先后提出了定积分的概念,并发现了积分与微分之间的内在联系,给出了计算定积分的一般方法,从而使定积分成为解决有关实际问题的有力工具,并使各自独立的微分学与积分学联系在一起,构成完整的理论体系——微积分学.
　　本章先从几何问题与物理问题入手引入定积分的定义,然后讨论定积分的性质、计算方法以及定积分在几何与物理中的应用.

## 第 1 节　定积分的概念及性质

### 1.1　定积分概念的引入

#### 1.1.1　曲边梯形的面积

设 $f(x)$ 在 $[a,b]$ 上非负连续,由直线 $x=a$,$x=b$,$y=0$ 及曲线 $y=f(x)$ 所围成的图形

$A$ 称为曲边梯形,如图 5-1-1 所示.

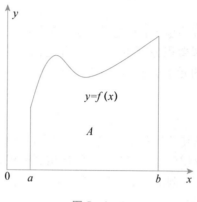

图 5-1-1

如何计算它的面积 $A$?

在初等几何中,圆面积是用一系列边数无限增多的内接(或外切)正多边形面积的极限来定义的,现在我们也用类似的方法来定义曲边梯形面积,如图 5-1-2 所示.

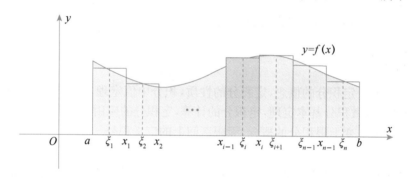

图 5-1-2

(1)分割  在区间 $[a,b]$ 内任意插入 $n-1$ 个分点,分点为 $a=x_0<x_1<x_2<\cdots<x_{n-1}<x_n=b$,把区间 $[a,b]$ 分成 $n$ 个小区间 $[x_{i-1},x_i](i=1,2,\cdots,n)$,过每一分点 $x_i(i=1,2,\cdots,n)$ 作 $y$ 轴的平行线段,将曲边梯形 $A$ 分割成 $n$ 个小曲边梯形 $A_i(i=1,2,\cdots,n)$,如图 5-1-2 所示.

(2)近似代替  由于 $f(x)$ 在 $[a,b]$ 连续,当分点增多 $(n\to\infty)$ 时,分割越来越细.当 $n\to\infty,\Delta x_i=x_i-x_{i-1}\to0(i=1,2,\cdots,n)$,有 $A_i\approx f(\xi_i)\Delta x_i$.

(3)求和  将 $n$ 个小矩形面积加起来可得曲边梯形面积 $A$ 的近似值.即

$$A=\sum_{i=1}^n A_i\approx\sum_{i=1}^n f(\xi_i)\Delta x_i.$$

(4)取极限  当 $n\to\infty,\lambda\to0(\lambda=\max_{1\leqslant i\leqslant n}\{\Delta x_i\})$ 时,$A=\lim_{\lambda\to0}\sum_{i=1}^n f(\xi_i)\Delta x_i.$

### 1.1.2  变速直线运动的路程

变速直线运动的路程:设物体做直线运动,速度 $v(t)$ 是时间 $t$ 的连续函数,且

$v(t) \geqslant 0$. 求物体在时间间隔 $[a,b]$ 内所经过的路程 $s$.

由于速度 $v(t)$ 随时间的变化而变化,因此不能用匀速直线运动的公式

$$路程 = 速度 \times 时间$$

来计算物体做变速运动的路程. 但由于 $v(t)$ 连续,当 $t$ 的变化很小时,速度的变化也非常小,因此在很小的一段时间内,变速运动可以近似看成匀速运动. 又因为时间区间 $[a,b]$ 可以划分为若干个微小的时间区间之和,所以,可以与前述面积问题一样,采用分割、局部近似、求和、取极限的方法来求变速直线运动的路程.

(1) 分割 用分点 $a = t_0 < t_1 < t_2 < \cdots < t_n = b$ 将时间区间 $[a,b]$ 分成 $n$ 个小区间 $[t_{i-1}, t_i]$ $(i = 1, 2, \cdots, n)$,其中第 $i$ 个时间段的长度为 $\Delta t_i = t_i - t_{i-1}$,物体在此时间段内经过的路程为 $\Delta s_i$.

(2) 近似代替 当 $\Delta t_i$ 很小时,在 $[t_{i-1}, t_i]$ 上任取一点 $\xi_i$,以 $v(\xi_i)$ 来替代 $[t_{i-1}, t_i]$ 上各时刻的速度,则 $\Delta s_i \approx v(\xi_i) \Delta t_i$.

(3) 求和 在每个小区间上用同样的方法求得路程的近似值,再求和,得 $s = \sum_{i=1}^{n} \Delta s_i \approx \sum_{i=1}^{n} v(\xi_i) \Delta t_i$.

(4) 取极限 令 $\lambda = \max_{1 \leqslant i \leqslant n}\{\Delta t_i\}$,则当 $\lambda \to 0$ 时,上式右端的和式作为 $s$ 近似值的误差会趋于 0,因此 $s = \lim_{\lambda \to 0} \sum_{i=1}^{n} v(\xi_i) \Delta t_i$.

以上两个例子虽然来自不同领域,但都可以归结为求和式的极限. 我们以后还将看到,在求变力所做的功、光滑曲线弧长、某些空间体的体积等许多问题中,都会出现这种形式的极限,这些本质上就是定积分.

## 1.2 定积分的定义

**定义**

设函数 $y = f(x)$ 在区间 $[a,b]$ 上有界,在 $[a,b]$ 上插入若干个分点

$$a = x_0 < x_1 < x_2 < x_3 < \cdots < x_{n-1} < x_n = b,$$

将区间 $[a,b]$ 分成 $n$ 个小区间 $[x_0, x_1], [x_1, x_2], \cdots, [x_{n-1}, x_n]$,各小区间的长度依次记为 $\Delta x_i = x_i - x_{i-1}(i = 1, 2, \cdots, n)$,在每个小区间上任取一点 $\xi_i (x_{i-1} \leqslant \xi_i \leqslant x_i)$,做乘积 $f(\xi_i) \Delta x_i$ $(i = 1, 2, \cdots, n)$,并做出和式 $\sum_{i=1}^{n} f(\xi_i) \Delta x_i$. 记 $\lambda = \max_{1 \leqslant i \leqslant n}\{\Delta x_i\}$,如果不论对区间 $[a,b]$ 怎样分法,也不论在小区间 $[x_{i-1}, x_i]$ 上点 $\xi_i$ 怎样取法,只要当 $\lambda \to 0$ 时,和式 $\sum_{i=1}^{n} f(\xi_i) \Delta x_i$ 总趋于确定的值 $I$,则称 $f(x)$ 在 $[a,b]$ 上可积,称此极限值 $I$ 为函数 $f(x)$ 在 $[a,b]$ 上的定积分,记作 $\int_a^b f(x)dx$,即

$$\int_a^b f(x)\mathrm{d}x = \lim_{\lambda \to 0} \sum_{i=1}^n f(\xi_i)\Delta x_i.$$

其中 $f(x)$ 叫作**被积函数**，$f(x)\mathrm{d}x$ 叫作**被积表达式**，$x$ 叫作**积分变量**，$a$ 叫作**积分下限**，$b$ 叫作**积分上限**，$[a,b]$ 叫作**积分区间**.

**注1**：定积分是一个依赖于被积函数 $f(x)$ 及积分区间 $[a,b]$ 的常量，与积分变量采用什么字母无关. 即

$$\int_a^b f(x)\mathrm{d}x = \int_a^b f(t)\mathrm{d}t = \int_a^b f(u)\mathrm{d}u.$$

**注2**：定义中要求 $a < b$，为方便起见，允许 $b \leqslant a$，并规定

- $\displaystyle\int_a^b f(x)\mathrm{d}x = -\int_b^a f(x)\mathrm{d}x$；

- $\displaystyle\int_a^a f(x)\mathrm{d}x = 0$.

**例1** 利用定义计算定积分 $\displaystyle\int_0^1 x^2\,\mathrm{d}x$.

**解**：根据定积分的定义，定积分与区间 $[0,1]$ 的分法及点 $\xi_i$ 的取法无关. 因此，为了便于计算，不妨把区间 $[0,1]$ 分成 $n$ 等份（见图 $5-1-3$），分点为 $x_i = \dfrac{i}{n}(i=1,2,\cdots,n)$. 这样每个小区间 $[x_{i-1},x_i]$ 的长度 $\Delta x_i = \dfrac{1}{n}(i=1,2,\cdots,n)$. 取 $\xi_i = x_i = \dfrac{i}{n}(i=1,2,\cdots,n)$，于是得和式

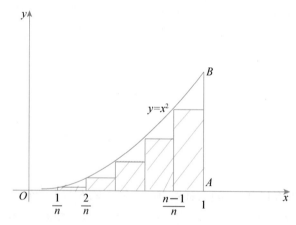

图 $5-1-3$

$$
\begin{aligned}
\sum_{i=1}^n f(\xi_i)\Delta x_i &= \sum_{i=1}^n {\xi_i}^2 \Delta x_i \\
&= \sum_{i=1}^n \left(\frac{i}{n}\right)^2 \frac{1}{n} \\
&= \frac{1}{n^3}\sum_{i=1}^n i^2
\end{aligned}
$$

$$= \frac{1}{n^3} \frac{n(n+1)(2n+1)}{6}$$

$$= \frac{1}{6}\left(1+\frac{1}{n}\right)\left(2+\frac{1}{n}\right),$$

当 $\lambda \to 0$，即 $n \to \infty$ 时，由定积分的定义即得所要计算的定积分值为

$$\int_0^1 x^2 \mathrm{d}x = \lim_{n \to +\infty} \sum_{i=1}^n f(\xi_i)\Delta x_i = \lim_{n \to +\infty} \frac{1}{6}\left(1+\frac{1}{n}\right)\left(2+\frac{1}{n}\right) = \frac{1}{3}.$$

根据定义，当函数 $f(x)$ 在闭区间 $[a,b]$ 上可积，定积分存在. 但是函数 $f(x)$ 满足什么条件时才是可积的呢? 关于这个问题我们不做深入的讨论，仅给出下面的结论:

(1)若函数 $f(x)$ 在 $[a,b]$ 上连续，则 $f(x)$ 在 $[a,b]$ 上可积;

(2)若函数 $f(x)$ 在 $[a,b]$ 上有界，且只有有限个第一类间断点，则 $f(x)$ 在 $[a,b]$ 上可积.

以上条件都是函数 $f(x)$ 在闭区间 $[a,b]$ 上可积的充分条件，而不是必要条件.

## 1.3 定积分的几何意义

$\int_a^b f(x)\mathrm{d}x$ 的几何意义就是以曲线 $y=f(x)$，直线 $x=a,x=b$ 以及 $x$ 轴为边的曲边梯形面积的代数和. 如图 $5-1-4$ 所示，$f(x) \geqslant 0$ 部分，面积值前取"$+$"号; $f(x) \leqslant 0$ 部分，面积值前面取"$-$"号: $\int_a^b f(x)\mathrm{d}x = S_1 - S_2 + S_3$. 根据定积分的定义和函数极限的保号性，容易证明上述结论.

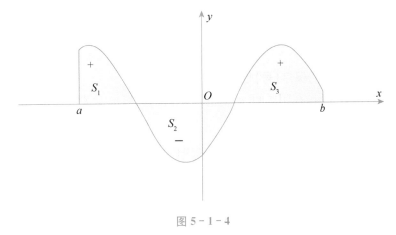

图 $5-1-4$

## 1.4 定积分的基本性质

两点规定:(1)当 $a=b$ 时，$\int_a^b f(x)\mathrm{d}x = \int_a^a f(x)\mathrm{d}x = 0$;

(2)当 $a > b$ 时,$\int_a^b f(x)\mathrm{d}x = -\int_b^a f(x)\mathrm{d}x$.

再根据定积分的定义,可以得到定积分下面的一些性质.

**性质 1**  若函数 $f(x)$ 在闭区间 $[a,b]$ 上可积,$k$ 为任意常数,则函数 $kf(x)$ 在闭区间 $[a,b]$ 上也可积,且有

$$\int_a^b kf(x)\mathrm{d}x = k\int_a^b f(x)\mathrm{d}x.$$

即常数因子可以提到积分符号之前.

**性质 2**  若函数 $f(x)$,$g(x)$ 都在闭区间 $[a,b]$ 上可积,则 $f(x) \pm g(x)$ 在闭区间 $[a,b]$ 上也可积,且有

$$\int_a^b [f(x) \pm g(x)]\mathrm{d}x = \int_a^b f(x)\mathrm{d}x \pm \int_a^b g(x)\mathrm{d}x.$$

性质 1 和 2 称为定积分的**线性性质**.

**性质 3**  若函数 $f(x)$ 在某个区间 $I$ 上,$a,b,c$ 为区间 $I$ 中的任意三个数,则

$$\int_a^b f(x)\mathrm{d}x = \int_a^c f(x)\mathrm{d}x + \int_c^b f(x)\mathrm{d}x.$$

这个性质称为定积分的**区间可加性**.

**性质 4**  若在闭区间 $[a,b]$ 上函数 $f(x) \equiv 1$,则

$$\int_a^b f(x)\mathrm{d}x = \int_a^b \mathrm{d}x = b - a.$$

**性质 5**  若函数 $f(x)$,$g(x)$ 都在闭区间 $[a,b]$ 上可积,且 $f(x) \leqslant g(x)$,则

$$\int_a^b f(x)\mathrm{d}x \leqslant \int_a^b g(x)\mathrm{d}x.$$

由性质 5 可以得到:设函数 $f(x)$ 在闭区间 $[a,b]$ 上可积,且 $f(x) \geqslant 0$,则

$$\int_a^b f(x)\mathrm{d}x \geqslant 0.$$

性质 5 称为定积分的**保序(号)性**.

**性质 6**  若函数 $f(x)$ 在闭区间 $[a,b]$ 上可积,且 $M$ 与 $m$ 分别是 $f(x)$ 在 $[a,b]$ 上的最大值和最小值,则

$$m(b-a) \leqslant \int_a^b f(x)\mathrm{d}x \leqslant M(b-a).$$

性质 6 称为定积分的**有界性**. 当 $f(x) \geqslant 0$ 时,从定积分的几何意义上看,这个性质是非常显然的,如图 5-1-5 所示,曲边梯形 $AabB$ 的面积介于分别以 $m$ 和 $M$ 为高,$b-a$ 为底的两个矩形的面积之间.

**性质 7 (积分中值定理)**  若函数 $f(x)$ 在闭区间 $[a,b]$ 上连续,则在 $[a,b]$ 上至少存在一点 $\xi$,使

$$\int_a^b f(x)\mathrm{d}x = f(\xi)(b-a),$$

或者   $f(\xi) = \dfrac{1}{(b-a)}\int_a^b f(x)\mathrm{d}x.$

$f(\xi)$ 称为函数 $f(x)$ 在区间 $[a,b]$ 上的平均值.

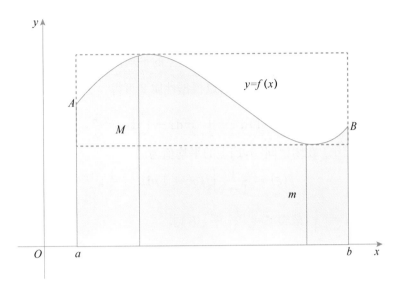

图 5－1－5

当 $f(x) \geqslant 0$ 时，这个性质也有明显的几何意义：对由闭区间 $[a,b]$ 上的连续曲线 $y = f(x)$ 构成的曲边梯形 $AabB$，总存在一个以 $f(\xi)$ 为高，$b-a$ 为底的矩形，使得它们的面积相等，如图 5－1－6 所示.

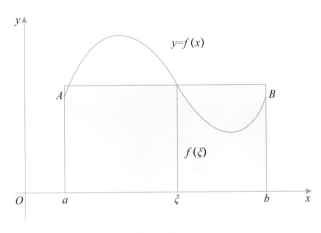

图 5－1－6

**例 2** 估计定积分 $\displaystyle\int_0^1 (\mathrm{e}^{x^2} - \arctan x^2)\mathrm{d}x$ 的值.

**解**：令 $f(x) = \mathrm{e}^{x^2} - \arctan x^2$，则 $f'(x) = 2x\left(\mathrm{e}^{x^2} - \dfrac{1}{1+x^4}\right)$. 在 $[0,1]$ 上，$f'(x) \geqslant 0$，即 $f(x)$ 在 $[0,1]$ 上单调增加，故

$$1 = f(0) \leqslant f(x) \leqslant f(1) = \mathrm{e} - \frac{\pi}{4},$$

从而

$$\int_0^1 \mathrm{d}x \leqslant \int_0^1 f(x)\mathrm{d}x \leqslant \int_0^1 \left(\mathrm{e} - \frac{\pi}{4}\right)\mathrm{d}x,$$

即
$$1 \leqslant \int_0^1 (e^{x^2} - \arctan x^2) dx \leqslant e - \frac{\pi}{4}.$$

**例 3** 求函数 $f(x) = x^2 + 1$ 在闭区间 $[0,1]$ 上的平均值并求出 $\xi$ 的值.

**解:** 已知 $\int_0^1 x^2 dx = \frac{1}{3}, \int_0^1 dx = 1$,所以根据性质 2 可得

$$\int_0^1 (x^2 + 1) dx = \int_0^1 x^2 dx + \int_0^1 dx = \frac{4}{3},$$

于是函数 $f(x) = x^2 + 1$ 在闭区间 $[0,1]$ 上的平均值为

$$f(\xi) = \frac{1}{1-0} \int_0^1 (x^2 + 1) dx = \frac{4}{3},$$

由于 $f(\xi) = \xi^2 + 1 = \frac{4}{3}$,故得 $\xi = \frac{\sqrt{3}}{3} \in [0,1]$.

 小结

定积分的定义.
定积分的几何意义.
定积分的性质.

 课堂练习 5.1

1.试用定积分表示由曲线 $y = \cos x$,直线 $x = -1, x = \frac{3}{2}$ 及 $x$ 轴围成的图形面积.

2.计算 $\int_0^{2\pi} |\sin x| dx$.

 习题 5.1

1.利用定义求定积分 $\int_0^1 x^3 dx$.

2.不求出定积分的值,比较下列各对定积分的大小:

(1) $\int_0^1 x dx$ 与 $\int_0^1 x^2 dx$;          (2) $\int_0^{\frac{\pi}{2}} x dx$ 与 $\int_0^{\frac{\pi}{2}} \sin x dx$.

3.利用定积分的几何意义说明下列等式.

(1) $\int_0^1 2x dx = 1$;          (2) $\int_{-\pi}^{\pi} \sin x dx = 0$.

## 第 2 节 微积分基本定理

在第 1 节中,我们举例说明了利用微积分定义来计算积分的方法,利用定义法计算定

积分比较麻烦,尤其当被积函数复杂时计算更为困难,甚至有时是不可能的,因此我们必须寻求一种较为简单的计算定积分的方法.微积分基本定理提供了计算定积分的一种有效方法,更重要的是它揭示了导数和定积分之间的内在联系.

## 2.1 变上限积分函数

设函数 $f(x)$ 在区间 $[a,b]$ 上连续,并且设 $x \in [a,b]$,则在部分区间 $[a,x]$ 上的定积分 $\int_a^x f(x)\mathrm{d}x$ 也存在.这里 $x$ 既是积分上限,又是积分变量,为了不产生混淆,改用字母 $t$ 作为积分变量,这并不影响定积分的值.这样上面的定积分可以写成 $\int_a^x f(t)\mathrm{d}t$.

如果上限 $x$ 在区间 $[a,b]$ 上任意变动,则对每一个 $x \in [a,b]$,该定积分都有一个对应值,因此,它实际上又在 $[a,b]$ 上定义了一个函数,记作

$$\Phi(x) = \int_a^x f(t)\mathrm{d}t, a \leqslant x \leqslant b,$$

称它为**积分上限的函数**,或者称为**变上限的定积分**.

若 $f(x) \geqslant 0$,则 $\Phi(x)$ 的几何意义非常显然,如图 5-2-1 所示,$\Phi(x)$ 表示图中左边阴影区域的面积,当 $x$ 变化时,$\Phi(x)$ 的值随之变化.

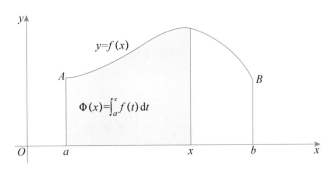

图 5-2-1

**定理 1(原函数存在定理)** 若函数 $f(x)$ 在区间 $[a,b]$ 上连续,则函数

$$\Phi(x) = \int_a^x f(t)\mathrm{d}t, a \leqslant x \leqslant b$$

是函数 $f(x)$ 在区间 $[a,b]$ 上的一个原函数,即有

$$\Phi'(x) = \frac{\mathrm{d}}{\mathrm{d}x}\int_a^x f(t)\mathrm{d}t = f(x).$$

**证明:** 由导数定义,只需证明

$$\lim_{\Delta x \to 0} \frac{\Phi(x + \Delta x) - \Phi(x)}{\Delta x} = f(x), x \in (a, b)$$

即可.设 $x \in (a,b)$,且 $x + \Delta x \in (a,b)$,则由定积分的可加性得到

$$\Phi(x + \Delta x) - \Phi(x) = \int_a^{x+\Delta x} f(t)\mathrm{d}t - \int_a^x f(t)\mathrm{d}t$$

$$= \int_a^x f(t)\mathrm{d}t + \int_x^{x+\Delta x} f(t)\mathrm{d}t - \int_a^x f(t)\mathrm{d}t$$

$$= \int_x^{x+\Delta x} f(t)\mathrm{d}t.$$

由于 $f(x)$ 在区间 $[a,b]$ 上连续,故由积分中值定理,在 $x$ 和 $x+\Delta x$ 之间至少存在一点 $\xi$,使得

$$\int_x^{x+\Delta x} f(t)\mathrm{d}t = f(\xi)\Delta x,$$

即

$$\Phi(x+\Delta x) - \Phi(x) = f(\xi)\Delta x,$$

其中点 $\xi$ 介于在 $x$ 和 $x+\Delta x$ 之间,从而

$$\lim_{\Delta x \to 0} \frac{\Phi(x+\Delta x)-\Phi(x)}{\Delta x} = \lim_{\Delta x \to 0} \frac{f(\xi)\Delta x}{\Delta x} = \lim_{\Delta x \to 0} f(\xi).$$

由 $f(x)$ 的连续性,当 $\Delta x \to 0$ 时,$x+\Delta x \to x$,$\xi \to x$,$f(\xi) \to f(x)$. 这就证明了 $\Phi'(x) = f(x)$,$x \in (a,b)$. 证毕.

这个定理告诉我们,连续函数 $f(x)$ 一定有原函数,并且这一原函数就是 $f(x)$ 的变上限的定积分,这一方面解决了原函数的存在性问题,同时也揭示了导数与定积分之间的内在联系:求导运算是求变上限定积分运算的逆运算.

**例 1** 求下列函数的导数:

(1) $\Phi(x) = \int_x^0 t^2 \mathrm{e}^{-t}\mathrm{d}t$;    (2) $\Phi(x) = \int_a^{x^2} \sqrt[3]{t^2}\mathrm{d}t$.

**解**:(1) 与变上限的定积分相仿,这是一个变下限的定积分. 事实上,$\Phi(x) = \int_x^0 t^2 \mathrm{e}^{-t}\mathrm{d}t = -\int_0^x t^2 \mathrm{e}^{-t}\mathrm{d}t$,所以

$$\Phi'(x) = \frac{\mathrm{d}}{\mathrm{d}x} \int_x^0 t^2 \mathrm{e}^{-t}\mathrm{d}t = \frac{\mathrm{d}}{\mathrm{d}x}\left(-\int_0^x t^2 \mathrm{e}^{-t}\mathrm{d}t\right) = -x^2 \mathrm{e}^{-x}.$$

(2) 这个函数由于上限 $x^2$ 是 $x$ 的函数,所以 $\Phi(x)$ 为 $x$ 的复合函数,如果令 $u = x^2$,则利用复合函数求导法则,可得

$$\Phi'(x) = \frac{\mathrm{d}}{\mathrm{d}x} \int_a^{x^2} \sqrt[3]{t^2}\mathrm{d}t = \frac{\mathrm{d}}{\mathrm{d}u} \int_a^u \sqrt[3]{t^2}\mathrm{d}t \cdot \frac{\mathrm{d}}{\mathrm{d}x}(x^2)$$

$$= \sqrt[3]{u^2} \cdot 2x = \sqrt[3]{x^4} \cdot 2x = 2x^2 \cdot \sqrt[3]{x}.$$

由这个例子,可以得到一个一般性结论:

如果函数 $\varphi(x)$ 可导,函数 $f(x)$ 连续,则

$$\frac{\mathrm{d}}{\mathrm{d}x} \int_a^{\varphi(x)} f(t)\mathrm{d}t = f(\varphi(x))\varphi'(x).$$

**例 2** 求极限: $\lim\limits_{x \to 0} \dfrac{\int_0^x \cos t^2 \mathrm{d}t}{x}$.

**解**:容易看出这是一个 $\dfrac{0}{0}$ 型的未定式,可利用洛必达法则计算

$$\lim_{x \to 0} \frac{\int_0^x \cos t^2 \, dt}{x} = \lim_{x \to 0} \frac{(\int_0^x \cos t^2 \, dt)'}{x'} = \lim_{x \to 0} \frac{\cos x^2}{1} = 1.$$

**例 3**　确定常数 $a, b, c$ 的值，使 $\lim\limits_{x \to 0} \dfrac{ax - \sin x}{\int_b^x \ln(1 + t^2) \, dt} = c \, (c \neq 0)$.

**解**：因为 $x \to 0$ 时，$ax - \sin x \to 0$，而 $c \neq 0$，所以 $b = 0$.

应用洛必达法则，原式 $= \lim\limits_{x \to 0} \dfrac{a - \cos x}{\ln(1 + x^2)} = \lim\limits_{x \to 0} \dfrac{a - \cos x}{x^2} = c, c \neq 0$，故 $a = 1$.

又由 $1 - \cos x \sim \dfrac{1}{2} x^2$，得 $c = \dfrac{1}{2}$.

## 2.2 微积分基本定理

**定理 2**　如果函数 $F(x)$ 是连续函数 $f(x)$ 在 $[a, b]$ 上的一个原函数，则

$$\int_a^b f(x) \, dx = F(b) - F(a).$$

这个公式叫作**牛顿-莱布尼茨公式**，它是计算定积分的基本公式.

**证明**　由定理 1，$\Phi(x) = \int_a^x f(t) \, dt$ 是 $f(x)$ 的一个原函数，又知 $F(x)$ 也是 $f(x)$ 的一个原函数，因为 $f(x)$ 的两个原函数之间仅相差一个常数，所以

$$\int_a^x f(t) \, dt = F(x) + C \quad (a \leqslant x \leqslant b).$$

在上式中，令 $x = a$ 得 $C = -F(a)$，代入上式得 $\int_a^x f(t) \, dt = F(x) - F(a)$. 再令 $x = b$，并把积分变量 $t$ 换成 $x$，便得到

$$\int_a^b f(x) \, dx = F(b) - F(a).$$

通常把 $F(b) - F(a)$ 记为 $[F(x)]_a^b$ 或 $F(x) \big|_a^b$，于是牛顿-莱布尼茨公式可写成

$$\int_a^b f(x) \, dx = [F(x)]_a^b \text{ 或} \int_a^b f(x) \, dx = F(x) \big|_a^b，即 \int_a^b f(x) \, dx = F(b) - F(a).$$

此式表明了定积分与不定积分的关系.

定理 1 和 2 揭示了微分与积分以及定积分与不定积分之间的内在联系，因此统称为**微积分基本定理**.

**例 4**　求 $\int_0^{\sqrt{a}} x \, e^{x^2} \, dx$.

**解**：因为 $\int x \, e^{x^2} \, dx = \dfrac{1}{2} \int e^{x^2} \, dx^2 = \dfrac{e^{x^2}}{2} + C$，所以 $\dfrac{e^{x^2}}{2}$ 是 $x \, e^{x^2}$ 的一个原函数，由牛顿-莱布尼兹公式，得

$$\int_0^{\sqrt{a}} x \, e^{x^2} \, dx = \frac{e^{x^2}}{2} \bigg|_0^{\sqrt{a}} = \frac{1}{2}(e^a - e^0) = \frac{1}{2}(e^a - 1).$$

**例 5**　计算定积分 $\int_4^9 \sqrt{x}(1 + \sqrt{x}) \, dx$.

解：$\displaystyle\int_4^9 \sqrt{x}(1+\sqrt{x})\mathrm{d}x = \int_4^9 (x^{\frac{1}{2}}+x)\mathrm{d}x = \left(\dfrac{2}{3}x^{\frac{3}{2}}+\dfrac{x^2}{2}\right)\Big|_4^9 = 45\dfrac{1}{6}.$

**例 6** 若 $f(x)=\begin{cases}\sin x, & 0\leqslant x<\dfrac{\pi}{2}\\[2mm]\dfrac{1}{x}, & \dfrac{\pi}{2}\leqslant x<\mathrm{e}\\[2mm]2^x, & \mathrm{e}\leqslant x\leqslant 4\end{cases}$，求 $\displaystyle\int_0^4 f(x)\mathrm{d}x.$

解：根据定积分的区间可加性，得

$$\int_0^4 f(x)\mathrm{d}x = \int_0^{\frac{\pi}{2}}\sin x\,\mathrm{d}x + \int_{\frac{\pi}{2}}^{\mathrm{e}}\frac{1}{x}\mathrm{d}x + \int_{\mathrm{e}}^4 2^x\,\mathrm{d}x$$

$$= -(\cos x)\Big|_0^{\frac{\pi}{2}} + \ln x\Big|_{\frac{\pi}{2}}^{\mathrm{e}} + \left(\frac{2^x}{\ln 2}\right)\Big|_{\mathrm{e}}^4$$

$$= 2 - \ln\frac{\pi}{2} + \frac{16-2^{\mathrm{e}}}{\ln 2}.$$

**例 7** 求 $\displaystyle\int_{-2}^2 \max\{x,x^2\}\mathrm{d}x.$

解：由图形 5-2-2 可知

$$f(x)=\max\{x,x^2\}=\begin{cases}x^2, & -2\leqslant x\leqslant 0\\ x, & 0\leqslant x\leqslant 1\\ x^2, & 1\leqslant x\leqslant 2\end{cases}$$

所以，

$$\int_{-2}^2 \max\{x,x^2\}\mathrm{d}x = \int_{-2}^0 x^2\,\mathrm{d}x + \int_0^1 x\,\mathrm{d}x + \int_1^2 x^2\,\mathrm{d}x = \frac{11}{2}.$$

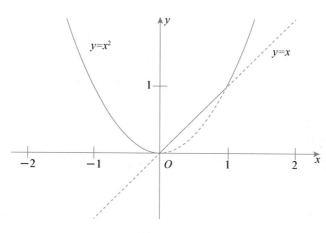

图 5-2-2

**例 8** 汽车以每小时 36 km 的速度行驶，到某处需要减速停车，设汽车以等加速度 $a=-5\ \mathrm{m/s^2}$ 刹车，问从开始刹车到停车走了多少距离？

解：设开始刹车时刻为 $t=0$，则此时刻汽车速度为

$$v_0 = 36(\text{km/h}) = \frac{36 \times 1\,000}{3\,600} = 10(\text{m/s}).$$

刹车后汽车减速行驶,其速度为:$v(t) = v_0 + at = 10 - 5t$,

当汽车停住时,$v(t) = 0$,即 $10 - 5t = 0$,得 $t = 2(s)$.

故在这段时间内汽车所走的距离为:

$$s = \int_0^2 v(t)\mathrm{d}t = \int_0^2 (10 - 5t)\mathrm{d}t$$

$$= \left[ 10t - \frac{5}{2}t^2 \right]_0^2 = 10(\text{m}).$$

**例 9**　设 $f(x) = \begin{cases} \mathrm{e}^x, & x < 0 \\ x^2, & x \geqslant 0 \end{cases}$,计算 $F(x) = \int_{-1}^x f(t)\mathrm{d}t$.

**解**:当 $x < 0$ 时,

$$F(x) = \int_{-1}^x f(t)\mathrm{d}t = \int_{-1}^x \mathrm{e}^t\mathrm{d}t = \mathrm{e}^x - \mathrm{e}^{-1},$$

当 $x \geqslant 0$ 时,

$$F(x) = \int_{-1}^x f(t)\mathrm{d}t = \int_{-1}^0 \mathrm{e}^t\mathrm{d}t + \int_0^x t^2\mathrm{d}t = \mathrm{e}^t \Big|_{-1}^0 + \frac{1}{3}t^3 \Big|_0^x = 1 - \mathrm{e}^{-1} + \frac{1}{3}x^3.$$

 小结

变上限积分的概念.

原函数存在定理.

牛顿-莱布尼茨公式.

### 是谁创立了微积分:牛顿与莱布尼茨

牛顿 1642 年 12 月 25 日生于英国.牛顿在继承和总结前人的思想和方法基础上,1664 年到 1666 年,提出流数理论,建立了一套求导数的方法,并把自己的发现称为"流数术".牛顿称连续变化的量为流动量或流量(fluent),用英文字母表最后几个字母 V、X、Y、Z 等来表示,X 的无限小的增量 ΔX 为 X 的瞬(X 为时间时,即无限小的时间间隔为瞬(moment)),用小写字母 o 表示.流量的速度,即流量在无限小的时间间隔内的变化率,称为流数(fluxion),用带点的字母 $\dot{x}$、$\dot{y}$ 表示.牛顿的"流数术"就是以流量、流数和瞬为基本概念的微分学.牛顿不仅引入了导数,还明确了导数是增

牛顿

量比极限的思想.牛顿在 1669 年写的《运用无限多项方程的分析学》(1711 年才出版)中不仅给出求一个变量对另一个变量的瞬时变化率的普遍方法,而且还证明了"面积可以由变化率的逆过程得到",这一结论称为牛顿-莱布尼茨定理(微积分学基本定理).牛顿引入了分部积分法、变量代换法,1671 年制作了积分表,又解决了极值、曲线拐点问题,提出了曲率公式、方程求根的切线法、曲线弧长计算方式,且得到许多重要函数

的无穷级数表达式、牛顿为微积分的创立做了划时代的奠基工作.

　　莱布尼茨 1646 年生于德国,微积分的思想最初体现在其 1675 年的手稿中,1673—1676 年之间他得到了他微积分研究的主要成果.他认识到求曲线的切线依赖于纵坐标、横坐标之差,求积依赖于无限薄矩形面积之和,求和与求差可逆.1675 年,他断定一个事实,作为求和的过程的积分是微分的逆(即牛顿—莱布尼茨定理),1677 年给出函数的和差积商微分公式,1680 年给出弧微分和旋转体体积公式.莱布尼茨发明了许多至今仍在用的符号,如 $\mathrm{d}x, \dfrac{\mathrm{d}y}{\mathrm{d}x}, \displaystyle\int$ 等等,他的工作大胆且富有想象力.

莱布尼茨

　　牛顿、莱布尼茨的最大功绩是将两个貌似不相关的问题——切线问题和求积问题联系起来,建立了两者之间的桥梁,这标志着微积分的正式诞生.

　　牛顿对微积分是先发明(1665),后发表(1711);莱布尼茨则后发明(1675),先发表(1684、1686 年先后发表第一篇微分学、第一篇积分学文章),于是发生了所谓"优先权"的争论,英国数学家捍卫他们的牛顿,指责莱布尼茨剽窃,而大陆的数学家支持莱布尼茨.事实上,他们彼此独立地创立了微积分.莱布尼茨也曾称赞牛顿:"在从世界开始到牛顿生活的全部数学中,牛顿的工作超过了一半."

　　课堂练习 5.2

1. 计算 $\dfrac{\mathrm{d}}{\mathrm{d}x}\displaystyle\int_0^x t\,\mathrm{e}^{t^2}\,\mathrm{d}t$.

2. 计算 $\displaystyle\int_1^{\mathrm{e}} \dfrac{\ln^2 x}{x}\,\mathrm{d}x$.

　　习题 5.2

1. 计算下列定积分:

(1) $\displaystyle\int_4^9 \sqrt{x}(1+\sqrt{x})\,\mathrm{d}x$;

(2) $\displaystyle\int_{-\frac{1}{2}}^{\frac{1}{2}} \dfrac{1}{\sqrt{1-x^2}}\,\mathrm{d}x$;

(3) $\displaystyle\int_0^{\frac{\pi}{4}} \tan^2\theta\,\mathrm{d}\theta$;

(4) $\displaystyle\int_0^1 10^{2x+1}\,\mathrm{d}x$;

(5) $\displaystyle\int_{\frac{1}{\sqrt{3}}}^{\sqrt{3}} \dfrac{1}{1+x^2}\,\mathrm{d}x$;

(6) $\displaystyle\int_0^1 \dfrac{\mathrm{d}x}{\sqrt{4-x^2}}$;

(7) $\displaystyle\int_{\frac{1}{\pi}}^{\frac{2}{\pi}} \dfrac{1}{x^2}\sin\dfrac{1}{x}\,\mathrm{d}x$;

(8) $\displaystyle\int_{-2}^2 |x^2-1|\,\mathrm{d}x$.

2. 求下列极限:

$$(1)\ \lim_{x \to 0} \frac{\displaystyle\int_0^x \cos t^2 \mathrm{d}t}{\displaystyle\int_0^x \frac{\sin t}{t}\mathrm{d}t};\qquad\qquad (2)\ \lim_{x \to 0} \frac{\displaystyle\int_0^{2x} \ln(1+t)\mathrm{d}t}{x^2}.$$

## 第 3 节　定积分的计算

由第 2 节可知,计算定积分最终可归结为求原函数或求不定积分,所以换元法和分部积分法也是计算定积分的基本方法.

## 3.1　换元积分法

**定积分换元法**　设函数 $f(x)$ 在区间 $[a,b]$ 上连续,函数 $x=\varphi(t)$ 是区间 $[\alpha,\beta]$ 上的严格单调函数,有连续的导函数 $\varphi'(t)$,当 $t$ 从 $\alpha$ 变到 $\beta$ 时,$x=\varphi(t)$ 在 $[a,b]$ 上变化,且有 $\varphi(\alpha)=a,\varphi(\beta)=b$,则有

$$\int_a^b f(x)\mathrm{d}x = \int_\alpha^\beta f(\varphi(t))\varphi'(t)\mathrm{d}t.$$

**证明:** 假设 $F(x)$ 是 $f(x)$ 的一个原函数,则 $\int f(x)\mathrm{d}x=F(x)+C$,即

$$\int f[\varphi(t)]\varphi'(t)\mathrm{d}t = F[\varphi(t)]+C,$$

于是　$\displaystyle\int_a^b f(x)\mathrm{d}x = F(b)-F(a) = F[\varphi(\beta)]-F[\varphi(\alpha)] = \int_\alpha^\beta f[\varphi(t)]\varphi'(t)\mathrm{d}t.$

应用换元积分公式时应注意以下两点:

(1)用 $x=\varphi(t)$ 把原来变量 $x$ 代换成新变量 $t$ 时,积分限也要换成相应于新变量 $t$ 的积分限.

(2)求出 $f[\varphi(t)]\varphi'(t)$ 的一个原函数 $\Phi(t)$ 后,不必像计算不定积分那样再把 $\Phi(t)$ 变换成原来变量 $x$ 的函数,而只要把相应于新变量 $t$ 的积分上、下限分别代入 $\Phi(t)$,然后相减即可.

**例 1**　计算 $\displaystyle\int_0^{\frac{\pi}{2}} \sin^3 x \cos x\,\mathrm{d}x$.

**解:** 如果令 $t=\sin x, \mathrm{d}t = \cos x\,\mathrm{d}x$,$x$ 从 0 变到 $\frac{\pi}{2}$,$t$ 从 0 变到 1,则

$$\int_0^{\frac{\pi}{2}} \sin^3 x \cos x\,\mathrm{d}x = \int_0^1 t^3 \mathrm{d}t = \frac{1}{4}t^4 \Big|_0^1 = \frac{1}{4}.$$

若不引进新变量 $t$,则

$$\int_0^{\frac{\pi}{2}} \sin^3 x \cos x\,\mathrm{d}x = \int_0^{\frac{\pi}{2}} \sin^3 x\,\mathrm{d}\sin x = \frac{1}{4}\sin^4 x \Big|_0^{\frac{\pi}{2}} = \frac{1}{4}.$$

可见,这两种方法是等价的.

**例 2**　证明:设函数 $f(x)$ 在区间 $[-a,a]$ 可积,则:

(1)若 $f(x)$ 是偶函数,则 $\int_{-a}^{a} f(x)\mathrm{d}x = 2\int_{0}^{a} f(x)\mathrm{d}x$;

(2)若 $f(x)$ 是奇函数,则 $\int_{-a}^{a} f(x)\mathrm{d}x = 0$.

**证明:** 由定积分的可加性

$$\int_{-a}^{a} f(x)\mathrm{d}x = \int_{-a}^{0} f(x)\mathrm{d}x + \int_{0}^{a} f(x)\mathrm{d}x.$$

对于上式右端的第一个积分使用换元法,令 $x=-t, \mathrm{d}x=-\mathrm{d}t$,则

$$\int_{-a}^{0} f(x)\mathrm{d}x = -\int_{a}^{0} f(-t)\mathrm{d}t = \int_{0}^{a} f(-t)\mathrm{d}t,$$

由于定积分的值与积分变量用什么字母无关,所以

$$\int_{0}^{a} f(-t)\mathrm{d}t = \int_{0}^{a} f(-x)\mathrm{d}x,$$

(1)当 $f(x)$ 是偶函数,$f(-x)=f(x)$,故

$$\int_{-a}^{a} f(x)\mathrm{d}x = \int_{0}^{a} f(-x)\mathrm{d}x + \int_{0}^{a} f(x)\mathrm{d}x = 2\int_{0}^{a} f(x)\mathrm{d}x;$$

(2)当 $f(x)$ 是奇函数,$f(-x)=-f(x)$,故

$$\int_{-a}^{a} f(x)\mathrm{d}x = \int_{0}^{a} f(-x)\mathrm{d}x + \int_{0}^{a} f(x)\mathrm{d}x = -\int_{0}^{a} f(x)\mathrm{d}x + \int_{0}^{a} f(x)\mathrm{d}x = 0.$$

本例可以作为一个结论记下来,有时使用它可以简化求积过程. 例如,由于 $f(x) = \dfrac{1}{1+x^2}$ 为偶函数,求定积分 $\int_{-1}^{1} \dfrac{1}{1+x^2}\mathrm{d}x$ 时,有

$$\int_{-1}^{1} \frac{1}{1+x^2}\mathrm{d}x = 2\int_{0}^{1} \frac{1}{1+x^2}\mathrm{d}x = 2\arctan x \Big|_{0}^{1} = 2(\arctan 1 - \arctan 0) = 2\times\frac{\pi}{4} = \frac{\pi}{2}.$$

又如,因为 $g(x) = \dfrac{x^2 \sin^3 x}{1+x^2}$ 为奇函数,所以 $\int_{-\pi}^{\pi} \dfrac{x^2 \sin^3 x}{1+x^2}\mathrm{d}x = 0$.

**例3** 计算 $\int_{0}^{\ln 2} \sqrt{\mathrm{e}^x - 1}\,\mathrm{d}x$.

**解:** 设 $\sqrt{\mathrm{e}^x-1}=t$,即 $x=\ln(t^2+1), \mathrm{d}x=\dfrac{2t}{t^2+1}\mathrm{d}t$. 当 $x=0$ 时,$t=0$;当 $x=\ln 2$ 时,$t=1$. 于是

$$\int_{0}^{\ln 2} \sqrt{\mathrm{e}^x-1}\,\mathrm{d}x = \int_{0}^{1} t\cdot\frac{2t}{t^2+1}\mathrm{d}t$$
$$= 2\int_{0}^{1}\left(1-\frac{1}{t^2+1}\right)\mathrm{d}t$$
$$= 2(t-\arctan t)\Big|_{0}^{1}$$
$$= 2-\frac{\pi}{2}.$$

**例4** 计算 $\int_{0}^{\ln 2} \mathrm{e}^x \sqrt{\mathrm{e}^x-1}\,\mathrm{d}x$.

**解:** $\int_{0}^{\ln 2} \mathrm{e}^x \sqrt{\mathrm{e}^x-1}\,\mathrm{d}x = \int_{0}^{\ln 2} \sqrt{\mathrm{e}^x-1}\,\mathrm{d}(\mathrm{e}^x-1) = \frac{2}{3}(\mathrm{e}^x-1)^{\frac{3}{2}}\Big|_{0}^{\ln 2} = \frac{2}{3}.$

**例 5**　计算 $\int_0^a \sqrt{a^2-x^2}\,\mathrm{d}x\,(a>0)$.

**解：** 设 $x=a\sin t\left(0\leqslant t\leqslant \dfrac{\pi}{2}\right)$，则 $\mathrm{d}x=a\cos t\,\mathrm{d}t$. 当 $x$ 从 $0$ 变到 $a$ 时，$t$ 从 $0$ 变到 $\dfrac{\pi}{2}$，因此

$$\int_0^a \sqrt{a^2-x^2}\,\mathrm{d}x = a^2\int_0^{\frac{\pi}{2}}\cos^2 t\,\mathrm{d}t = \frac{a^2}{2}\int_0^{\frac{\pi}{2}}(1+\cos 2t)\,\mathrm{d}t$$

$$= \frac{a^2}{2}\left(t+\frac{1}{2}\sin 2t\right)\Big|_0^{\frac{\pi}{2}} = \frac{\pi}{4}a^2.$$

**例 6**　计算 $\int_a^{2a} \dfrac{\sqrt{x^2-a^2}}{x^4}\,\mathrm{d}x$.

**解：** 设 $x=a\sec t$，则 $\mathrm{d}x=a\sec t\tan t\,\mathrm{d}t$. 当 $x=a$ 时，$t=0$；$x=2a$ 时，$t=\dfrac{\pi}{3}$，于是

$$\int_a^{2a}\frac{\sqrt{x^2-a^2}}{x^4}\,\mathrm{d}x = \int_0^{\frac{\pi}{3}}\frac{a\tan t}{a^4\sec^4 t}a\sec t\tan t\,\mathrm{d}t = \int_0^{\frac{\pi}{3}}\frac{1}{a^2}\sin^2 t\cos t\,\mathrm{d}t$$

$$= \frac{1}{a^2}\int_0^{\frac{\pi}{3}}\sin^2 t\,\mathrm{d}(\sin t) = \frac{1}{a^2}\cdot\frac{\sin^3 t}{3}\Big|_0^{\frac{\pi}{3}} = \frac{\sqrt{3}}{8\,a^2}.$$

**例 7**　计算 $\int_0^a \dfrac{1}{\sqrt{x^2+a^2}}\,\mathrm{d}x\,(a>0)$.

**解：** 设 $x=a\tan t\left(0\leqslant t\leqslant\dfrac{\pi}{4}\right)$，则 $\mathrm{d}x=a\sec^2 t\,\mathrm{d}t$. 当 $x$ 从 $0$ 变到 $a$ 时，$t$ 从 $0$ 变到 $\dfrac{\pi}{4}$，于是

$$\int_0^a\frac{1}{\sqrt{x^2+a^2}}\mathrm{d}x = \int_0^{\frac{\pi}{4}}\frac{a\sec^2 t}{a\sec t}\mathrm{d}t = \int_0^{\frac{\pi}{4}}\sec t\,\mathrm{d}t = \ln\Big|\sec t+\tan t\Big|_0^{\frac{\pi}{4}} = \ln(1+\sqrt{2}).$$

**例 8**　证明 $\int_0^{\frac{\pi}{2}} f(\sin x)\mathrm{d}x = \int_0^{\frac{\pi}{2}} f(\cos x)\mathrm{d}x$.

**证明：** 比较两边被积函数发现，可令 $x=\dfrac{\pi}{2}-t$. 当 $x=0$ 时，$t=\dfrac{\pi}{2}$；当 $x=\dfrac{\pi}{2}$ 时，$t=0$，因此，

$$\int_0^{\frac{\pi}{2}} f(\sin x)\mathrm{d}x = -\int_{\frac{\pi}{2}}^0 f\left[\sin\left(\frac{\pi}{2}-t\right)\right]\mathrm{d}t = \int_0^{\frac{\pi}{2}} f(\cos t)\mathrm{d}t = \int_0^{\frac{\pi}{2}} f(\cos x)\mathrm{d}x.$$

## 3.2　分部积分法

定积分的分部积分法与不定积分的分部积分法类似，对表达式

$$\mathrm{d}(uv) = v\mathrm{d}u + u\mathrm{d}v$$

的两端求取 $[a,b]$ 区间上的定积分，有

$$\int_a^b \mathrm{d}(uv) = uv\Big|_a^b = \int_a^b v\,\mathrm{d}u + \int_a^b u\,\mathrm{d}v,$$

移项有

$$\int_a^b u \, \mathrm{d}v = uv \Big|_a^b - \int_a^b v \, \mathrm{d}u.$$

上式为定积分的**分部积分公式**.

定积分的分部积分法的常见类型与不定积分的分部积分法的常见类型相同.

**例 9**　求 $\displaystyle\int_0^1 x\ln(1+x^2)\mathrm{d}x$.

**解：** $\displaystyle\int_0^1 x\ln(1+x^2)\mathrm{d}x = \frac{1}{2}\int_0^1 \ln(1+x^2)\mathrm{d}(1+x^2)$

$$= \frac{1}{2}(1+x^2)\ln(1+x^2)\Big|_0^1 - \frac{1}{2}\int_0^1 (1+x^2)\frac{2x}{1+x^2}\mathrm{d}x$$

$$= \ln 2 - \int_0^1 x\mathrm{d}x = \ln 2 - \frac{1}{2}x^2\Big|_0^1 = \ln 2 - \frac{1}{2}.$$

**例 10**　求 $\displaystyle\int_0^1 \mathrm{e}^{\sqrt{x}}\mathrm{d}x$.

**解：** 先令 $\sqrt{x}=t$，则 $x=t^2$，$\mathrm{d}x=2t\,\mathrm{d}t$，当 $x=0$ 时，$t=0$；当 $x=1$ 时，$t=1$.

因为　$\displaystyle\int_0^1 t\,\mathrm{e}^t\mathrm{d}t = \int_0^1 t\,\mathrm{d}\,\mathrm{e}^t = t\mathrm{e}^t\,|_0^1 - \int_0^1 \mathrm{e}^t\mathrm{d}t = \mathrm{e}-\mathrm{e}^t\,|_0^1 = 1$,

所以　$\displaystyle\int_0^1 \mathrm{e}^{\sqrt{x}}\mathrm{d}x = 2\int_0^1 t\mathrm{e}^t\,\mathrm{d}t = 2$.

**例 11**　求 $\displaystyle\int_0^{\frac{\pi}{2}} x^2\cos x\,\mathrm{d}x$.

**解：** $\displaystyle\int_0^{\frac{\pi}{2}} x^2\cos x\,\mathrm{d}x = \int_0^{\frac{\pi}{2}} x^2\mathrm{d}(\sin x) = x^2\sin x\Big|_0^{\frac{\pi}{2}} - \int_0^{\frac{\pi}{2}} 2x\sin x\,\mathrm{d}x$

$$= \frac{\pi^2}{4} + 2\int_0^{\frac{\pi}{2}} x\,\mathrm{d}(\cos x) = \frac{\pi^2}{4} + 2x\cos x\Big|_0^{\frac{\pi}{2}} - 2\int_0^{\frac{\pi}{2}} \cos x\,\mathrm{d}x$$

$$= \frac{\pi^2}{4} - 2\sin x\Big|_0^{\frac{\pi}{2}} = \frac{\pi^2}{4} - 2.$$

 小结

本节重点是定积分的计算.

1. 换元积分法（第一类换元，第二类换元）.

2. 分部积分法（确定 $u,v$）.

 课堂练习 5.3

1. $\displaystyle\int_0^\pi x\cos x^2\mathrm{d}x$.

2. 用换元法求 $\displaystyle\int_0^1 \sqrt{1-x^2}\,\mathrm{d}x$.

3. 用分部积分法计算 $\displaystyle\int_0^1 x\mathrm{e}^x\,\mathrm{d}x$.

 习题 5.3

1. 用换元积分法求下列定积分:

(1) $\int_{-2}^{1} \dfrac{\mathrm{d}x}{11+5x}$;

(2) $\int_{\frac{\pi}{6}}^{\frac{\pi}{2}} \cos^2 u \ \mathrm{d}u$;

(3) $\int_{\frac{1}{\sqrt{2}}}^{1} \dfrac{\sqrt{1-x^2}}{x^2} \ \mathrm{d}x$;

(4) $\int_{1}^{4} \dfrac{1}{1+\sqrt{x}} \ \mathrm{d}x$;

(5) $\int_{0}^{1} t \ \mathrm{e}^{-\frac{t^2}{2}} \ \mathrm{d}t$;

(6) $\int_{0}^{\frac{\pi}{2}} \sin x \cos^3 x \ \mathrm{d}x$.

2. 用分部积分法求下列定积分:

(1) $\int_{0}^{1} x \ \mathrm{e}^{-x} \mathrm{d}x$;

(2) $\int_{0}^{\frac{2\pi}{\omega}} t \sin \omega t \ \mathrm{d}t(\omega \ \text{为常数})$;

(3) $\int_{0}^{1} x \ \arctan x \ \mathrm{d}x$;

(4) $\int_{0}^{\frac{\pi}{2}} \mathrm{e}^{2x} \cos \ x \ \mathrm{d}x$;

(5) $\int_{0}^{1} x^2 \ \mathrm{e}^x \mathrm{d}x$;

(6) $\int_{\frac{\pi}{4}}^{\frac{\pi}{3}} \dfrac{x}{\sin^2 x} \ \mathrm{d}x$.

## 第 4 节　定积分的应用

在引入定积分的概念时,我们曾举过求曲边梯形的面积、变速直线运动的路程两个例子,其实在几何上、物理上类似的问题很多,它们都可归结为求某个事物的总量的问题,解决这类问题的思想是定积分的思想,采用的方法就是元素法,本节重点介绍了这种思想和分析方法.

### 4.1 元素法

元素法是对于解决总量具有可加性的应用问题常用的方法,元素法的指导思想是把定积分定义中的四个步骤简化成实用的两步:

第 1 步,无限细分求微元:在 $[a,b]$ 上任取微小区间 $[x,x+\mathrm{d}x]$,求出在这一区间上总量 $Q$ 的部分量 $\Delta Q$ 的近似值 $\mathrm{d}Q = f(x)\mathrm{d}x$;

第 2 步,无限积累求总量,即在 $[a,b]$ 上积分:$Q = \int_{a}^{b} f(x)\mathrm{d}x$.

在具体问题中,关键是找出如面积微元、体积微元等等微元(元素),然后在积分区间上积分(累加).

### 4.2 平面图形的面积

根据定积分的几何意义,由连续曲线 $y = f(x)(f(x) \geqslant 0)$,$x = a$,$x = b$ 以及 $x$ 轴围

成的图形 $A$ 的面积为 $A = \int_a^b f(x)\mathrm{d}x$. 若 $f(x) \leqslant 0$, 则面积为

$$A = -\int_a^b f(x)\mathrm{d}x.$$

现在考虑由两条曲线 $y = f(x)$ 和 $y = g(x)(f(x) \geqslant g(x))$, $x = a$, $x = b$ 以及 $x$ 轴围成的图形 $A$(见图 5-4-1) 的面积, 则无论 $f(x)$, $g(x)$ 在 $x$ 轴的上方还是下方, 只要 $f(x) \geqslant g(x)$, 总有

$$A = \int_a^b \left[ f(x) - g(x) \right]\mathrm{d}x.$$

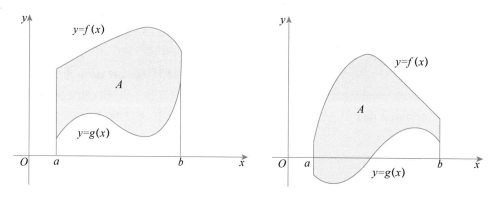

图 5-4-1

如果图形是由曲线 $x = \varphi(y)$ 和 $x = \psi(y)(\varphi(y) \geqslant \psi(y))$, $y = c$, $y = d$ 以及 $y$ 轴围成的(见图 5-4-2), 则图形面积为

$$A = \int_c^d \left[ \varphi(y) - \psi(y) \right]\mathrm{d}y.$$

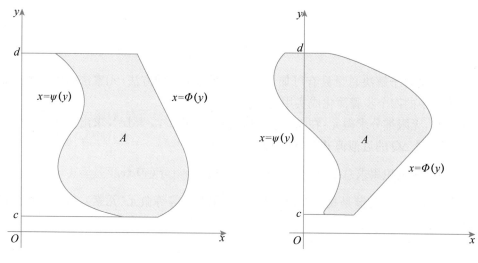

图 5-4-2

**例 1** 求由曲线 $y^2 = x$ 和直线 $y = -x + 2$ 所围成的图形的面积.

**解:** 根据两曲线方程求交点

$$\begin{cases} y^2 = x \\ y = -x + 2 \end{cases},$$

得到 $P(1,1)$，$Q(4, -2)$.

如图 $5-4-3$ 所示，若按照公式 $A = \int_a^b [f(x) - g(x)]\mathrm{d}x$ 计算，所求图形的面积等于

图形 $A_1$ 和 $A_2$ 两部分面积之和，将抛物线方程变形为 $y = \pm \sqrt{x}$，则所求图形的面积为

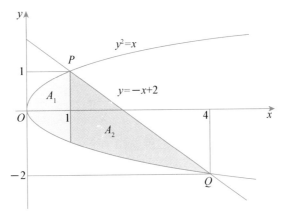

图 $5-4-3$

$$\begin{aligned} A = A_1 + A_2 &= \int_0^1 [\sqrt{x} - (-\sqrt{x})]\mathrm{d}x + \int_1^4 [-x + 2 - (-\sqrt{x})]\mathrm{d}x \\ &= 2\int_0^1 \sqrt{x}\,\mathrm{d}x + \int_1^4 [-x + 2 + \sqrt{x}]\mathrm{d}x \\ &= \frac{4}{3} x^{\frac{3}{2}} \Big|_0^1 + \left(-\frac{x^2}{2} + 2x + \frac{2}{3} x^{\frac{3}{2}}\right) \Big|_1^4 \\ &= \frac{4}{3} + \frac{19}{6} = \frac{9}{2}. \end{aligned}$$

上述计算过程有些烦琐，如将曲线方程写成 $x = y^2$，直线方程写成 $x = -y + 2$，改用

公式计算，则有

$$A = \int_{-2}^1 (-y + 2 - y^2)\mathrm{d}y = \left(-\frac{y^2}{2} + 2y - \frac{y^3}{3}\right) \Big|_{-2}^1 = \frac{9}{2}.$$

**例 2**　求由曲线 $f(x) = -x^2 + 2$ 和 $g(x) = x^2 - 3x$ 所围成的图形的面积.

**解:** 首先由 $\begin{cases} y = -x^2 + 2 \\ y = x^2 - 3x \end{cases}$ 解出两曲线的交点为 $A\left(-\frac{1}{2}, \frac{7}{4}\right)$，$B(2, -2)$，如图 $5-4-4$ 所

示，在 $\left[-\frac{1}{2}, 2\right]$ 之间有 $f(x) \geqslant g(x)$. 于是，所求图形的面积为

$$\begin{aligned} A &= \int_{-\frac{1}{2}}^2 [f(x) - g(x)]\mathrm{d}x \\ &= \int_{-\frac{1}{2}}^2 (-2x^2 + 3x + 2)\mathrm{d}x \\ &= \left(-\frac{2}{3} x^3 + \frac{3}{2} x^2 + 2x\right) \Big|_{-\frac{1}{2}}^2 = \frac{125}{24}. \end{aligned}$$

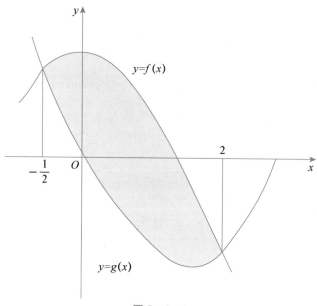

图 5 - 4 - 4

**例3**　求椭圆 $\dfrac{x^2}{a^2}+\dfrac{y^2}{b^2}=1$ 的面积.

**解:**由椭圆方程可得 $y=\pm\dfrac{b}{a}\sqrt{a^2-x^2}$,其中 $y$ 取正负号分别为上下半椭圆的方程,由于椭圆的对称性只要计算它在第一象限的面积 $S$,如图 5 - 4 - 5 所示,椭圆面积为

$$A=4S=\frac{4b}{a}\int_0^a\sqrt{a^2-x^2}\ \mathrm{d}x.$$

在第 3 节例 5 已经求出 $\displaystyle\int_0^a\sqrt{a^2-x^2}\ \mathrm{d}x=\frac{\pi a^2}{4}$,代入上式得

$$A=\frac{4b}{a}\cdot\frac{\pi a^2}{4}=\pi ab.$$

椭圆的面积为其长、短半轴长乘积的 $\pi$ 倍. 当 $b=a$ 时,则为圆面积 $A=\pi a^2$.

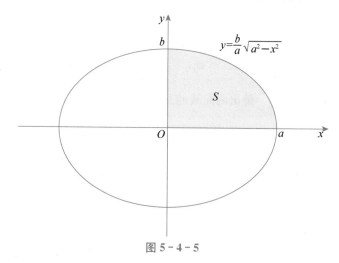

图 5 - 4 - 5

以上例题可总结出求由若干条曲线围成的平面图形面积的步骤:

(1)画草图:在平面直角坐标系中,画出有关曲线,确定各曲线所围成的平面区域;

(2)求各曲线交点的坐标:求解每两条曲线方程所构成的方程组,得到各交点的坐标;

(3)求面积:利用 $A = \int_a^b [f(x) - g(x)]\mathrm{d}x$ 或 $A = \int_c^d [\varphi(y) - \psi(y)]\mathrm{d}y$,适当地选择积分变量,确定积分的上、下限,列式计算出平面图形面积.

## 4.3 求立体的体积

**1. 平行截面面积为已知的立体的体积**

设一立体夹在垂直于 $x$ 轴的两平面 $x = a$ 与 $x = b$ 之间 $(a < b)$(见图 5-4-6),若在任意一点 $x \in [a, b]$ 作垂直于 $x$ 轴的平面,截得的截面面积是 $x$ 的函数,记为 $A(x)$,求体积 $V$.

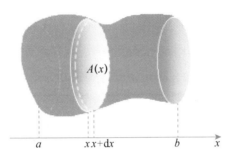

图 5-4-6

取 $x$ 为积分变量,积分区间为 $[a, b]$,在 $[a, b]$ 上任取一微小区间 $[x, x + \mathrm{d}x]$,立体中相应于小区间上的一薄片体积近似于底面积为 $A(x)$、高为 $\mathrm{d}x$ 的柱体体积,即

体积元素为 $\mathrm{d}V = A(x)\mathrm{d}x$,

所求立体的体积为 $V = \int_a^b A(x)\mathrm{d}x$.

**2. 旋转体的体积**

设曲边梯形由 $y = f(x)(f(x) \geqslant 0)$,$y = 0$ 及 $x = a$,$x = b(a < b)$ 围成,求它绕 $x$ 轴旋转一周而成的体积(见图 5-4-7).

由于垂直于 $x$ 轴的旋转体是一个以 $y$ 为半径的圆,所以截面面积

$$A(x) = \pi y^2 = \pi f^2(x),$$

所以由上面公式得旋转体积为:

$$V = \pi \int_a^b [f(x)]^2 \mathrm{d}x.$$

同理,曲线段 $x = \varphi(y)(c \leqslant y \leqslant d)$ 所围曲边梯形(见图 5-4-8)绕 $y$ 轴旋转所得旋

转体的体积公式

$$V = \pi \int_c^d \left[ \varphi(y) \right]^2 \mathrm{d}y.$$

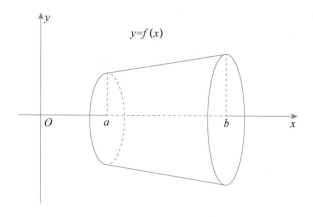

图 5-4-7

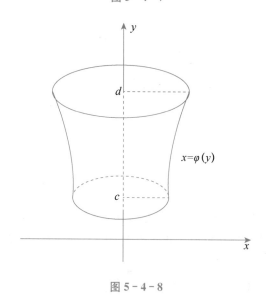

图 5-4-8

**例 4**　计算由 $y=\sqrt{x}, y=1, y$ 轴围成的图形分别绕 $y$ 轴及 $x$ 轴旋转所生成的立体体积.

**解:**(1)绕 $y$ 轴旋转,如图 5-4-9 所示.

$$V = \pi \int_0^1 x^2(y) \mathrm{d}y = \pi \int_0^1 y^4 \mathrm{d}y = \pi \frac{y^5}{5} \bigg|_0^1 = \frac{\pi}{5}.$$

(2)绕 $x$ 轴旋转,如图 5-4-10 所示.

$$V = \pi \int_0^1 (1^2 - y^2(x)) \mathrm{d}x = \pi \int_0^1 (1-x) \mathrm{d}x = \pi \left( x - \frac{x^2}{2} \right) \bigg|_0^1 = \frac{\pi}{2}.$$

**例 5**　求圆 $x^2 + (y-2)^2 = 4$ 绕 $x$ 轴旋转一周而成的立体体积.

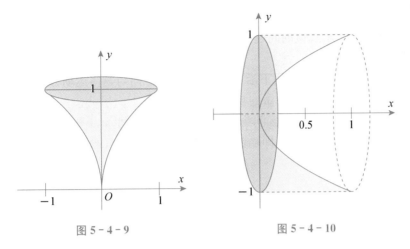

图 5 - 4 - 9　　　　　　　　　图 5 - 4 - 10

**解:** 图 5 - 4 - 11 给出了旋转体的截面图,设由 $y = 2 + \sqrt{4 - x^2}$ 绕 $x$ 轴旋转一周而成的立体体积为 $V_1$,由 $y = 2 - \sqrt{4 - x^2}$ 绕 $x$ 轴旋转一周而成的立体体积为 $V_2$,则待求体积

$$
\begin{aligned}
V = V_1 - V_2 &= \pi \int_{-2}^{2} (2 + \sqrt{4 - x^2})^2 \, \mathrm{d}x - \pi \int_{-2}^{2} (2 - \sqrt{4 - x^2})^2 \, \mathrm{d}x \\
&= \pi \int_{-2}^{2} \left[ (2 + \sqrt{4 - x^2})^2 - (2 - \sqrt{4 - x^2})^2 \right] \mathrm{d}x \\
&= 16\pi \int_{0}^{2} \sqrt{4 - x^2} \, \mathrm{d}x \\
&= 64\pi \int_{0}^{\frac{\pi}{2}} \cos^2 t \, \mathrm{d}t \\
&= 32\pi \left( \int_{0}^{\frac{\pi}{2}} \mathrm{d}t + \int_{0}^{\frac{\pi}{2}} \cos 2t \, \mathrm{d}t \right) = 16\pi^2.
\end{aligned}
$$

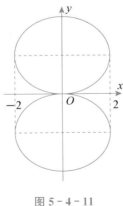

图 5 - 4 - 11

## 4.4 变力做功

由物理学可知,如果物体在做直线运动的过程中有一个不变的力 $\boldsymbol{F}$ 作用在这物体上,且力的方向与物体运动的方向一致,那么当物体移动了位移 $s$ 时,力 $\boldsymbol{F}$ 对物体所做的功为

$W = F \cdot s$,如果物体在运动过程中所受到的作用力是变化的,那么就不能简单地按此公式来求,因为这也是一个求总量的问题,它满足元素法应用的条件,因此我们用元素法来计算变力对物体所做的功.

设物体在力 $F = f(x)$ 的作用下沿直线运动,力的方向与物体运动方向一致,求物体从 $a$ 点运动到 $b$ 点时变力 $F$ 对其所做的功.

以 $x$ 为积分变量,它的变化区间为 $[a, b]$,在任一小区间 $[x, x + \mathrm{d}x]$ 上,变力 $F$ 所做的功 $\Delta W$ 可用 $F \mathrm{d}x$ 作它的近似值,即功的元素为 $\mathrm{d}W = F \mathrm{d}x = f(x) \mathrm{d}x$,从而所做的功为

$$W = \int_a^b f(x) \mathrm{d}x.$$

**例 6** 设空气压缩机的活塞面积为 $A$,在等温的压缩过程中,活塞由 $x_1$ 处(此时气体体积为 $V_1 = A x_1$)压缩到 $x_2$ 处($x_2 < x_1$,此时气体体积为 $V_2 = A x_2$),求空压机在这段压缩过程中消耗的功(见图 5 - 4 - 12).

**解:** 对任意的 $x \in [x_1, x_2]$,在点 $x$ 处,气体体积为

图 5 - 4 - 12

$V = A x$,从而活塞面上单位面积的压强为 $p = \dfrac{c}{V} = \dfrac{c}{A x}$($c$ 为常数).而活塞面上的总压力为 $F(x) = p A = \dfrac{c}{x}$,于是在点 $x$ 处空压机消耗的功微元为

$$\mathrm{d}W = -\frac{c}{x} \mathrm{d}x,$$

于是,活塞由 $x_1$ 压缩到 $x_2$ 所消耗的功为

$$W = \int_{x_1}^{x_2} \mathrm{d}W = -\int_{x_1}^{x_2} \frac{c}{x} \mathrm{d}x = -c \ln x \Big|_{x_1}^{x_2} = c(\ln x_1 - \ln x_2).$$

小结

求平面图形的面积.

求旋转体的体积.

课堂练习 5.4

求曲线 $y = \mathrm{e}^x$,直线 $x = 0$,$x = 1$ 及 $y = 0$ 所围成的平面图形的面积.

习题 5.4

1. 求曲线 $y = x^2$ 与 $y = \sqrt{x}$ 所围成的图形的面积.

2. 求曲线 $x = y^2$ 与直线 $y = x$ 所围成的图形的面积.

3. 求曲线 $y = \mathrm{e}^x$,$y = \mathrm{e}^{-x}$ 与直线 $x = 1$ 所围成的图形的面积.

4. 求由抛物线 $y^2 = 4ax$ 及直线 $x = x_0 (x_0 > 0)$ 所围成的图形绕 $x$ 轴旋转所形成的旋转

体的体积.

5.求由抛物线 $y=x^2$ 及 $x=y^2$ 所围成的图形绕 $y$ 轴旋转所形成的旋转体的体积.

 总 习 题 ⑤

一、填空题

1. $\int_0^1 \sqrt{2x}\, \mathrm{d}x = $ ＿＿＿＿.

2. 函数 $F(x) = \int_1^x \left(2 - \dfrac{1}{\sqrt{t}}\right) \mathrm{d}t\ (x > 0)$ 的单调减少区间为＿＿＿＿.

3. $\int_{-\frac{\pi}{2}}^{\frac{\pi}{2}} (x^3 + \sin^2 x)\cos^2 x\, \mathrm{d}x = $ ＿＿＿＿.

4. 已知 $f(2x) = x\,\mathrm{e}^x$,则 $\int_{-1}^1 |f(x)|\, \mathrm{d}x = $ ＿＿＿＿.

二、选择题

1. 设 $f(x)$ 连续,则 $\dfrac{\mathrm{d}}{\mathrm{d}x} \int_0^x t f(x^2 - t^2)\, \mathrm{d}t = ($ 　　 $)$.

A. $-1 + \cos x$ 　　　　　　　 B. $xf(x^2)$

C. $2xf(x^2)$ 　　　　　　　 D. $-2xf(x^2)$

2. 要使函数 $I(x) = \int_0^x t\mathrm{e}^{-t^2}\, \mathrm{d}t$ 有极限,$x$ 必为( 　　 ).

A. $x = 1$ 　　　　　　　 B. $x = 2$

C. $x = -1$ 　　　　　　　 D. $x = 0$

3. $\int_1^2 \left(x + \dfrac{1}{x}\right)^2 \mathrm{d}x = ($ 　　 $)$.

A. $29/6$ 　　　　　　　 B. $53/12$

C. $23/6$ 　　　　　　　 D. $41/12$

4. $\int_0^\pi x\sin x\, \mathrm{d}x = ($ 　　 $)$.

A. $2\pi - 1$ 　　　　　　　 B. $3\pi$

C. $3\pi - 1$ 　　　　　　　 D. $\pi$

5. 设 $f(x)$ 在 $[-a, a]$ 连续且为偶函数,$\varphi(x) = \int_0^x f(t)\, \mathrm{d}t$,则 $\varphi(x)($ 　　 $)$.

A. 是奇函数 　　　　　　　 B. 是非奇、非偶函数

C. 是偶函数 　　　　　　　 D. 可能是奇函数,也有可能是偶函数.

三、求定积分

1. $\int_0^\pi \sqrt{\sin\theta - \sin^3\theta}\, \mathrm{d}\theta$.

2. $\int_0^{\frac{1}{\sqrt{3}}} \dfrac{1}{(1 + 5x^2)\sqrt{1 + x^2}}\, \mathrm{d}x$.

3. 已知 $f(2) = \dfrac{1}{2}, f'(2) = 0$ 及 $\displaystyle\int_0^2 f(x)\mathrm{d}x = 1$,求 $\displaystyle\int_0^1 x^2 f''(2x)\mathrm{d}x$.

4. 设函数 $f(x)$ 在 $(-\infty, +\infty)$ 内满足 $f(x) = f(x-\pi) + \sin x$,且 $f(x) = x, x \in [0, \pi)$,计算 $\displaystyle\int_\pi^{3\pi} f(x)\mathrm{d}x$.

5. 设 $f(x) = \displaystyle\int_0^x \dfrac{\sin t}{\pi - t}\mathrm{d}t$,计算 $\displaystyle\int_0^\pi f(x)\mathrm{d}x$.

6. 计算 $\displaystyle\int_0^{\frac{1}{2}} \arcsin x\,\mathrm{d}x$.

7. $\displaystyle\int_0^{\frac{\pi}{2}} \dfrac{\sin x}{\sin x + \cos x}\mathrm{d}x$.

四、应用题

1. 求曲线 $x = y^2$,直线 $y = x - 2$ 所围成的平面图形的面积.

2. 求由 $y = x^3, y = 8$ 及 $y$ 轴所围成的曲边梯形绕 $y$ 轴旋转一周而成的立体的体积.

第 **6** 章

# 常微分方程

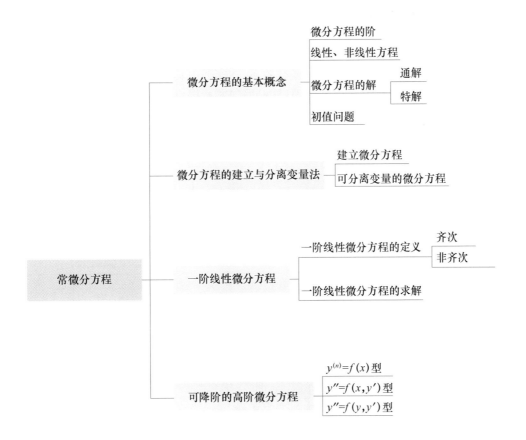

对简单实际问题能够建立微分方程,会求解可分离变量方程、一阶线性微分方程、可降阶的微分方程.

◆ 理解微分方程的定义,理解微分方程的阶、解、通解、初始条件和特解.
◆ 掌握可分离变量方程的解法.
◆ 掌握一阶线性微分方程的解法.
◆ 会用降阶法解 $y''=f(x,y')$,$y''=f(y,y')$ 型方程.

◆ 教学重点:微分方程的定义,微分方程的阶、解、通解、初始条件和特解,可分离变量方程,一阶线性微分方程,可降阶的高阶微分方程.
◆ 教学难点:可降阶的高阶微分方程.

函数是客观事物的内部联系在数量方面的反映,利用函数关系可以对客观事物的规律性进行研究. 因此如何寻找出所需要的函数关系,在实践中具有重要意义. 在许多问题中,往往不能直接找出所需要的函数关系,但是根据问题所提供的情况,有时可以列出含有要找的函数及其导数的关系式. 这样的关系式就是微分方程. 微分方程建立以后,对它进行研究,找出未知函数来,这就是解微分方程. 本章主要介绍微分方程的一些基本概念和几种常用的微分方程的解法.

## 第1节 微分方程的基本概念

### 1.1 引例

**例 1** 一曲线通过点 $(1,2)$,且在该曲线上任一点 $M(x,y)$ 处的切线的斜率为 $2x$,求这曲线的方程.

**解:** 设所求曲线的方程为 $y=y(x)$. 根据导数的几何意义,可知未知函数 $y=y(x)$ 应满足关系式

$$\frac{\mathrm{d}y}{\mathrm{d}x}=2x. \tag{1}$$

把(1)式两端积分,得

$$y=\int 2x\mathrm{d}x,\text{即 } y=x^2+C, \tag{2}$$

其中 $C$ 是任意常数.

此外,未知函数 $y=y(x)$ 过点 $(1,2)$,即 $x=1$ 时,$y=2$.代入(2)式,得
$$2=1+C,$$
由此得出 $C=1$. 把 $C=1$ 代入(2)式,得所求曲线方程为
$$y=x^2+1.$$

**例 2**　列车在平直线路上以 20 m/s(相当于 72 km/h)的速度行驶;当制动时列车获得加速度 $-0.4$ m/s$^2$. 问开始制动后多长时间列车才能停住,以及列车在这段时间里行驶了多少路程?

**解**:设列车在开始制动后 $t$ 秒时行驶了 $s$ 米. 根据题意,反映制动阶段列车运动规律的函数 $s=s(t)$ 应满足关系式
$$\frac{\mathrm{d}^2 s}{\mathrm{d}t^2}=-0.4. \tag{3}$$

把(3)式两端积分一次,得
$$v=\frac{\mathrm{d}s}{\mathrm{d}t}=-0.4t+C_1; \tag{4}$$

再积分一次,得
$$s=-0.2t^2+C_1t+C_2, \tag{5}$$
这里 $C_1,C_2$ 都是任意常数.

此外,未知函数 $s=s(t)$ 还应满足下列条件:
$$t=0 \text{ 时},s=0,v=\frac{\mathrm{d}s}{\mathrm{d}t}=20.$$

把条件 $t=0$ 时,$v=20$ 代入(4)得　　$20=C_1$;
把条件 $t=0$ 时,$s=0$ 代入(5)得　　$0=C_2$.
因此
$$v=-0.4t+20, \tag{6}$$
$$s=-0.2t^2+20t. \tag{7}$$

在(6)式中令 $v=0$,得到列车从开始制动到完全停住所需的时间
$$t=\frac{20}{0.4}=50(\mathrm{s}).$$

再把 $t=50$ 代入(7),得到列车在制动阶段行驶的路程
$$s=-0.2\times 50^2+20\times 50=500(\mathrm{m}).$$

## 1.2 微分方程的相关概念

### 1.2.1 微分方程的定义

从第 1 节两个例子出发,进一步归纳和抽象,我们就可以得出与常微分方程有关的一

些基本概念. 一般地,含有未知函数、未知函数的导数与自变量之间关系的方程,称为**微分方程**. 如果未知函数是一元函数,则其满足的微分方程称为**常微分方程**.

例如,$\dfrac{\mathrm{d}x}{\mathrm{d}y}=x+y$ 和 $\dfrac{\mathrm{d}^2 y}{\mathrm{d}x^2}=x$ 是常微分方程.

微分方程中未知函数的最高阶导数的阶数,称为**微分方程式的阶**.

一阶微分方程的一般形式为
$$F(x,y,y')=0.$$
例如,$(y')^2+x^3 y^5-x^4=0,x\left(\dfrac{\mathrm{d}y}{\mathrm{d}x}\right)^2-2y\dfrac{\mathrm{d}y}{\mathrm{d}x}+x=0$ 都是一阶微分方程.

二阶微分方程的一般形式为
$$F(x,y,y',y'')=0.$$
例如,$\dfrac{\mathrm{d}^2 y}{\mathrm{d}x^2}-2y\dfrac{\mathrm{d}y}{\mathrm{d}x}+\sin x=0,(y'')^2=k^2(2+y'2)^3$ 都是二阶微分方程.

类似可写出 $n$ 阶微分方程的一般形式
$$F(x,y,y',y'',\cdots,y^{(n)})=0.$$
其中 $F$ 是 $n+2$ 个变量的函数. 这里必须指出,在方程 $F(x,y,y',y'',\cdots,y^{(n)})=0$ 中,$y^{(n)}$ 必须出现,而 $x,y,y',y'',\cdots,y^{(n-1)}$ 等可以不出现. 例如 $y^{(n)}=f(x)$ 也是 $n$ 阶微分方程.

### 1.2.2 微分方程的解

能够满足微分方程的函数都称为**微分方程的解**. 求微分方程的解的过程,称为**解微分方程**.

例如,函数 $\dfrac{1}{6}x^3$ 是微分方程 $\dfrac{\mathrm{d}^2 y}{\mathrm{d}x^2}=x$ 的解.

如果微分方程的解中含有相互独立的任意常数,且任意常数的个数与微分方程的阶数相同,这样的解称为**微分方程的通解**. 通解即为在一定范围内方程的所有解的一个共同表达式.

例如,$y=\dfrac{1}{6}x^3+C_1 x+C_2$ 是微分方程 $\dfrac{\mathrm{d}^2 y}{\mathrm{d}x^2}=x$ 的通解.

在通解中,利用附加条件确定任意常数的取值,所得的解称为该微分方程的特解,这种附加条件称为**初始条件**,例如微分方程 $\dfrac{\mathrm{d}^2 y}{\mathrm{d}x^2}=x$,初始条件 $y(0)=1,y'(0)=2$,则满足初始条件的特解为 $y=\dfrac{1}{6}x^3+2x+1$.

求解带有初始条件的微分方程称为微分方程的初值问题.

微分方程的通解不一定包含所有的解,不在通解中的解称为**奇解**.

由于微分方程的解是通过积分而获得的,所以我们也把微分方程的解称为微分方程的**积分曲线**,把通解称为微分方程的**积分曲线簇**.

如果微分方程中关于未知函数及其导数 $x(t),x'(t),x''(t),\cdots,x^{(n)}(t)$ 是一次有理整式,则称方程是**线性的**,称它是 $n$ 阶线性微分方程,一般形式为:
$$x^{(n)}(t)+a_1(t)x^{(n-1)}(t)+\cdots+a_{n-1}(t)x'(t)+a_n(t)x(t)=f(t).$$

如果 $f(t) \equiv 0$,则称为 $n$ 阶**线性齐次方程**;否则称为**线性非齐次方程**,这时称 $f(t)$ 为线性方程的**非齐次项**.

如果微分方程不是线性的微分方程,则称为**非线性微分方程**.

 小结

*微分方程的引入.*
*微分方程的定义.*
*微分方程解的概念.*

 课堂练习 6.1

1.指出下列微分方程的阶数

(1) $y'' + 3y' - 2y = e^{x^2}$;

(2) $\left(\dfrac{dy}{dx}\right)^2 + \left(\dfrac{dy}{dx}\right)^3 + xy = 1 + x^2$.

2.验证下列函数(其中 $C$ 为任意常数)是否是相应的微分方程的解,是通解还是特解:

(1) $x y' = 2y : y = C x^2, y = x^2$;

(2) $\dfrac{dy}{dx} = 2y : y = e^x, y = Ce^{2x}$.

 习题 6.1

1.质量为 $m$ 的物体自由落下,$t=0$ 时,初始位移和初速度分别为 $S_0$ 和 $v_0$,求物体的运动规律.

2.验证:函数 $x = C_1 \cos at + C_2 \sin at$ 是微分方程

$$\frac{d^2 x}{dt^2} + a^2 x = 0$$

的通解.

## 第2节　微分方程的建立与分离变量法

现实生活中的很多实际问题的模型是微分方程模型,第 1 节的引例 1 和引例 2 已经建立了几个微分方程,我们再通过下面两个实例深入体会如何建立微分方程以及如何求解它们.

### 2.1　建立微分方程

建立微分方程属于构建数学模型的范畴,微分方程往往可以看作是各种不同物理或工程现象的数学模型.建立微分方程的基本思想是,把研究的问题中已知函数和未知函数之间的关系找出来,从列出的包含未知函数的一个或几个方程中去求得未知函数的表达式.

我们在建立微分方程的时候,只能考虑影响这个物理现象的一些主要因素,而把其他的一些次要因素忽略掉,这样我们所得到的微分方程,它的解与所考虑的物理现象是比较接近的.

**例 1** 放射性元素铀由于不断有原子放射出微粒子变成其他元素,铀的含量就不断减少,这种现象叫作衰变.由原子物理学知道,铀的衰变速率与当时未衰变的原子的含量 $M$ 成正比.已知 $t=0$ 时铀的含量为 $M_0$,求在衰变过程中铀的含量 $M(t)$ 随时间 $t$ 变化的规律.

**解**:铀的衰变速率就是铀的含量 $M(t)$ 对于时间的变化率,即 $\frac{\mathrm{d}M}{\mathrm{d}t}$.由于铀的衰变速率与其含量成正比,设比例常数为 $\lambda$($\lambda>0$ 为衰变系数),故有

$$\frac{\mathrm{d}M}{\mathrm{d}t}=-\lambda M.$$

这是一个一阶微分方程,其中等式右边的负号是由于在衰变过程中 $M(t)$ 是单调减少的,从而有 $\frac{\mathrm{d}M}{\mathrm{d}t}<0$ 的缘故.

根据题意,初值条件为 $M|_{t=0}=M_0$.

**例 2(Malthus 人口模型)** 两百多年前英国人口学家 Malthus 调查了英国人口统计资料,得出了人口增长率 $r$ 不变的假设,记时刻 $t$ 的人口为 $x(t)$,初始时刻人口数量为 $x_0$,试确定人口随时间变化的微分方程.

**解**:由假设,$t$ 时刻到 $t+\Delta t$ 时刻人口的增量为

$$x(t+\Delta t)-x(t)=x(t)r\Delta t.$$

由泰勒展开式得

$$x(t+\Delta t)-x(t)\approx\frac{\mathrm{d}x}{\mathrm{d}t}\Delta t.$$

于是可以得到近似模型:

$$\frac{\mathrm{d}x}{\mathrm{d}t}=rx,x(0)=x_0.$$

这是一个一阶线性微分方程初值问题.

**例 3** 研究悬挂重物的弹簧的振动.假设弹簧的质量与重物的质量相比是很小的,可以略去不计,试建立微分方程来描述弹簧的振动情况.

**解**:如图 6-2-1 所示,当质量为 $m$ 的重物静止不动时,它所受到的两个力,即重力 $mg$ 和弹簧的恢复力,互相平衡.如果把它向下拉(或向上推)一小段距离 $y$,然后放手.根据常识,知道重物将作上下振荡若干次,振幅愈来愈小,最后仍归于静止.今取 $y$ 轴的正方向铅直向下,取重物静止不动时其重心的位置为 $y=0$.在振动过程中,重物受到三个力的作用:

(1)重力 $mg$,方向向下;

（2）弹簧的恢复力 $mg+cy$，其中 $c>0$ 是弹簧的刚度，即把它拉长一个单位长度所需用的力. 这个力的方向要看 $mg+cy>0$ 还是 $mg+cy<0$ 而定. 在前一情况，弹簧的长度比没有悬挂重物时要长，因此恢复力方向向上；在后一情况则相反，恢复力向下；

（3）空气阻力. 根据实验知道空气阻力的大小与重物运动的速度成正比，而方向与运动方向相反. 这样，应用牛顿第二定律，得

$$m\frac{\mathrm{d}^2 y}{\mathrm{d}t^2} = mg - (mg+cy) - a\frac{\mathrm{d}y}{\mathrm{d}t},$$

即

$$m\frac{\mathrm{d}^2 y}{\mathrm{d}t^2} = -cy - a\frac{\mathrm{d}y}{\mathrm{d}t}$$

或

$$m\frac{\mathrm{d}^2 y}{\mathrm{d}t^2} + a\frac{\mathrm{d}y}{\mathrm{d}t} + cy = 0,$$

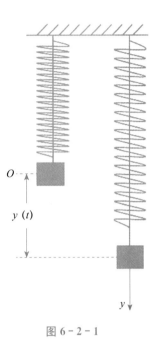

图 6-2-1

其中 $a>0$ 称为阻尼系数. 因此，这是一个二阶线性齐次方程.

## 2.2 可分离变量的微分方程

形如 $\frac{\mathrm{d}y}{\mathrm{d}x} = f(x)g(y)$ 称为**可分离变量的微分方程**，其特点是方程的右端可分离为只含 $x$ 的函数 $f(x)$ 与只含 $y$ 的函数 $g(y)$ 的乘积.

要解这类方程，先把原方程化为 $\frac{1}{g(y)}\mathrm{d}y = f(x)\mathrm{d}x$ 式的形式，称为**分离变量**，再对其两边积分，得

$$\int \frac{1}{g(y)}\mathrm{d}y = \int f(x)\mathrm{d}x,$$

便可得到所求的通解.

如果需要求其特解，可将初始条件

$$y\,|_{x=x_0} = y_0$$

代入通解中定出任意常数 $C$ 的值，即可得到相应的特解.

**例 4**  求解微分方程

$$\frac{\mathrm{d}y}{\mathrm{d}x} = 2xy.$$

**解**：原微分方程可以分离变量，分离变量后得

$$\frac{1}{y}\mathrm{d}y = 2x\mathrm{d}x.$$

两边积分，得

$$\ln|y| = x^2 + C_1,$$

即
$$|y| = e^{x^2+C_1} = e^{C_1} \cdot e^{x^2},$$

$$y = \pm e^{C_1} \cdot e^{x^2}.$$

因为 $\pm e^{C_1}$ 仍是任意常数,把它记作 $C$,便得原方程的通解为

$$y = Ce^{x^2}.$$

以后为了运算方便起见,把 $\ln|y|$ 写成 $\ln y$,以上解答过程简写为:

$$\ln y = x^2 + \ln C.$$

$$y = Ce^{x^2}.$$

只要记住最后得到的任意常数 $C$ 可正可负即可.

**例5** 求微分方程

$$(1+y^2)dx - xy(1+x^2)dy = 0$$

满足初始条件 $y|_{x=1} = 2$ 的特解.

**解:** 分离变量,得

$$\frac{y}{1+y^2}dy = \frac{1}{x(1+x^2)}dx.$$

即

$$\frac{y}{1+y^2}dy = \left(\frac{1}{x} - \frac{x}{1+x^2}\right)dx.$$

两边积分,得

$$\frac{1}{2}\ln(1+y^2) = \ln x - \frac{1}{2}\ln(1+x^2) + \frac{1}{2}\ln C.$$

即
$$\ln(1+x^2)(1+y^2) = \ln(Cx^2).$$

因此,通解为

$$(1+x^2)(1+y^2) = Cx^2.$$

这里 $C$ 为任意常数.

把初始条件 $y(1)=2$ 代入通解,可得 $C=10$. 于是,所求特解为

$$(1+x^2)(1+y^2) = 10x^2.$$

**例6** 求解例1中的初值问题. 在给定时刻 $t$,镭的衰变速率(质量减少的即时速度)与镭的现存量 $M=M(t)$ 成正比. 又当 $t=0$ 时,$M=M_0$. 求镭的存量与时间 $t$ 的函数关系.

**解:** 依题意,有 $\dfrac{dM(t)}{dt} = -kM(t), k>0$. 并满足初始条件 $M|_{t=0} = M_0$.

这个微分方程是可分离变量的,分离变量后得

$$\frac{dM}{M} = -kdt.$$

两边积分,得

$$\ln M = -kt + \ln C.$$

即

$$M = Ce^{-kt}.$$

将初始条件 $M|_{t=0} = M_0$ 代入上式,得 $C=M_0$,故镭的衰变规律可表示为

$$M = M_0\, \mathrm{e}^{-kt}.$$

**例 7** 求微分方程 $f(xy)y\,\mathrm{d}x + g(xy)x\,\mathrm{d}y = 0$ 的通解.

**解**：令 $u = xy$，则 $\mathrm{d}u = x\,\mathrm{d}y + y\,\mathrm{d}x$，方程 $f(xy)y\,\mathrm{d}x + g(xy)x\,\mathrm{d}y = 0$ 转化为

$$f(u)y\,\mathrm{d}x + g(u)(\mathrm{d}u - y\,\mathrm{d}x) = 0,$$

$$\left[f(u) - g(u)\right] \cdot \frac{u}{x} \cdot \mathrm{d}x + g(u)\,\mathrm{d}u = 0,$$

分离变量得

$$\frac{\mathrm{d}x}{x} + \frac{g(u)}{u\left[f(u) - g(u)\right]}\,\mathrm{d}u = 0.$$

所以，通解为 $\ln|x| + \displaystyle\int \frac{g(u)}{u\left[f(u) - g(u)\right]}\,\mathrm{d}u = C.$

**例 8** 求解微分方程 $\dfrac{\mathrm{d}y}{\mathrm{d}x} + \cos\dfrac{x - y}{2} = \cos\dfrac{x + y}{2}.$

**解**：$\dfrac{\mathrm{d}y}{\mathrm{d}x} + \cos\dfrac{x - y}{2} - \cos\dfrac{x + y}{2} = 0$，应用三角公式，

$$\frac{\mathrm{d}y}{\mathrm{d}x} + 2\sin\frac{x}{2}\sin\frac{y}{2} = 0,$$

分离变量得

$$\int \frac{\mathrm{d}y}{2\sin\dfrac{y}{2}} = -\int \sin\frac{x}{2}\,\mathrm{d}x,$$

所以，通解为 $\ln\left|\csc\dfrac{y}{2} - \cot\dfrac{y}{2}\right| = 2\cos\dfrac{x}{2} + C.$

在求解微分方程时，一般都会遇到求解不定积分，而有些不定积分虽然是存在的，却不能用初等函数表达所求的结果，通常称为"积不出"。因此，并非所有的微分方程都能求出精确解，我们只能求解一些特殊的微分方程，如可分离变量的微分方程等等。微分方程的应用广泛，数学家提出了许多求微分方程数值（近似解）的方法，在实际应用中发挥了很大作用。

 小结

微分方程的建立.
求解可分离变量的微分方程.

 课堂练习 6.2

1. 求解 Malthus 人口模型 $\begin{cases} \dfrac{\mathrm{d}x}{\mathrm{d}t} = rx\,(r > 0) \\ x(t_0) = x_0 \end{cases}$.

2. 求微分方程 $y' = \dfrac{y}{y + x}$ 的通解.

习题 6.2

1. 某校 2005 年招生人数为 5 000 人，如果该校能保持每年 3% 的相对增长率，问到 2020 年的招生情况如何？试建立微分方程并求解之.

2. 求微分方程 $xy\,\mathrm{d}y + \mathrm{d}x = y^2\,\mathrm{d}x + y\,\mathrm{d}y$ 满足条件 $y|_{x=0} = 2$ 的特解.

3. 求解 $\dfrac{\mathrm{d}y}{\mathrm{d}x} = \dfrac{1+y^2}{xy+x^3y}$.

# 第 3 节 一阶线性微分方程

## 3.1 一阶线性微分方程的定义

方程 $\dfrac{\mathrm{d}y}{\mathrm{d}x} + P(x)y = Q(x)$ 叫作**一阶线性微分方程**.

如果 $Q(x) \equiv 0$，则方程称为**齐次线性方程**，否则方程称为**非齐次线性方程**.

方程 $\dfrac{\mathrm{d}y}{\mathrm{d}x} + P(x)y = 0$ 叫作对应于非齐次线性方程 $\dfrac{\mathrm{d}y}{\mathrm{d}x} + P(x)y = Q(x)$ 的齐次线性方程.

**例 1** 下列方程各是什么类型方程？

(1) $(x-2)\dfrac{\mathrm{d}y}{\mathrm{d}x} = y \Rightarrow \dfrac{\mathrm{d}y}{\mathrm{d}x} - \dfrac{1}{x-2}y = 0$ 是齐次线性方程.

(2) $3x^2 + 5x - y' = 0 \Rightarrow y' = 3x^2 + 5x$ 是非齐次线性方程.

(3) $y' + y\cos x = \mathrm{e}^{-\sin x}$ 是非齐次线性方程.

(4) $\dfrac{\mathrm{d}y}{\mathrm{d}x} = 10^{x+y}$ 不是线性方程.

(5) $(y+1)^2\dfrac{\mathrm{d}y}{\mathrm{d}x} + x^3 = 0 \Rightarrow \dfrac{\mathrm{d}y}{\mathrm{d}x} - \dfrac{x^3}{(y+1)^2} = 0 \Rightarrow \dfrac{\mathrm{d}x}{\mathrm{d}y} - \dfrac{(y+1)^2}{x^3} = 0$ 不是线性方程.

## 3.2 一阶线性微分方程的求解

### 3.2.1 齐次线性微分方程的解法

齐次线性微分方程 $\dfrac{\mathrm{d}y}{\mathrm{d}x} + P(x)y = 0$ 是变量可分离方程. 分离变量后得

$$\frac{\mathrm{d}y}{y} = -P(x)\,\mathrm{d}x,$$

两边积分,得

$$\ln |y| = -\int P(x)\mathrm{d}x + C_1,$$

或

$$y = C\,\mathrm{e}^{-\int P(x)\mathrm{d}x}(C = \pm\,\mathrm{e}^{C_1}), \tag{1}$$

这就是齐次线性微分方程的通解(注意:应用公式(1)时,公式中的 $\int P(x)\mathrm{d}x$ 计算结果不再包含常数项.).

**例 2**　求微分方程 $(x-2)\dfrac{\mathrm{d}y}{\mathrm{d}x} = y$ 的通解.

**解:** 这是齐次线性微分方程,分离变量得

$$\frac{\mathrm{d}y}{y} = \frac{\mathrm{d}x}{x-2},$$

两边积分得

$$\ln |y| = \ln |x-2| + \ln C,$$

方程的通解为

$$y = C(x-2).$$

### 3.2.2　非齐次线性微分方程的解法

可以应用如下的**常数变易法**求非齐次线性微分方程的通解. 将齐次线性微分方程通解公式(1)中的常数 $C$ 换成 $x$ 的未知函数 $u(x)$,并把

$$y = u(x)\,\mathrm{e}^{-\int P(x)\mathrm{d}x}$$

作为对应的非齐次线性微分方程的通解,代入非齐次线性微分方程求得

$$u'(x)\,\mathrm{e}^{-\int P(x)\mathrm{d}x} - u(x)\,\mathrm{e}^{-\int P(x)\mathrm{d}x}P(x) + P(x)u(x)\,\mathrm{e}^{-\int P(x)\mathrm{d}x} = Q(x),$$

化简得

$$u'(x) = Q(x)\,\mathrm{e}^{\int P(x)\mathrm{d}x},$$

$$u(x) = \int Q(x)\,\mathrm{e}^{\int P(x)\mathrm{d}x}\mathrm{d}x + C,$$

于是非齐次线性微分方程的通解为

$$y = \mathrm{e}^{-\int P(x)\mathrm{d}x}\Big[\int Q(x)\,\mathrm{e}^{\int P(x)\mathrm{d}x}\mathrm{d}x + C\Big],$$

或

$$y = C\,\mathrm{e}^{-\int P(x)\mathrm{d}x} + \mathrm{e}^{-\int P(x)\mathrm{d}x}\int Q(x)\,\mathrm{e}^{\int P(x)\mathrm{d}x}\mathrm{d}x, \tag{2}$$

即非齐次线性微分方程的通解等于对应的齐次线性微分方程通解与非齐次线性微分方程的一个特解之和,式(2)可以作为求解一阶非齐次线性微分方程通解的公式.

**例 3**　求方程 $\dfrac{\mathrm{d}y}{\mathrm{d}x} - \dfrac{2y}{x+1} = (x+1)^{\frac{5}{2}}$ 的通解.

**解:** 这是一个非齐次线性微分方程. 先求对应的齐次线性微分方程 $\dfrac{\mathrm{d}y}{\mathrm{d}x} - \dfrac{2y}{x+1} = 0$ 的通解. 分离变量得

$$\frac{\mathrm{d}y}{y} = \frac{2\mathrm{d}x}{x+1},$$

两边积分得

$$\ln|y| = 2\ln|x+1| + \ln|C_1|,$$

齐次线性微分方程的通解为

$$y = C_1(x+1)^2.$$

接下来,求对应非齐次方程的特解. 可以用下面两种方法.

**方法 1**: 用常数变易法. 把 $C_1$ 换成 $u(u=u(x))$, 即令 $y=u \cdot (x+1)^2$, 代入所给非齐次线性微分方程, 得

$$u' \cdot (x+1)^2 + 2u \cdot (x+1) - \frac{2}{x+1}u \cdot (x+1)^2 = (x+1)^{\frac{5}{2}},$$

即　$u' = (x+1)^{\frac{1}{2}}.$

两边积分, 得

$$u = \frac{2}{3}(x+1)^{\frac{3}{2}} + C.$$

再把上式代入 $y=u(x+1)^2$ 中, 即得所求方程的通解为

$$y = (x+1)^2 \left[ \frac{2}{3}(x+1)^{\frac{3}{2}} + C \right].$$

**方法 2**: 公式法. 这里 $P(x) = -\frac{2}{x+1}$, $Q(x) = (x+1)^{\frac{5}{2}}$. 因为

$$\int P(x)\mathrm{d}x = \int \left( -\frac{2}{x+1} \right) \mathrm{d}x = -2\ln(x+1),$$

则　$\mathrm{e}^{-\int P(x)\mathrm{d}x} = \mathrm{e}^{2\ln(x+1)} = (x+1)^2,$

$$\int Q(x)\,\mathrm{e}^{\int P(x)\mathrm{d}x}\mathrm{d}x = \int (x+1)^{\frac{5}{2}}(x+1)^{-2}\mathrm{d}x = \int (x+1)^{\frac{1}{2}}\mathrm{d}x = \frac{2}{3}(x+1)^{\frac{3}{2}},$$

所以通解为

$$y = \mathrm{e}^{-\int P(x)\mathrm{d}x} \left[ \int Q(x)\,\mathrm{e}^{\int P(x)\mathrm{d}x}\mathrm{d}x + C \right] = (x+1)^2 \left[ \frac{2}{3}(x+1)^{\frac{3}{2}} + C \right].$$

从以上例子我们可以看到, 对于求解一阶线性非齐次微分方程可以用常数变易法, 也可以直接用公式(2).

 小结

一阶线性微分方程的概念.
一阶线性齐次微分方程的求解.
一阶线性非齐次微分方程的求解.

 课堂练习 6.3

1. 求微分方程 $\frac{\mathrm{d}y}{\mathrm{d}x} - \frac{y}{x} = x^2$ 的通解.

2. 求解微分方程 $y' - y\cot x = 2x\sin x$.

### 习题 6.3

1. 求方程 $(1+x^2)\mathrm{d}y = (1+2xy+x^2)\mathrm{d}x$ 满足初始条件 $y|_{x=0}=1$ 的一个特解.

2. 一跳伞队员质量为 $m$, 降落时空气的阻力与伞下降的速度成正比, 设跳伞队员离开飞机时的速度为零. 求伞下降的速度关于时间 $t$ 的函数.

3. 求微分方程 $\dfrac{\mathrm{d}y}{\mathrm{d}x} + \dfrac{y}{x} = a(\ln x)y^2$ 的通解.

4. 求过原点且在点 $(x,y)$ 处的切线斜率等于 $2x+y$ 的曲线的方程.

## 第4节 可降阶的高阶微分方程

### 4.1 $y^{(n)}=f(x)$ 型的微分方程

对于 $y^{(n)}=f(x)$ 型的微分方程, 求解方法比较简单, 只需要等号两边积分 $n$ 次即可.

$$y^{(n-1)} = \int f(x)\mathrm{d}x + C_1,$$

$$y^{(n-2)} = \int\left[\int f(x)\mathrm{d}x + C_1\right]\mathrm{d}x + C_2,$$

$$\cdots$$

**例 1** 求微分方程 $y''' = \mathrm{e}^{2x} - \cos x$ 的通解.

**解**: 对所给方程接连积分三次, 得

$$y'' = \frac{1}{2}\mathrm{e}^{2x} - \sin x + C_1,$$

$$y' = \frac{1}{4}\mathrm{e}^{2x} + \cos x + C_1 x + C_2,$$

$$y = \frac{1}{8}\mathrm{e}^{2x} + \sin x + \frac{1}{2}C_1 x^2 + C_2 x + C_3,$$

这就是所给方程的通解.

**例 2** 质量为 $m$ 的质点受力 $F$ 的作用沿 $Ox$ 轴作直线运动. 设力 $F$ 仅是时间 $t$ 的函数: $F=F(t)$. 在开始时刻 $t=0$ 时 $F(0)=F_0$, 随着时间 $t$ 的增大, 此力 $F$ 均匀地减小, 直到 $t=T$ 时, $F(T)=0$. 如果开始时质点位于原点, 且初速度为零, 求这质点的运动规律.

**解**: 设 $x=x(t)$ 表示在时刻 $t$ 时质点的位置, 根据牛顿第二定律, 质点运动的微分方程为

$$m\frac{\mathrm{d}^2 x}{\mathrm{d}t^2} = F(t).$$

由题设，力 $F(t)$ 随 $t$ 增大而均匀地减小，且 $t=0$ 时，$F(0)=F_0$，所以 $F(t)=F_0-kt$；又当 $t=T$ 时，$F(T)=0$，从而

$$F(t) = F_0\left(1-\frac{t}{T}\right).$$

于是质点运动的微分方程又写为

$$\frac{\mathrm{d}^2 x}{\mathrm{d}t^2} = \frac{F_0}{m}\left(1-\frac{t}{T}\right),$$

其初始条件为 $x\big|_{t=0}=0$，$\dfrac{\mathrm{d}x}{\mathrm{d}t}\big|_{t=0}=0$.

把微分方程两边积分，得

$$\frac{\mathrm{d}x}{\mathrm{d}t} = \frac{F_0}{m}\left(t-\frac{t^2}{2T}\right)+C_1.$$

再积分一次，得

$$x = \frac{F_0}{m}\left(\frac{1}{2}t^2-\frac{t^3}{6T}\right)+C_1 t+C_2.$$

由初始条件 $x\big|_{t=0}=0$，$\dfrac{\mathrm{d}x}{\mathrm{d}t}\big|_{t=0}=0$，得 $C_1=C_2=0$.

于是所求质点的运动规律为

$$x = \frac{F_0}{m}\left(\frac{1}{2}t^2-\frac{t^3}{6T}\right),\ 0 \leqslant t \leqslant T.$$

## 4.2 $y''=f(x,y')$ 型的微分方程

对于 $y''=f(x,y')$ 型的微分方程：设 $y'=p$，则方程化为

$$p' = f(x,p).$$

设 $p'=f(x,p)$ 的通解为 $p=\varphi(x,C_1)$，则

$$\frac{\mathrm{d}y}{\mathrm{d}x} = \varphi(x,C_1).$$

原方程的通解为

$$y = \int \varphi(x,C_1)\mathrm{d}x + C_2.$$

**例 3**　求微分方程 $(1+x^2)y''=2xy'$ 满足初始条件 $y\big|_{x=0}=1$，$y'\big|_{x=0}=3$ 的特解.

**解**：所给方程是 $y''=f(x,y')$ 型的.设 $y'=p$，代入方程并分离变量后，有

$$\frac{\mathrm{d}p}{p} = \frac{2x}{1+x^2}\mathrm{d}x.$$

两边积分，得

$$\ln|p| = \ln(1+x^2)+C,$$

即

$$p = y' = C_1(1+x^2)\ (C_1=\pm\,\mathrm{e}^c).$$

由条件 $y'\big|_{x=0}=3$，得 $C_1=3$，

所以
$$y' = 3(1 + x^2).$$

两边再积分,得
$$y = x^3 + 3x + C_2.$$

又由条件 $y|_{x=0} = 1$,得 $C_2 = 1$,
于是所求的特解为
$$y = x^3 + 3x + 1.$$

## 4.3 $y'' = f(y, y')$ 型的微分方程

对于 $y'' = f(y, y')$ 型的微分方程:

设 $y' = p$,有
$$y'' = \frac{\mathrm{d}p}{\mathrm{d}y} \cdot \frac{\mathrm{d}y}{\mathrm{d}x} = p\frac{\mathrm{d}p}{\mathrm{d}y}.$$

原方程化为
$$p\frac{\mathrm{d}p}{\mathrm{d}y} = f(y, p).$$

设方程 $p\dfrac{\mathrm{d}p}{\mathrm{d}y} = f(y, p)$ 的通解为 $p = \dfrac{\mathrm{d}y}{\mathrm{d}x} = \varphi(y, C_1)$,则原方程的通解为
$$\int \frac{\mathrm{d}y}{\varphi(y, C_1)} = x + C_2.$$

**例 4**　求微分 $yy'' - (y')^2 = 0$ 的通解.

**解**:设 $y' = p$,则原方程化为
$$yp\frac{\mathrm{d}p}{\mathrm{d}y} - p^2 = 0,$$

当 $y \neq 0$、$p \neq 0$ 时,有
$$\frac{\mathrm{d}p}{\mathrm{d}y} - \frac{1}{y}p = 0,$$

于是
$$p = C_1 \mathrm{e}^{\int \frac{1}{y}\mathrm{d}y} = C_1 y,$$

即　$y' - C_1 y = 0$,
从而原方程的通解为
$$y = C_2\, \mathrm{e}^{\int C_1 \mathrm{d}x} = C_2\, \mathrm{e}^{C_1 x}.$$

 小结

三种类型的可降阶高阶微分方程的求解.

 课堂练习 6.4

1. 解方程 $y''' = x + e^{2x}$.
2. 解方程 $y'' = \dfrac{2xy'}{1+x^2}$.

 习题 6.4

1. 求方程 $(1+x^2)y'' + 2xy' = 1$ 的通解.
2. 求微分方程 $yy'' - (y')^2 = 0$ 的通解.

### 常微分方程简史

常微分方程是伴随着微积分一起发展起来的. 从 17 世纪末开始, 摆的运动、弹性理论以及天体力学等实际问题的研究引出了一系列常微分方程, 这些问题在当时因为以挑战的形式被提出而在数学家之间引起激烈的争论. 牛顿、莱布尼茨和伯努利兄弟等都曾讨论过低阶常微分方程, 到 1740 年左右, 几乎所有的求解一阶方程的初等方法都已经为人所知.

1728 年, 欧拉在一篇论文中引进了著名的指数代换将二阶常微分方程化为一阶方程的方法, 这标志着对二阶常微分方程的系统研究的开始. 1743 年, 欧拉给出了二阶常系数线性齐次方程的完整解法, 这是高阶常微分方程研究的重要突破. 1774—1775 年间, 拉格朗日用参数变易法解出了一般 $n$ 阶变系数非齐次常微分方程, 这一工作是 18 世纪常微分方程求解的最高成就. 在 18 世纪, 常微分方程已成为有自己的目标和方向的新数学分支.

18 世纪, 在人们处理更为复杂的物理现象时出现了偏微分方程, 到了 19 世纪, 数学家们求解偏微分方程的努力致使常微分方程的问题进一步拓展和延伸, 且所得到的常微分方程大多是陌生的. 对这些微分方程, 数学家们采用无穷级数求解.

对 18、19 世纪建立起来的众多的微分方程, 数学家们求显式解的努力往往归于失败, 这种情况促使他们转向证明解的存在性, 这也是微分方程发展史上的一个重要转折点. 最先考虑微分方程解的存在性问题的数学家是柯西, 18 世纪 20 年代, 他给出了特殊的常微分方程的第一个存在性定理.

19 世纪后半叶, 常微分方程的研究在两个大的方向上开拓了新局面. 第一个方向是与奇点问题相联系的常微分方程解析理论, 第二个是定性理论.

 总习题 ⑥

一、填空题

1. $\dfrac{dy}{dx} = 2xy$ 满足初始条件 $y|_{x=0} = 1$ 的特解为＿＿＿＿；

2. $\dfrac{\mathrm{d}^2 y}{\mathrm{d}x^2} + p\dfrac{\mathrm{d}y}{\mathrm{d}x} + qy = 0$ 的阶数是_____；

3. 方程 $y' = \ln x + y^2 \ln x$ 的通解是_____；

4. 求解方程 $y'' = \dfrac{2xy'}{1+x^2}$ 时，可令 $y' = p$，则 $y'' = $_____；

5. 求解方程 $y'' = f(y, y')$ 时，可令 $y' = p$，则 $y'' = $_____．

二、选择题

1. 微分方程 $xyy'' + x(y')^3 - y^4 y' = 0$ 的阶数是（　　）．

A. 3　　　　　　　B. 4　　　　　　　C. 5　　　　　　　D. 2

2. 微分方程 $y''' - x^2 y'' - x^5 = 1$ 的通解中应含的独立常数的个数为（　　）．

A. 3　　　　　　　B. 5　　　　　　　C. 4　　　　　　　D. 2

3. 下列函数中，哪个是微分方程 $\mathrm{d}y - 2x\mathrm{d}x = 0$ 的解（　　）．

A. $y = 2x$　　　　　　　　　　　B. $y = x^2$

C. $y = -2x$　　　　　　　　　　D. $y = -x$

4. 微分方程 $y' = 3y^{\frac{2}{3}}$ 的一个特解是（　　）．

A. $y = x^3 + 1$　　　　　　　　　B. $y = (x+2)^3$

C. $y = (x+C)^2$　　　　　　　　D. $y = C(1+x)^3$

5. 函数 $y = \cos x$ 是下列哪个微分方程的解（　　）．

A. $y' + y = 0$　　　　　　　　　B. $y' + 2y = 0$

C. $y^{(n)} + y = 0$　　　　　　　D. $y'' + y = \cos x$

6. 微分方程 $y' + P(x)y = Q(x)$ 的通解为（　　）．

A. $y = \mathrm{e}^{-\int P(x)\mathrm{d}x}\left[\int Q(x)\,\mathrm{e}^{\int P(x)\mathrm{d}x}\mathrm{d}x + C\right]$

B. $y = \mathrm{e}^{\int P(x)\mathrm{d}x}\left[\int Q(x)\,\mathrm{e}^{-\int P(x)\mathrm{d}x}\mathrm{d}x + C\right]$

C. $y = \mathrm{e}^{-\int P(x)\mathrm{d}x}\left[\int Q(x)\,\mathrm{e}^{\int -P(x)\mathrm{d}x}\mathrm{d}x + C\right]$

D. $y = \mathrm{e}^{\int P(x)\mathrm{d}x}\left[\int Q(x)\,\mathrm{e}^{\int P(x)\mathrm{d}x}\mathrm{d}x + C\right]$

三、计算题

1. 求 $y^2\mathrm{d}x + (x+1)\mathrm{d}y = 0$ 满足初始条件 $y\,|_{x=0} = 1$ 的特解．

2. 求微分方程 $\dfrac{\mathrm{d}y}{\mathrm{d}x} + \dfrac{y}{x} = \sin x$ 的通解．

3. 求方程 $y = x\dfrac{\mathrm{d}y}{\mathrm{d}x} + y^2 \sin^2 x$ 的通解．

4. 求方程 $y'' = 2yy'$ 满足初始条件 $y\,|_{x=0} = 1, y'\,|_{x=0} = 2$ 的特解．

四、证明方程 $\dfrac{x}{y}\dfrac{\mathrm{d}y}{\mathrm{d}x} = f(xy)$，经特定变换后可化为变量分离方程．

五、设温度为 $T_0$ 的物体放置在温度为 $\tau(\tau < T_0)$ 的空气中. 实验表明，物体温度对时间 $t$ 的变化率与当时物体和空气的温度之差成正比，比例常数 $k(k>0)$ 依赖于所给物质的性质. 当一起谋杀案发生后,警察中午 12：00 到达现场. 依据法医测得尸体温度为 30℃,室温 20℃. 已知尸体从 37℃ 经两小时后变为 35℃,试推算下谋杀是什么时间发生的?

六、容器内有盐水 100 升,内含盐水 10 千克,今以 3 升/分钟的速度从一管放入每升含盐 0.05 千克的盐水,以 2 升/分钟的速度从另一管抽出盐水,设容器内盐水浓度始终是均匀的,求容器内含盐量随时间变化的规律.

第 **7** 章

# 多元函数的微分学

**本章知识结构图**

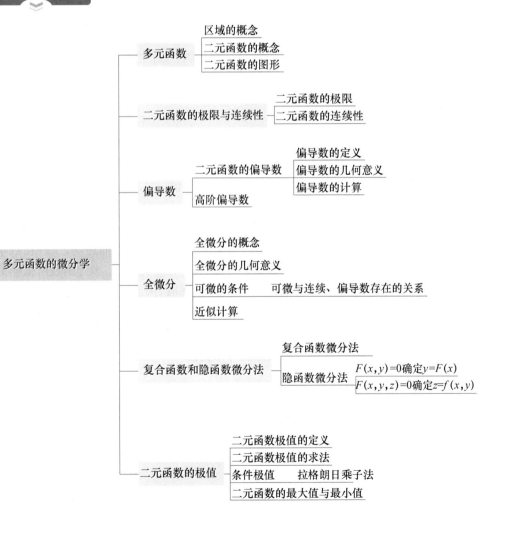

学习目的

把一元函数的微分知识推广到二元函数,理解偏导数、全微分的概念,了解二元函数的连续与可微的相关知识,能够应用二元函数微分知识解决实际问题.

学习要求

◆ 了解多元函数的概念、二元函数的几何意义. 会求二元函数的表达式及定义域. 了解二元函数的极限与连续概念.
◆ 理解偏导数概念,了解偏导数的几何意义,了解全微分概念,了解全微分存在的必要条件与充分条件.
◆ 掌握二元函数的一、二阶偏导数计算方法.
◆ 掌握复合函数一阶偏导数的求法.
◆ 会求二元函数的全微分.
◆ 掌握由方程所确定的隐函数的一阶偏导数的计算方法.
◆ 会求二元函数的无条件极值. 会用拉格朗日乘数法求二元函数的条件极值.

重点与难点

◆ 教学重点:二元函数的一、二阶偏导数计算方法;复合函数一阶偏导数的求法;方程所确定的隐函数的一阶偏导数的计算方法;二元函数的无条件极值、条件极值的计算.
◆ 教学难点:复合函数一阶偏导数的求法,条件极值.

在前面我们学习了一元函数的微分学,所讨论的函数都只有一个变量,这种函数叫作一元函数,但在许多实际问题中,一个事物往往受到多方面的因素的影响,反映在数学上就是一个变量依赖于其他多个变量的情形,这种函数叫作多元函数. 多元函数所依赖的诸变量之间彼此无关,它们的值可在一定的范围内任意选取,因而这些变量也称为自变量.

本章将在一元函数微分法的基础上讨论多元函数微分的基本方法,在讨论的过程中,我们以二元函数为主,因为与一元函数相比,二元函数的微分法有它独特的规律,而从二元函数到二元函数以上的多元函数则微分法可以类推.

## 第1节 多元函数

### 引例

(1)一定量的理想气体的压强 $P$、体积 $V$ 和绝对温度 $T$ 之间有:$P = \dfrac{kT}{V}$.

（2）一个有火炉的房间中,在同一时刻的温度分布.在选定空间直角坐标系后,房间内每一点$(x,y,z)$处都有唯一确定的温度$u$与之对应.这时温度$u$是$x,y,z$的一个三元函数,故可表示为$u=u(x,y,z)$.

（3）若考虑房间中不同时刻$t$的温度分布,则温度$u$就是$x,y,z,t$的一个四元函数$u=u(x,y,z,t)$.

多元函数是指含有多个自变量的函数.与一元函数类似,它也包括定义域、对应法则和值域,为了表示二元函数的定义域,我们需要引入区域的相关概念.

## 1.1 区域的概念

在学习一元函数时,我们经常用到邻域和区间的概念,讨论多元函数时同样要用到这些概念,现在我们将邻域和区间的概念加以推广.

### 1.1.1　邻域

若点$P_0(x_0,y_0)$是$xOy$平面上的一个点,$\delta$是某一个正数,我们把满足不等式
$$\sqrt{(x-x_0)^2+(y-y_0)^2}<\delta$$
的一切点$(x,y)$的全体,称为点$P_0(x_0,y_0)$的$\delta$邻域,记为$U(P_0,\delta)$,即
$$U(P_0,\delta)=\{(x,y)\mid\sqrt{(x-x_0)^2+(y-y_0)^2}<\delta\}.$$

在几何上,$U(P_0,\delta)$就是$xOy$平面上以点$P_0(x_0,y_0)$为中心、$\delta>0$为半径的圆的内部的点$P(x,y)$的全体(见图7-1-1).

对于点$P_0(x_0,y_0)$的$\delta$邻域,当不考虑点$P_0(x_0,y_0)$时,也称它为去心邻域,记作$\mathring{U}(P_0,\delta)$,如不需强调邻域半径$\delta$,可记为$\mathring{U}(P_0)$.

图 7-1-1

### 1.1.2　区 域

设$E$是平面上的一个点集,$P$是平面上的一个点,如果存在点$P$的某一个邻域$U(P)$,使$U(P)\subset E$,则称$P$是$E$的**内点**(见图7-1-2).

如果点集$E$的点都是内点,则称$E$为**开集**.例如,点集$E_1=\{(x,y)\mid1<x^2+y^2<4\}$中的每一个点都是$E_1$的内点,因此$E_1$是开集.

如果点$P$的任一邻域内既有属于$E$的点,也有不属于$E$的点(点$P$本身可以属于$E$,也可以不属于$E$),则称$P$为$E$的**边界点**(见图7-1-2),$E$的边界点的全体称为$E$的边界.例如上例中,$E_1$的边界是圆周$x^2+y^2=1$和$x^2+y^2=4$.

设$D$是开集,如果对于$D$内任何两点,都可用折线连接起来,且该折线上的点都属于$D$,则称$D$是**连通的**(见图7-1-3).

连通的开集称为区域或开区域.例如,$\{(x,y)\mid x+y>0\}$

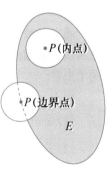

图 7-1-2

（见图 7－1－4）及 $\{(x,y)\,|\,1<x^2+y^2<4\}$（见图 7－1－5）都是区域.

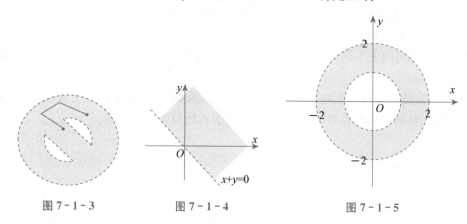

图 7－1－3　　　　　　图 7－1－4　　　　　　图 7－1－5

开区域连同它的边界一起称为**闭区域**. 例如，$\{(x,y)\,|\,x+y\geqslant 0\}$ 及 $\{(x,y)\,|\,1\leqslant x^2+y^2\leqslant 4\}$ 都是闭区域.

对于点集 $E$ 如果存在正数 $K$，使一切点 $P\in E$ 与某一定点 $A$ 间的距离 $|AP|$ 不超过 $K$，即 $|AP|\leqslant K$ 对一切 $P\in E$ 成立，则称 $E$ 为**有界点集**，否则称为**无界点集**. 例如，$\{(x,y)\,|\,1\leqslant x^2+y^2\leqslant 4\}$ 是有界闭区域，$\{(x,y)\,|\,x+y>0\}$ 是无界闭区域.

## 1.2 二元函数的概念

**定 义**

设平面上有一个非空点集 $D$，如果有一个对应规律 $f$，使每一个点 $(x,y)\in D$ 都对应于唯一的一个实数 $z$，则称 $f$ 是 $D$ 上的**二元函数**，它在 $(x,y)$ 处的值称为**函数值**，记为 $f(x,y)$，即 $z=f(x,y)$，$D$ 称为该函数的定义域，$x,y$ 称为**自变量**，$z$ 又称**因变量**.

类似地还可以定义三元函数 $u=f(x,y,z)$ 及三元以上的函数，比如 $n$ 元函数 $u=f(x_1,x_2,\cdots,x_n)$，这里当 $n=1$ 时，$n$ 元函数就是一元函数；当 $n\geqslant 2$ 时，$n$ 元函数统称为**多元函数**.

确定函数定义域的常见类型：由实际问题限制，使解析式有意义. 而其中由解析式确定函数定义域的题型有：分母不为零；非负数开偶次方；超越代数式有意义等等. 下面通过例子来看.

**例 1**　求下列各函数的定义域.

（1）$z=\sqrt{a-x^2-y^2}$；

（2）$z=\arcsin\dfrac{x}{a}+\dfrac{1}{\sqrt{x-y^2}},a>0$；

（3）$z=\dfrac{\arcsin(3-x^2-y^2)}{\sqrt{x-y^2}}$.

**解：**（1）显然定义域为 $D=\{(x,y)\,|\,x^2+y^2\leqslant a^2\}$，如图 7－1－6 所示. 在平面直角

坐标系中,它表示以原点为圆心、$a$ 为半径的圆的内部且包括边界圆周.

(2)由 $\begin{cases} \left| \dfrac{x}{a} \right| \leqslant 1 \\ x-y^2 > 0 \end{cases}$ 得 $\begin{cases} -a \leqslant x \leqslant a \\ x > y^2 \end{cases}$,即定义域 $D = \{ (x,y) \mid 0 < x \leqslant a \text{ 且 } x > y^2 \}$,如图 7-1-7 所示.

(3)由 $\begin{cases} \left| 3-x^2-y^2 \right| \leqslant 1 \\ x-y^2 > 0 \end{cases}$ 得 $\begin{cases} 2 \leqslant x^2+y^2 \leqslant 4 \\ x > y^2 \end{cases}$,即定义域 $D = \{ (x,y) \mid 2 \leqslant x^2 + y^2 \leqslant 4 \text{ 且 } x > y^2 \}$,如图 7-1-8 所示.

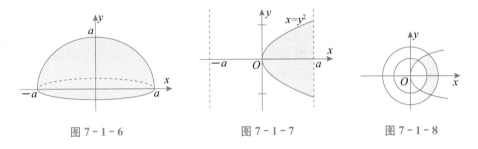

图 7-1-6　　　　　　图 7-1-7　　　　　　图 7-1-8

## 1.3 二元函数的图形

### 1.3.1　空间直角坐标系

在空间取定一点 $O$,以 $O$ 为原点的两两垂直的数轴依次记为 $x$ 轴(横轴)、$y$ 轴(纵轴)、$z$ 轴(竖轴),它们构成一个空间直角坐标系,称为 $O\text{-}xyz$ 坐标系,$x$ 轴、$y$ 轴和 $z$ 轴统称为坐标轴.

通常把 $x$ 轴和 $y$ 轴配置在水平面上,而 $z$ 轴则是铅垂线(见图 7-1-9);数轴的正向通常符合右手规则(见图 7-1-10).

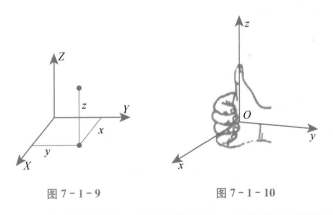

图 7-1-9　　　　　　图 7-1-10

在空间直角坐标系中,任意两个坐标轴可以确定一个平面,这种平面称为**坐标面**.$x$ 轴及 $y$ 轴所确定的坐标面叫作 $xOy$ 面,另两个坐标面是 $yOz$ 面和 $zOx$ 面.

三维空间的点 $P$ 分别向 $x$ 轴,$y$ 轴和 $z$ 轴作垂线且与三个坐标轴的交点到坐标原点 $O$ 的距离为 $x,y$ 和 $z$,那么点 $(x,y,z)$ 称为点 $P$ 的坐标.

坐标面上和坐标轴上的点,其坐标各有一定的特征.例如:点 $M$ 在 $yOz$ 面上,则 $x=0$;同样,在 $zOx$ 面上的点,$y=0$;在 $xOy$ 面上的点,$z=0$.如果点 $M$ 在 $x$ 轴上,则 $y=z=0$;同样,在 $y$ 轴上,有 $z=x=0$;在 $z$ 轴上的点,有 $x=y=0$.如果点 $M$ 为原点,则 $x=y=z=0$.

### 1.3.2 二元函数的图形

一般情况下,二元函数 $z=f(x,y)$ 的定义域是 $xOy$ 坐标面上的平面区域.二元函数的图形是空间直角坐标系中的一张曲面.设二元函数

$$z=f(x,y),\ (x,y)\in D,$$

当点 $P(x,y)$ 取遍定义域 $D$ 时,相应的点 $M(x,y,f(x,y))$ 就在空间描绘出一个曲面,这个曲面就是 $z=f(x,y)$ 二元函数的图形(见图 7-1-11).

例如,$z=\sin xy$ 对应曲面如图 7-1-12 所示;函数 $z=xy$ 对应曲面如图 7-1-13 所示.

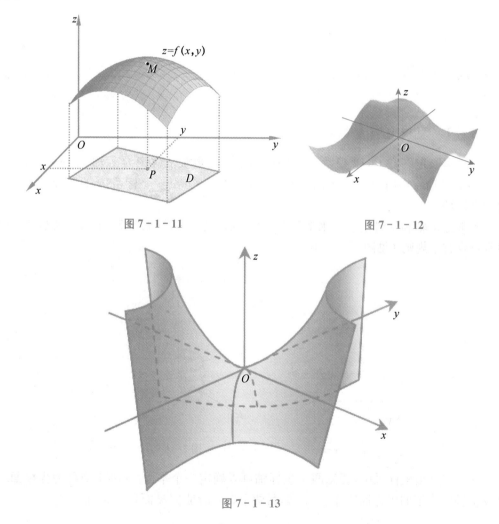

图 7-1-11

图 7-1-12

图 7-1-13

### 1.3.3　曲面与平面交线

如果二元函数 $z=f(x,y)$ 对应的方程 $z-f(x,y)=0$ 是一个一次函数,即 $Ax+By+Cz+D=0(A,B$ 和 $C$ 不全为 0),那么它在三维空间直角坐标系上表示一个平面. 例如,三个坐标面 $xOy$、$yOz$ 和 $zOx$ 对应的函数分别为 $z=0$、$x=0$ 和 $y=0$.

若确定已知平面 $Ax+By+Cz+D=0$ 和曲面 $z=f(x,y)$ 有交线,线上的点既满足平面又满足曲面对应的函数关系,因此,下式

$$\begin{cases} z=f(x,y) \\ Ax+By+Cz+D=0 \end{cases}$$

表示二者相交而成的一条曲线.

如图 7-1-14 分别画出了上半球面 $z=\sqrt{a^2-x^2-y^2}$ 与坐标面 $y=0$ 和 $x=0$ 的交线.

在研究二元函数图形时,我们经常使用**截线法**,即通过观察不同的平面(特别是三个坐标面)与二元函数对应的曲面的交线的特点,从而使我们对二元函数有直观的认识.

**例 2**　画出函数 $z=\sqrt{4-(x-2)^2-(y-2)^2}$ 的图形,并确定它与平面 $x=2$ 的交线.

**解**:因为函数 $z=\sqrt{4-(x-2)^2-(y-2)^2}$ 可变形为

$$(x-2)^2+(y-2)^2+z^2=4,$$

其中 $z \geqslant 0$.

而 $x^2+y^2+z^2=a^2(z \geqslant 0)$ 对应的曲面为球心在坐标原点、半径为 $a$ 的上半球面,所以 $(x-2)^2+(y-2)^2+z^2=4$ 对应的曲面为球心在点 $(2,2,0)$、半径为 2 的上半球面.

它与 $x=2$ 的交线,即

$$\begin{cases} z=\sqrt{4-(x-2)^2-(y-2)^2}, \\ x=2, \end{cases}$$

整理后得

$$\begin{cases} z=\sqrt{4-(y-2)^2}, \\ x=2, \end{cases}$$

如图 7-1-15 所示.

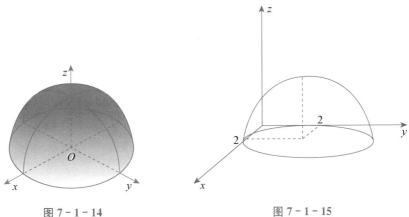

图 7-1-14　　　　　　　　　　　图 7-1-15

**例 3** 画出函数 $z=\sqrt{x^2+y^2}$ 的图形,并确定它与 $x=0$ 的交线.

**解**:应用截线法,可根据令 $z\geqslant 0$ 且取不同的常数值确定的平面与 $z=\sqrt{x^2+y^2}$ 的曲面的截线绘制 $z=\sqrt{x^2+y^2}$ 的图形. 如图 7-1-16 所示.

它与 $x=0$ 的交线,即

$$\begin{cases} z=\sqrt{x^2+y^2}, \\ x=0, \end{cases}$$

整理后得

$$\begin{cases} z=|y|, \\ x=0. \end{cases}$$

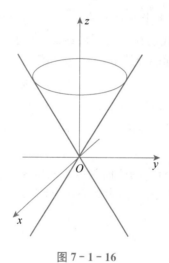

图 7-1-16

 小结

区域的概念.

多元函数的概念.

二元函数定义域与二元函数的图形.

 课堂练习 7.1

1.求函数 $f(x,y)=\dfrac{\arcsin(3-x^2-y^2)}{\sqrt{x-y^2}}$ 的定义域,并求出 $f(\sqrt{3},1)$ 的值.

2.画出二元函数 $z=\sqrt{4-x^2-y^2}$ 的图形.

 习题 7.1

求下列二元函数的定义域.

1. $z = \ln(x + 5y)$；

2. $z = \dfrac{1}{\sqrt{a^2 - x^2 - y^2}}\ (a > 0)$；

3. $z = \ln(x^2 + y^2 - 1) + \sqrt{9 - x^2 - y^2}$；

4. $u = \sqrt{\arcsin \dfrac{x^2 + y^2}{z}}$.

## 第 2 节　二元函数的极限与连续性

回顾一元函数极限的定义，即设函数 $f(x)$ 在 $x_0$ 的某一去心邻域 $\mathring{U}(x_0)$ 内有定义，如果当 $x$ 无限趋于 $x_0$ 时，函数值 $f(x)$ 无限趋于某个确定的常数 $A$，则称 $A$ 是函数 $f(x)$ 当 $x$ 趋于 $x_0$ 时的极限，记为 $\lim\limits_{x \to x_0} f(x) = A$ 或 $f(x) \to A\,(x \to x_0)$.

下面我们把它推广到二元函数的情形.

## 2.1 二元函数的极限

**定义 1**

设函数 $z = f(x, y)$ 在点 $P_0(x_0, y_0)$ 的某个邻域内有定义（在点 $P_0(x_0, y_0)$ 处不一定有定义），$P(x, y)$ 是该邻域内异于 $P_0$ 的任意一点. 如果当点 $P(x, y)$ 以任何方式无限趋于点 $P_0(x_0, y_0)$ 时，相应的函数值 $f(x, y)$ 无限趋于一个确定的常数 $A$，则称 $A$ 是函数 $f(x, y)$ 当 $x \to x_0$、$y \to y_0$ 时的**极限**，记作

$$\lim_{\substack{x \to x_0 \\ y \to y_0}} f(x, y) = A \text{ 或 } f(x, y) \to A\,(x \to x_0, y \to y_0).$$

注意：(1) $P \to P_0$ 的路径是任意的；

(2) $P \to P_0$ 的路径一定在定义域 $D$ 中；

(3) 二元函数的极限也称为二重极限；

(4) 一元函数的极限性质在这里亦成立.

二重极限是一元函数极限的推广，有关一元函数极限的运算法则和定理，都可以直接类推到二重极限，这里不再详细叙述.

**例 1**　讨论极限 $\lim\limits_{\substack{x \to 0 \\ y \to 0}} \dfrac{xy}{x^2 + y^2}$ 是否存在.

**解**：函数显然在点 $(0, 0)$ 处无定义，函数图形如图 7-2-1 所示. 因为当点 $P(x, y)$ 沿直线 $y = 0$ 趋于点 $(0, 0)$ 时，有

$$\lim_{\substack{x \to 0 \\ y \to 0}} \frac{xy}{x^2 + y^2} = \lim_{\substack{x \to 0 \\ y = 0}} \frac{x \cdot 0}{x^2 + 0} = \lim_{\substack{x \to 0 \\ y = 0}} 0 = 0.$$

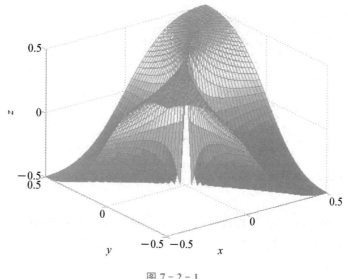

图 7-2-1

而当点 $P(x,y)$ 沿直线 $y=x$ 趋于点 $(0,0)$ 时,有

$$\lim_{\substack{x\to 0 \\ y\to 0}}\frac{xy}{x^2+y^2}=\lim_{\substack{x\to 0 \\ y=x}}\frac{x^2}{x^2+x^2}=\lim_{\substack{x\to 0 \\ y=x}}\frac{1}{2}=\frac{1}{2}.$$

所以 $\lim\limits_{\substack{x\to 0 \\ y\to 0}}\dfrac{xy}{x^2+y^2}$ 不存在.

**例 2** 讨论函数 $z=\dfrac{\sqrt{xy}}{x+y},x\neq 0,y\neq 0$ 在点 $(0,0)$ 极限是否存在.

**解:** 函数显然在点 $(0,0)$ 处无定义,因为当点 $P(x,y)$ 沿直线 $y=kx$ 趋于点 $(0,0)$ 时,有

$$\lim_{\substack{x\to 0 \\ y\to 0}}\frac{\sqrt{xy}}{x+y}=\lim_{x\to 0}\frac{\sqrt{k}x}{(1+k)x}=\frac{\sqrt{k}}{1+k}.$$

而当 $k$ 取不同值时,极限不同. 所以 $\lim\limits_{\substack{x\to 0 \\ y\to 0}}\dfrac{\sqrt{xy}}{x+y}$ 不存在.

**例 3** 求 $\lim\limits_{\substack{x\to 0 \\ y\to 0}}\dfrac{\sin(x^2y)}{x^2+y^2}$.

**解:** 函数图形如图 7-2-2 所示.

$\lim\limits_{\substack{x\to 0 \\ y\to 0}}\dfrac{\sin(x^2y)}{x^2+y^2}=\lim\limits_{\substack{x\to 0 \\ y\to 0}}\left(\dfrac{\sin(x^2y)}{x^2y}\cdot\dfrac{x^2y}{x^2+y^2}\right).$ 令 $u=x^2y$,则 $\lim\limits_{\substack{x\to 0 \\ y\to 0}}\dfrac{\sin(x^2y)}{x^2y}=\lim\limits_{u\to 0}\dfrac{\sin u}{u}=1.$

又因为当 $x\to 0$ 时,$0\leqslant\left|\dfrac{x^2y}{x^2+y^2}\right|\leqslant\dfrac{1}{2}|x|\to 0$,由迫敛定理,得 $\lim\limits_{\substack{x\to 0 \\ y\to 0}}\dfrac{x^2y}{x^2+y^2}=0.$

所以 $\lim\limits_{\substack{x\to 0 \\ y\to 0}}\left(\dfrac{\sin(x^2y)}{x^2y}\cdot\dfrac{x^2y}{x^2+y^2}\right)=\lim\limits_{\substack{x\to 0 \\ y\to 0}}\dfrac{\sin(x^2y)}{x^2y}\cdot\lim\limits_{\substack{x\to 0 \\ y\to 0}}\dfrac{x^2y}{x^2+y^2}=0.$

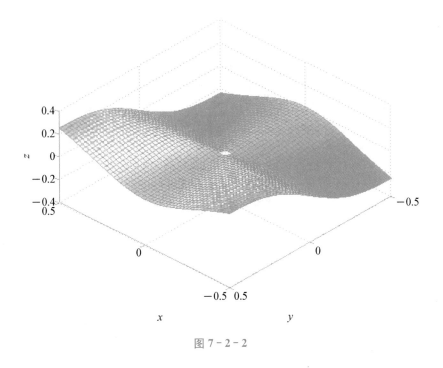

图 7 - 2 - 2

## 2.2 二元函数的连续性

从前面定义可以看出二元函数极限的定义与一元函数极限的定义形式上完全相同,因此关于一元函数的极限的四则运算法则,对于二元函数乃至 $n$ 元函数都适用.

### 2.2.1　二元函数连续的定义

在二元函数的极限概念的基础上,可以定义二元函数及 $n$ 元函数的连续性,下面给出二元函数 $z=f(x,y)$ 在点 $P_0(x_0,y_0)$ 处连续的定义.

**定义 2**

已知 $P_0(x_0,y_0)$ 是二元函数 $z=f(x,y)$ 定义域内的一个点,若 $\lim\limits_{\substack{x\to x_0 \\ y\to y_0}} f(x,y)=f(x_0,y_0)$,则称二元函数 $f(x,y)$ 在点 $P_0(x_0,y_0)$ 处**连续**.

如果二元函数 $f(x,y)$ 在区域 $D$ 上每一点处都连续,则称函数 $f(x,y)$ 在区域 $D$ 上连续.

**例 4**　讨论函数 $f(x,y)=\begin{cases} \dfrac{xy}{x^2+y^2}, & x^2+y^2\neq 0 \\ 0, & x^2+y^2=0 \end{cases}$ 在 $(0,0)$ 的连续性.

**解**:取 $y=kx$,则

$$\lim_{\substack{x\to 0 \\ y\to 0}} \frac{xy}{x^2+y^2} = \lim_{x\to 0} \frac{kx^2}{x^2+k^2x^2} = \frac{k}{1+k^2}.$$

其值随 $k$ 的不同而变化,所以函数 $f(x,y)$ 在 $(0,0)$ 点的极限不存在,故函数 $f(x,y)$ 在 $(0,0)$ 处不连续.

### 2.2.2 初等函数的连续性

与一元初等函数类似,多元初等函数在其定义域内也是连续的.

由多元初等函数的连续性,如果要求它在点$P_0$处的极限,而该点又在此函数的定义区间内,则其极限值就是该点处的函数值.

**例 5** 求 $\lim\limits_{\substack{x \to 0 \\ y \to 1}}(x^2 + 2y^2 + 3xy)$.

**解:**由于二元函数$x^2 + 2y^2 + 3xy$在点$(0,1)$处连续,所以

$$\lim_{\substack{x \to 0 \\ y \to 1}}(x^2 + 2y^2 + 3xy)$$

$$= \lim_{\substack{x \to 0 \\ y \to 1}}(x^2) + \lim_{\substack{x \to 0 \\ y \to 1}}(2y^2) + \lim_{\substack{x \to 0 \\ y \to 1}}(3xy)$$

$$= \lim_{\substack{x \to 0 \\ y \to 1}}(x^2) + 2\lim_{\substack{x \to 0 \\ y \to 1}}(y^2) + 3\left[\lim_{\substack{x \to 0 \\ y \to 1}}x\right] \cdot \left[\lim_{\substack{x \to 0 \\ y \to 1}}y\right]$$

$$= 0 + 2 \cdot 1 + 3 \cdot 0 \cdot 1 = 2.$$

**例 6** 求$\lim\limits_{\substack{x \to 1 \\ y \to 2}}\dfrac{x^2 - 2xy + 4}{xy - 1}$.

**解:**由于二元函数$\dfrac{x^2 - 2xy + 4}{xy - 1}$在点$(1,2)$处连续,所以

$$\lim_{\substack{x \to 1 \\ y \to 2}}\frac{x^2 - 2xy + 4}{xy - 1} = \frac{\lim\limits_{\substack{x \to 1 \\ y \to 2}}(x^2 - 2xy + 4)}{\lim\limits_{\substack{x \to 1 \\ y \to 2}}(xy - 1)} = \frac{1}{1} = 1.$$

**例 7** 求 $\lim\limits_{\substack{x \to 0 \\ y \to 0}}\dfrac{\sqrt{xy + 1} - 1}{xy}$.

**解:** $\lim\limits_{\substack{x \to 0 \\ y \to 0}}\dfrac{\sqrt{xy + 1} - 1}{xy} = \lim\limits_{\substack{x \to 0 \\ y \to 0}}\dfrac{(\sqrt{xy + 1} - 1)(\sqrt{xy + 1} + 1)}{xy(\sqrt{xy + 1} + 1)}$

$$= \lim_{\substack{x \to 0 \\ y \to 0}}\frac{1}{\sqrt{xy + 1} + 1}$$

$$= \frac{1}{2}.$$

### 2.2.3 闭区域上连续函数的性质

与一元函数在闭区间上连续的性质类似,在有界闭区域上多元连续函数也有如下的性质:

**性质 1(最大值和最小值定理)** 在有界闭区域$D$上的多元连续函数,在$D$上至少取得它的最大值和最小值各一次.

**性质 2(介值定理)** 在有界闭区域$D$上的多元连续函数,如果在$D$上取得两个不同的函数值,则它在$D$上取得介于这两个值之间的任何值至少一次.

特别地,如果$C$(常数)介于函数在$D$上的最大值和最小值之间,则在$D$内至少存在一点$Q$,使得$f(Q) = C$.

小结

二元函数的极限和二元函数的连续的定义.

 课堂练习 7.2

1. 讨论 $\lim\limits_{\substack{x \to +\infty \\ y \to +\infty}} \dfrac{x+y}{x^2+y^2}$ 的极限.

2. 证明 $z = \dfrac{x^2 y}{x^4 + y^2}$ 在点 $(0,0)$ 处的极限不存在.

 习题 7.2

1. 证明：$\lim\limits_{\substack{x \to 0 \\ y \to 0}} \dfrac{xy}{\sqrt{x^2+y^2}} = 0$.

2. 判断 $\lim\limits_{\substack{x \to 0 \\ y \to 0}} \dfrac{\sin \pi x \sin \pi y}{\sin^2 \pi x + \sin^2 \pi y}$ 是否存在.

3. 讨论函数 $f(x,y) = \sin(x^2 + y)$ 在点 $(0,0)$ 的连续性.

4. 求极限 $\lim\limits_{\substack{x \to \infty \\ y \to 0}} \left(1 - \dfrac{1}{x}\right)^{\frac{x^2}{x+y}}$.

## 第 3 节　偏导数

　　一元函数的导数反映了函数因变量随自变量的变化而变化的情况,对于多元函数,我们也同样需要研究其因变量随自变量的变化而变化的情况. 由于多元函数的自变量不止一个,因变量与自变量的关系也比一元函数复杂得多,因此我们先研究二元函数的偏导数问题,然后可以将所得到的结论推广到 $n(n>2)$ 元函数上.

### 3.1 二元函数的偏导数

#### 3.1.1　二元函数偏导数的定义

　　对于二元函数来说,自变量有两个,如果我们把其中的一个变量固定,只考虑因变量与另一个变量之间的对应关系,实际上就得到了类似于一元函数的情形,在此基础上再考虑其导数,就得到了如下的定义：

**定义**

设函数 $z=f(x,y)$ 在点 $(x_0,y_0)$ 的某一邻域内有定义,当 $y$ 固定在 $y_0$,而 $x$ 在 $x_0$ 处有增量 $\Delta x$ 时,相应地函数有增量

$$\Delta z = f(x_0+\Delta x,y_0) - f(x_0,y_0).$$

如果 $\lim\limits_{\Delta x \to 0}\dfrac{\Delta z}{\Delta x}=\lim\limits_{\Delta x \to 0}\dfrac{f(x_0+\Delta x,y_0)-f(x_0,y_0)}{\Delta x}$ 存在,则称此极限为函数 $z=f(x,y)$ 在点 $(x_0,y_0)$ 处**对 $x$ 的偏导数**,记作

$$\left.\frac{\partial z}{\partial x}\right|_{\substack{x=x_0\\y=y_0}},\left.\frac{\partial f}{\partial x}\right|_{\substack{x=x_0\\y=y_0}},\left.z'_x\right|_{\substack{x=x_0\\y=y_0}} \text{ 或 } f'_x(x_0,y_0).$$

类似地,函数 $z=f(x,y)$ 在点 $(x_0,y_0)$ 处**对 $y$ 的偏导数**定义为

$$\lim_{\Delta y \to 0}\frac{f(x_0,y_0+\Delta y)-f(x_0,y_0)}{\Delta y},$$

记作

$$\left.\frac{\partial z}{\partial y}\right|_{\substack{x=x_0\\y=y_0}},\left.\frac{\partial f}{\partial y}\right|_{\substack{x=x_0\\y=y_0}},\left.z'_y\right|_{\substack{x=x_0\\y=y_0}} \text{ 或 } f'_y(x_0,y_0).$$

如果函数 $z=f(x,y)$ 在区域 $D$ 内每一点 $(x,y)$ 处对 $x$ 的偏导数都存在,那么此偏导数仍是 $x,y$ 的函数,它就称为函数 $z=f(x,y)$ 对自变量 $x$ 的**偏导函数**,记作

$$\frac{\partial z}{\partial x},\frac{\partial f}{\partial x},z'_x \text{ 或 } f'_x(x,y).$$

类似地,可以定义函数 $z=f(x,y)$ 对自变量 $y$ 的偏导函数,记作

$$\frac{\partial z}{\partial y},\frac{\partial f}{\partial y},z'_y \text{ 或 } f'_y(x,y).$$

从偏导函数的概念可知,$f(x,y)$ 在点 $(x_0,y_0)$ 处对 $x$ 的偏导数 $f_x(x_0,y_0)$ 就是偏导函数 $f_x(x,y)$ 在点 $(x_0,y_0)$ 处的函数值;$f_y(x_0,y_0)$ 就是偏导函数 $f_y(x,y)$ 在点 $(x_0,y_0)$ 处的函数值.在不至于混淆的情况下也把偏导函数简称为偏导数.

从偏导函数的概念我们还可以看出,求 $z=f(x,y)$ 的偏导数,实质上还是求一元函数的导数.例如求 $\dfrac{\partial f}{\partial x}$ 时,只要把 $y$ 看作常量而对 $x$ 求导数;求 $\dfrac{\partial f}{\partial y}$ 时,只要把 $x$ 看作常量而对 $y$ 求导数.

同样,偏导数的概念完全可以推广到二元以上的函数,如三元函数 $u=f(x,y,z)$ 在点 $(x,y,z)$ 处对 $x$ 的偏导数定义为

$$f'_x(x,y,z) = \lim_{\Delta x \to 0}\frac{f(x+\Delta x,y,z)-f(x,y,z)}{\Delta x},$$

其中,$(x,y,z)$ 是函数 $u=f(x,y,z)$ 的定义域内的点,它们的求导仍是一元函数的求导问题.类似地,可以定义三元函数 $u=f(x,y,z)$ 在点 $(x,y,z)$ 处对 $y,z$ 的偏导数.

**例 1**  讨论 $f(x,y)=\begin{cases}\dfrac{x}{\sqrt{x^2+y^2}}, & x^2+y^2 \neq 0 \\ 0, & x^2+y^2=0\end{cases}$ 在 $(0,0)$ 点的偏导数.

**解:** 函数 $f(x,y)$ 对 $x$ 求偏导数,把 $y$ 看成常数,这里 $y=0$.因为 $f(x,0)=\dfrac{x}{\sqrt{x^2}}=$

$\dfrac{x}{|x|}$，所以 $f'_x(0,0)$ 不存在；

对 $y$ 求偏导数，把 $x$ 看成常数，即 $x=0$，所以

$$f'_y(0,0) = \lim_{\Delta y \to 0} \frac{f(0,0+\Delta y) - f(0,0)}{\Delta y} = \lim_{\Delta y \to 0} 0 = 0.$$

**例 2**　求 $z = x^2 \sin 2y$ 在点 $(1,0)$ 的偏导数.

**解：** 求 $\dfrac{\partial z}{\partial x}$ 时，把 $y$ 看作常数，对 $x$ 求导，得

$$\frac{\partial z}{\partial x} = 2x \sin 2y,$$

$$\left.\frac{\partial z}{\partial x}\right|_{\substack{x=1 \\ y=0}} = 2 \cdot \sin 0 = 0;$$

求 $\dfrac{\partial z}{\partial y}$ 时，把 $x$ 看作常数，对 $y$ 求导，得

$$\frac{\partial z}{\partial y} = 2x^2 \cos 2y,$$

$$\left.\frac{\partial z}{\partial y}\right|_{\substack{x=1 \\ y=0}} = 2 \cdot 1^2 \cdot \cos 0 = 2.$$

**例 3**　设 $z = x^y$，求证：$\dfrac{x}{y}\dfrac{\partial z}{\partial x} + \dfrac{1}{\ln x}\dfrac{\partial z}{\partial y} = 2z$.

**证明：** 因为 $\dfrac{\partial z}{\partial x} = y x^{y-1}$，$\dfrac{\partial z}{\partial y} = x^y \ln x$，所以

$$\frac{x}{y}\frac{\partial z}{\partial x} + \frac{1}{\ln x}\frac{\partial z}{\partial y} = \frac{x}{y} y x^{y-1} + \frac{1}{\ln x} x^y \ln x = x^y + x^y = 2z.$$

所以，原结论成立.

**例 4**　设 $r(x,y,z) = \sqrt{x^2+y^2+z^2}$，证明：$\left(\dfrac{\partial r}{\partial x}\right)^2 + \left(\dfrac{\partial r}{\partial y}\right)^2 + \left(\dfrac{\partial r}{\partial z}\right)^2 = 1$.

**解：**
$$\frac{\partial r}{\partial x} = \frac{2x}{2\sqrt{x^2+y^2+z^2}} = \frac{x}{\sqrt{x^2+y^2+z^2}} = \frac{x}{r},$$

$$\frac{\partial r}{\partial y} = \frac{2y}{2\sqrt{x^2+y^2+z^2}} = \frac{y}{\sqrt{x^2+y^2+z^2}} = \frac{y}{r},$$

$$\frac{\partial r}{\partial z} = \frac{2z}{2\sqrt{x^2+y^2+z^2}} = \frac{z}{\sqrt{x^2+y^2+z^2}} = \frac{z}{r},$$

所以，$\left(\dfrac{\partial r}{\partial x}\right)^2 + \left(\dfrac{\partial r}{\partial y}\right)^2 + \left(\dfrac{\partial r}{\partial z}\right)^2 = \left(\dfrac{x}{r}\right)^2 + \left(\dfrac{y}{r}\right)^2 + \left(\dfrac{z}{r}\right)^2 = \dfrac{x^2+y^2+z^2}{r^2} = 1.$

### 3.1.2　偏导数的几何意义

通常情况下，二元函数 $z = f(x,y)$ 对应空间一张曲面，如果把 $z = f(x,y)$ 中的 $y$ 看成常数 $y = y_0$，则下式

$$\begin{cases} z = f(x,y) \\ y = y_0 \end{cases}$$

表示曲面 $z = f(x,y)$ 与平面 $y = y_0$ 相交而成的一条曲线.

根据一元函数导数的几何意义可知，$f_x'(x_0,y_0)$就是这条曲线在点$Q_0(x_0,y_0,f(x_0,y_0))$处的切线关于$x$轴的斜率，即

$$\tan\alpha=\frac{\partial f(x,y)}{\partial x}\Big|_{(x_0,y_0)},$$

其中$\alpha$是切线与$x$轴正向的夹角（见图 7 - 3 - 1）.

同理，$f_y'(x_0,y_0)$是曲面$z=f(x,y)$与平面$x=x_0$的交线

$$\begin{cases} z=f(x,y) \\ x=x_0 \end{cases}$$

在点$Q_0(x_0,y_0,f(x_0,y_0))$处的切线关于$y$轴的斜率，即

$$\tan\beta=\frac{\partial f(x,y)}{\partial y}\Big|_{(x_0,y_0)},$$

其中$\beta$是切线与$y$轴正向的夹角（见图 7 - 3 - 1）.

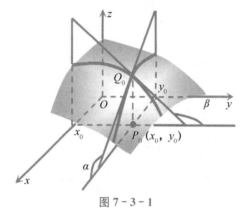

图 7 - 3 - 1

## 3.2 高阶偏导数

二元函数$z=f(x,y)$关于两个变元$x,y$的偏导数$f_x'(x,y)$，$f_y'(x,y)$仍是二元函数，如果它们关于$x,y$的偏导数也存在，则称二元函数$z=f(x,y)$具有**二阶偏导数**.

二元函数$z=f(x,y)$的二阶偏导数有如下四种情形.

$$\frac{\partial}{\partial x}\left(\frac{\partial z}{\partial x}\right)=\frac{\partial^2 z}{\partial x^2}=f_{xx}''(x,y),$$

$$\frac{\partial}{\partial y}\left(\frac{\partial z}{\partial x}\right)=\frac{\partial^2 z}{\partial x\partial y}=f_{xy}''(x,y)(先 x 后 y),$$

$$\frac{\partial}{\partial x}\left(\frac{\partial z}{\partial y}\right)=\frac{\partial^2 z}{\partial y\partial x}=f_{yx}''(x,y)(先 y 后 x),$$

$$\frac{\partial}{\partial y}\left(\frac{\partial z}{\partial y}\right)=\frac{\partial^2 z}{\partial y^2}=f_{yy}''(x,y).$$

类似地可定义二元函数$z=f(x,y)$的三阶偏导数（共有 8 个），

$$\frac{\partial}{\partial x}\left(\frac{\partial^2 z}{\partial x^2}\right)=\frac{\partial^3 z}{\partial x^3}=f_{xxx}'''(x,y),\frac{\partial}{\partial y}\left(\frac{\partial^2 z}{\partial x^2}\right)=\frac{\partial^3 z}{\partial x^2\partial y}=f_{xxy}'''(x,y),\cdots$$

一般地，二元函数$z=f(x,y)$的$m$阶偏导数的偏导数称为$z=f(x,y)$的$m+1$阶偏

导数($m$ 阶偏导数共有 $2^m$ 个). 二阶以上的偏导数统称为**高阶偏导数**.

**例 5** 设 $z = y^x$,求 $\dfrac{\partial^2 z}{\partial x^2}$,$\dfrac{\partial^2 z}{\partial x \partial y}$ 和 $\dfrac{\partial^2 z}{\partial y \partial x}$.

**解:** 因为 $\dfrac{\partial z}{\partial x} = y^x \ln y$,$\dfrac{\partial z}{\partial y} = xy^{x-1}$,所以

$$\frac{\partial^2 z}{\partial x^2} = \frac{\partial}{\partial x}(y^x \ln y) = y^x \ln^2 y,$$

$$\frac{\partial^2 z}{\partial x \partial y} = \frac{\partial}{\partial y}(y^x \ln y) = x y^{x-1} \ln y + y^{x-1},$$

$$\frac{\partial^2 z}{\partial y \partial x} = \frac{\partial}{\partial x}(xy^{x-1}) = xy^{x-1} \ln y + y^{x-1}.$$

**例 6** 设 $z = \mathrm{e}^{ax} \cos by$,求二阶偏导数.

**解:** $\dfrac{\partial z}{\partial x} = (\mathrm{e}^{ax} \cos by)'_x = a\,\mathrm{e}^{ax} \cos by$,$\dfrac{\partial z}{\partial y} = (\mathrm{e}^{ax} \cos by)'_y = -b\,\mathrm{e}^{ax} \sin by$,

$$\frac{\partial^2 z}{\partial x^2} = (a\,\mathrm{e}^{ax} \cos by)'_x = a^2 \mathrm{e}^{ax} \cos by,$$

$$\frac{\partial^2 z}{\partial y^2} = (-b\,\mathrm{e}^{ax} \sin by)'_y = -b^2 \mathrm{e}^{ax} \cos by,$$

$$\frac{\partial^2 z}{\partial x \partial y} = (a\,\mathrm{e}^{ax} \cos by)'_y = -a b\,\mathrm{e}^{ax} \sin by,$$

$$\frac{\partial^2 z}{\partial y \partial x} = (-b\,\mathrm{e}^{ax} \sin by)'_x = -a b\,\mathrm{e}^{ax} \sin by.$$

**例 7** 设 $z = x^3 y^2 - 3xy^3 - xy + 1$,求 $\dfrac{\partial^2 z}{\partial x \partial y}$ 和 $\dfrac{\partial^2 z}{\partial y \partial x}$.

**解:**

$$\frac{\partial z}{\partial x} = (x^3 y^2 - 3xy^3 - xy + 1)'_x = 3x^2 y^2 - 3y^3 - y,$$

$$\frac{\partial z}{\partial y} = (x^3 y^2 - 3xy^3 - xy + 1)'_y = 2x^3 y - 9xy^2 - x,$$

$$\frac{\partial^2 z}{\partial x \partial y} = (3x^2 y^2 - 3y^3 - y)'_y = 6x^2 y - 9y^2 - 1,$$

$$\frac{\partial^2 z}{\partial y \partial x} = (2x^3 y - 9xy^2 - x)'_x = 6x^2 y - 9y^2 - 1.$$

二元函数 $z = f(x, y)$ 的二阶偏导数 $\dfrac{\partial^2 z}{\partial x \partial y}$,$\dfrac{\partial^2 z}{\partial y \partial x}$ 称为**二阶混合偏导数**,观察在例 5、例 6 和例 7 中计算得到的二阶混合偏导数,可以发现,$\dfrac{\partial^2 z}{\partial x \partial y} = \dfrac{\partial^2 z}{\partial y \partial x}$,即二阶混合偏导数相等. 一般地,有下面的定理:

**定理** 如果 $z = f(x, y)$ 二阶偏导数 $\dfrac{\partial^2 u}{\partial x \partial y}$,$\dfrac{\partial^2 u}{\partial y \partial x}$ 在点 $(x_0, y_0)$ 的某邻域内存在,且在该点连续,则在 $(x_0, y_0)$ 点处

$$\frac{\partial^2 u}{\partial x \partial y} = \frac{\partial^2 u}{\partial y \partial x}.$$

证明略.

## 小结

偏导数的概念，几何意义.
高阶偏导数.

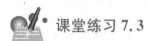

## 课堂练习 7.3

1. 设 $f(x,y)=xy+x^2$，求 $f'_x(x,y)$，$f'_y(x,y)$，$f'_x(2,0)$ 及 $f'_y(0,2)$.

2. 求函数 $z=\ln x \sin 2y$ 在点 $\left(1,\dfrac{\pi}{8}\right)$ 处的两个偏导数.

## 习题 7.3

1. 求函数 $z=x^y$ 的偏导数.

2. 求函数 $z=\ln(1+x^2+y^2)$ 在点 $(1,2)$ 处的偏导数.

3. 在由 $R_1$，$R_2$ 组成的一个并联电路中，若 $R_1>R_2$，问改变哪一个电阻才能使总电阻 R 的变化更大？

4. 设 $z=x^3y+2xy^2-3y^3$，求其二阶偏导数.

## 第4节 全微分

通过前面的学习我们知道，对于一元函数 $y=f(x)$，当自变量在点 $x$ 获得增量 $\Delta x$ 时，函数相应的增量为 $\Delta y$，此时函数的微分 $dy$ 是函数增量 $\Delta y$ 的主要部分，且是 $\Delta x$ 的线性表达式，我们按照这种思想来研究二元函数的微分问题.

### 4.1 全微分的概念

根据一元函数微分学中增量与微分的关系，对于二元函数 $z=f(x,y)$，如果其中一个变量固定，另一个变量发生变化，那么有
$$f(x+\Delta x,y)-f(x,y)\approx f_x(x,y)\Delta x, f(x,y+\Delta y)-f(x,y)\approx f_y(x,y)\Delta y.$$
上面两式的左端分别叫作二元函数对 $x$ 和对 $y$ 的偏增量，而右端分别叫作二元函数对 $x$ 和对 $y$ 的偏微分.

当然，如果二元函数 $z=f(x,y)$ 的两个变量都发生变化，此时函数的增量的形式就与上面不同，这时就是所谓全增量的问题.下面我们给出其定义.

设函数 $z=f(x,y)$ 在点 $P(x_0,y_0)$ 的某邻域内有定义,点 $P'(x_0+\Delta x,y_0+\Delta y)$ 为此邻域内的任意一点,则称此两点的函数值之差 $f(x_0+\Delta x,y_0+\Delta y)-f(x_0,y_0)$ 为函数在点 $P(x_0,y_0)$ 处对应于自变量增量 $\Delta x$、$\Delta y$ 的全增量,记作 $\Delta z$,即

$$\Delta z = f(x_0+\Delta x,y_0+\Delta y)-f(x_0,y_0).$$

一般说来,计算全增量是比较复杂的,依照一元函数计算增量的方法,我们希望用自变量的增量 $\Delta x$、$\Delta y$ 的线性函数来近似地代替函数的全增量,且要求误差很小,从而引出二元函数的全微分的定义.

**定义**

若函数 $z=f(x,y)$ 在点 $(x_0,y_0)$ 处的全增量 $\Delta z = f(x_0+\Delta x,y_0+\Delta y)-f(x_0,y_0)$ 可以表示为

$$\Delta z = A\Delta x + B\Delta y + \alpha,$$

其中 $A$、$B$ 与 $\Delta x$、$\Delta y$ 无关,$\alpha$ 是 $\rho=\sqrt{(\Delta x)^2+(\Delta y)^2}$ 的高阶无穷小,则称 $A\Delta x+B\Delta y$ 为函数 $z=f(x,y)$ 在点 $(x_0,y_0)$ 处的**全微分**,记作 $dz$,即

$$dz = A\Delta x + B\Delta y,$$

这时也称函数 $z=f(x,y)$ 在点 $(x_0,y_0)$ 处**可微**.

如果函数 $z=f(x,y)$ 在区域 $D$ 内处处可微,则称函数 $z=f(x,y)$ 在区域 $D$ 内可微.

如果函数 $z=f(x,y)$ 在点 $(x_0,y_0)$ 处可微,则函数在该点必连续;如果函数在点 $(x_0,y_0)$ 处不连续,则函数在该点必不可微.

## 4.2 全微分的几何意义

结合一元函数微分的几何意义来理解二元函数全微分的几何意义.参考图 $7-4-1$,图中:

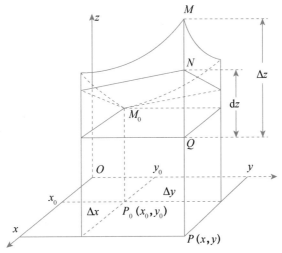

图 $7-4-1$

$M_0M$ 表示二元函数 $z=f(x,y)$ 对应的曲面；

$M_0N$ 表示由点 $M_0$ 处的不重合的两条切线确定的曲面 $M_0M$ 过点 $M_0$ 的切平面；

$M_0Q$ 表示 $z=f(x_0,y_0)$ 的平面.

二元函数全微分的几何意义是用切平面 $M_0N$ 的立标的增量 $\mathrm{d}z$ 近似曲面立标的增量 $\Delta z$，即

$$\Delta z \approx \mathrm{d}z,$$

且 $\Delta z - \mathrm{d}z = O(\rho)$，其中 $\rho = \sqrt{(\Delta x)^2 + (\Delta y)^2}$.

## 4.3 可微的条件

下面进一步讨论 $z=f(x,y)$ 在点 $(x_0,y_0)$ 处可微分的必要与充分条件.

**定理 1(必要条件)** 如果函数 $z=f(x,y)$ 在点 $(x_0,y_0)$ 可微分，则该函数在点 $(x_0,y_0)$ 的偏导数 $\frac{\partial z}{\partial x}, \frac{\partial z}{\partial y}$ 必定存在，且函数 $z=f(x,y)$ 在点 $(x_0,y_0)$ 处的全微分为

$$\mathrm{d}z = \frac{\partial z}{\partial x}\Delta x + \frac{\partial z}{\partial y}\Delta y.$$

**证** 因为函数 $z=f(x,y)$ 在点 $(x_0,y_0)$ 处可微分，由微分定义

$$\Delta z = f(x_0 + \Delta x, y_0 + \Delta y) - f(x_0,y_0) = A\Delta x + B\Delta y + O(\rho).$$

因为上式对任意的 $\Delta x, \Delta y$ 都成立，特别地当 $\Delta y = 0$ 时，上式也成立，此时 $\rho = |\Delta x|$，且此式两边各除以 $\Delta x$，再令 $\Delta x \to 0$ 取极限，得

$$\lim_{\Delta x \to 0} \frac{f(x+\Delta x, y) - f(x,y)}{\Delta x} = A.$$

这说明偏导数 $\frac{\partial z}{\partial x}$ 存在，且等于 $A$，同理可证 $B = \frac{\partial z}{\partial y}$，从而有

$$\mathrm{d}z = \frac{\partial z}{\partial x}\Delta x + \frac{\partial z}{\partial y}\Delta y.$$

习惯上我们将自变量的增量分别记为 $\mathrm{d}x, \mathrm{d}y$，并分别称为自变量的微分，这时，函数 $z=f(x,y)$ 的全微分就可写成

$$\mathrm{d}z = \frac{\partial z}{\partial x}\mathrm{d}x + \frac{\partial z}{\partial y}\mathrm{d}y,$$

其中 $\frac{\partial z}{\partial x}\mathrm{d}x$ 与 $\frac{\partial z}{\partial y}\mathrm{d}y$ 分别叫作函数在点 $(x_0,y_0)$ 对 $x,y$ 的偏微分. 由此可知，二元函数的全微分等于它的两个偏微分之和，这种关系称为二元函数的**微分符合叠加原理**.

偏导数存在是可微分的必要条件而不是充分条件. 但是，如果再假定函数的各个偏导数连续，则可以证明函数是可微分的，即有如下定理.

**定理 2(充分条件)** 如果函数 $z=f(x,y)$ 的偏导数 $\frac{\partial z}{\partial x}$ 及 $\frac{\partial z}{\partial y}$ 在点 $(x_0,y_0)$ 连续，则函数在该点可微分.

证明略.

**例 1**　求 $z = \sin(x^2 + y^2)$ 的全微分.

**解:** 因为 $\dfrac{\partial z}{\partial x} = 2x\cos(x^2 + y^2), \dfrac{\partial z}{\partial y} = 2y\cos(x^2 + y^2)$，于是根据全微分计算公式,

$$dz = \frac{\partial z}{\partial x}dx + \frac{\partial z}{\partial y}dy$$
$$= 2x\cos(x^2 + y^2)dx + 2y\cos(x^2 + y^2)dy$$
$$= 2\cos(x^2 + y^2)(xdx + ydy).$$

**例 2**　求 $z = x^2 y^2$ 在点 $(2, -1)$ 处的全微分.

**解:** 由于 $\dfrac{\partial z}{\partial x} = 2xy^2, \dfrac{\partial z}{\partial y} = 2x^2 y$，所以

$$\frac{\partial z}{\partial x}\bigg|_{\substack{x=2 \\ y=-1}} = 2 \cdot 2 \cdot (-1)^2 = 4, \frac{\partial z}{\partial y}\bigg|_{\substack{x=2 \\ y=-1}} = 2 \cdot 2^2 \cdot (-1) = -8.$$

于是函数在点 $(2, -1)$ 的全微分为

$$dz = 4dx - 8dy.$$

**例 3**　求函数 $z = x^y$ 的全微分.

**解:** 由于 $\dfrac{\partial z}{\partial x} = yx^{y-1}, \dfrac{\partial z}{\partial y} = x^y \ln x$，所以

$$dz = yx^{y-1}dx + x^y \ln x \, dy.$$

**例 4**　计算 $z = x^2 y + \dfrac{y}{x}$ 在点 $(1, -1)$ 的全微分.

**解:** $dz = \left(2xy - \dfrac{y}{x^2}\right)dx + \left(x^2 + \dfrac{1}{x}\right)dy$，把点 $(1, -1)$ 带入得

$$dz = -dx + 2dy.$$

## *4.4　近似计算

若 $z = f(x, y)$ 在 $(x_0, y_0)$ 点可微,则由本节定理 1 可知,$\Delta z = dz + O(\rho)$,由此而得

$$\Delta z \approx dz = f_x'(x_0, y_0)\Delta x + f_y'(x_0, y_0)\Delta y,$$

所以得近似公式

$$f(x_0 + \Delta x, y_0 + \Delta y) \approx f(x_0, y_0) + dz = f(x_0, y_0) + f_x'(x_0, y_0)\Delta x + f_y'(x_0, y_0)\Delta y.$$

**例 5**　求 $\sqrt[3]{2.02^2 + 1.99^2}$ 的近似值.

**解:** 所计算的值可以看作函数 $z = f(x, y) = \sqrt[3]{x^2 + y^2}$ 在点 $(2.02, 1.99)$ 处的值.

显然　$f(2, 2) = \sqrt[3]{2^2 + 2^2} = 2.$

故取　$x_0 = 2, y_0 = 2, \Delta x = 0.02, \Delta y = -0.01$,代入近似公式,得

$$f(2.02, 1.99) \approx f(2, 2) + f_x'(2, 2)\Delta x + f_y'(2, 2)\Delta y.$$

而

$$f_x'(2, 2)\Delta x = \frac{2x}{3\sqrt[3]{(x^2 + y^2)^2}}\bigg|_{\substack{x=2 \\ y=2}} \cdot \Delta x = \frac{2}{3} \cdot \frac{2}{\sqrt[3]{8^2}} \cdot 0.02 = \frac{0.02}{3};$$

$$f'_y(2,2)\Delta y = \frac{2y}{3\sqrt[3]{(x^2+y^2)^2}}\bigg|_{\substack{x=2\\y=2}} \cdot \Delta y = \frac{2}{3} \cdot \frac{2}{\sqrt[3]{8^2}} \cdot (-0.01) = -\frac{0.01}{3}.$$

因此    $f(2.02,1.99) \approx 2 + \frac{0.02}{3} - \frac{0.01}{3} = 2.0033.$

**例 6**    计算 $(1.04)^{2.02}$ 的近似值.

**解:** 设函数 $f(x,y) = x^y$, 取 $x_0 = 1, y_0 = 2, \Delta x = 0.04, \Delta y = 0.02$. 因为

$$f(1,2) = 1, f'_x(x,y) = yx^{y-1}, f'_y(x,y) = x^y\ln x,$$
$$f'_x(1,2) = 2, f'_y(1,2) = 0.$$

由公式得, $(1.04)^{2.02} \approx 1 + 2 \cdot 0.04 + 0 \cdot 0.02 = 1.08.$

**例 7**    有一铜质球台形密闭容器, 内半径 $r = 10$ cm, 内高 $h = 5$ cm, 壁厚 1 cm, 求容器用铜的体积.

**解:** 根据定积分的几何应用, 设曲线 $x = \sqrt{r^2-y^2}$ 绕 $y$ 轴旋转成球台形, 如图 7-4-2 所示. 可知球台形密闭容器体积.

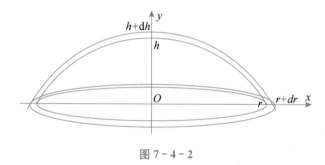

图 7-4-2

$$V(r,h) = \int_0^h \pi(r^2-y^2)\mathrm{d}y = \pi r^2 h - \frac{1}{3}\pi h^3.$$

原问题待求体积可看作球台体当厚度增加 1 cm, 即 $\mathrm{d}r = \mathrm{d}h = 1$ 时体积的改变量. 根据全微分近似计算公式

$$\Delta V \approx \mathrm{d}V = V'_r \mathrm{d}r + V'_h \mathrm{d}h = 2\pi rh \cdot \mathrm{d}r + (\pi r^2 - \pi h^2) \cdot \mathrm{d}h,$$

因为 $V'_r(10,5) = 100\pi, V'_h(10,5) = 75\pi$, 则

$$\mathrm{d}V = 100\pi \cdot \mathrm{d}r + 75\pi \cdot \mathrm{d}h.$$

得 $\mathrm{d}V = 100\pi + 75\pi = 175\pi \approx 549.5$ cm³. 所以容器用铜的体积约为 549.5 cm³.

 小结

全微分的概念.
求二元函数的全微分.

 课堂练习 7.4

1. 求 $z = \sin(x^2 + y^2)$ 的全微分.

2. 求 $z = x^2 y^2$ 在点 $(2, -1)$ 处的全微分.

**习题 7.4**

1. 求函数 $z = \mathrm{e}^{\frac{y}{x}}$ 的全微分.

2. 求 $z = y\cos(x - 2y)$ 在点 $\left(\pi, \dfrac{\pi}{4}\right)$ 处的全微分.

3. 设 $u = x\,\mathrm{e}^{xy+2z}$,求 $u$ 的全微分.

4. 求 $u = x^{yz}$ 的全微分.

## 第 5 节　复合函数和隐函数的微分法

### 5.1　复合函数微分法

多元复合函数的求导是多元函数微分学中的重要内容,现在我们要将一元函数微分学中的求导法则推广到多元复合函数的情形,从而得到多元函数的求导法则.

**定理 1**　若函数 $u = u(x)$ 及 $v = v(x)$ 都在点 $x$ 处可导,且 $z = f(u, v)$ 在对应点 $(u, v)$ 可微,则复合函数 $z = f(u(x), v(x))$ 在对应点 $x$ 处可导,且

$$\frac{\mathrm{d}z}{\mathrm{d}x} = \frac{\partial z}{\partial u} \cdot \frac{\mathrm{d}u}{\mathrm{d}x} + \frac{\partial z}{\partial v} \cdot \frac{\mathrm{d}v}{\mathrm{d}x}.$$

**证明:** 对复合函数 $z = f(u(x), v(x))$,给自变量 $x$ 一个增量 $\Delta x$,那么对应的中间变量 $u$ 和 $v$ 也分别有一个增量 $\Delta u$ 和 $\Delta v$. 因为 $z = f(u, v)$ 在对应点 $(u, v)$ 可微,所以

$$\Delta z = \frac{\partial z}{\partial u} \cdot \Delta u + \frac{\partial z}{\partial v} \cdot \Delta v + O(\sqrt{(\Delta u)^2 + (\Delta v)^2}),$$

而

$$\frac{\mathrm{d}z}{\mathrm{d}x} = \lim_{\Delta x \to 0} \frac{\Delta z}{\Delta x} = \lim_{\Delta x \to 0} \left[\frac{\partial z}{\partial u} \cdot \frac{\Delta u}{\Delta x} + \frac{\partial z}{\partial v} \cdot \frac{\Delta v}{\Delta x} + \frac{O(\sqrt{(\Delta u)^2 + (\Delta v)^2})}{\Delta x}\right]$$

$$= \frac{\partial z}{\partial u} \cdot \frac{\mathrm{d}u}{\mathrm{d}x} + \frac{\partial z}{\partial v} \cdot \frac{\mathrm{d}v}{\mathrm{d}x} + \lim_{\Delta x \to 0} \frac{O(\sqrt{(\Delta u)^2 + (\Delta v)^2})}{\Delta x}.$$

又因为函数 $u = u(x)$ 与 $v = v(x)$ 在点 $x$ 处可导,所以

$$\lim_{\Delta x \to 0} \frac{O(\sqrt{(\Delta u)^2 + (\Delta v)^2})}{\Delta x} = \lim_{\Delta x \to 0} \frac{O(\sqrt{(\Delta u)^2 + (\Delta v)^2})}{\sqrt{(\Delta u)^2 + (\Delta v)^2}} \cdot \lim_{\Delta x \to 0} \frac{\sqrt{(\Delta u)^2 + (\Delta v)^2}}{\Delta x}$$

$$= 0 \cdot \lim_{\Delta x \to 0} \left(\pm \sqrt{\left(\frac{\Delta u}{\Delta x}\right)^2 + \left(\frac{\Delta v}{\Delta x}\right)^2}\right)$$

$$= 0.$$

所以

$$\frac{\mathrm{d}z}{\mathrm{d}x} = \frac{\partial z}{\partial u} \cdot \frac{\mathrm{d}u}{\mathrm{d}x} + \frac{\partial z}{\partial v} \cdot \frac{\mathrm{d}v}{\mathrm{d}x}.$$

证毕.

定理 1 中,由于 $z=f(u(x),v(x))$ 是以 $u,v$ 为中间变量的二元函数,$u,v$ 是以 $x$ 为自变量的一元函数,所以 $z=f(u(x),v(x))=z(x)$,即 $z$ 最终是变量 $x$ 的一元函数,这种情况下,我们称 $\dfrac{\mathrm{d}z}{\mathrm{d}x}$ 为**全导数**.

**例 1** $z=uv+\sin t,u=\mathrm{e}^t,v=\cos t$,求全导数 $\dfrac{\mathrm{d}z}{\mathrm{d}x}$.

**解**:首先理清复合函数的复合结构如下:

所以

$$\frac{\mathrm{d}z}{\mathrm{d}t}=\frac{\partial z}{\partial u}\cdot\frac{\mathrm{d}u}{\mathrm{d}t}+\frac{\partial z}{\partial v}\cdot\frac{\mathrm{d}v}{\mathrm{d}t}+\frac{\partial z}{\partial t}\cdot\frac{\mathrm{d}t}{\mathrm{d}t}=v\mathrm{e}^t+u(-\sin t)+\cos t=\mathrm{e}^t(\cos t-\sin t)+\cos t.$$

**定理 2** 若函数 $u=u(x,y)$ 及 $v=v(x,y)$ 都在点 $(x,y)$ 具有对 $x$ 和 $y$ 的偏导数,且 $z=f(u,v)$ 在对应点 $(u,v)$ 可微,则复合函数 $z=f(u(x,y),v(x,y))$ 在对应点 $(x,y)$ 处偏导数存在,且

$$\frac{\partial z}{\partial x}=\frac{\partial z}{\partial u}\cdot\frac{\partial u}{\partial x}+\frac{\partial z}{\partial v}\cdot\frac{\partial v}{\partial x};\qquad\frac{\partial z}{\partial y}=\frac{\partial z}{\partial u}\cdot\frac{\partial u}{\partial y}+\frac{\partial z}{\partial v}\cdot\frac{\partial v}{\partial y}.$$

定理 2 的证明与定理 1 的类似.

值得注意的是,复合函数的求导法则必须要求外函数 $f(u,v)$ 可微. 在内函数 $u=u(x,y)$ 及 $v=v(x,y)$ 偏导数存在的情况下,定理中的结论才成立. 当然,如果外函数可微,内函数可微,则复合函数亦可微.

上述定理 2 可以推广到二元以上的函数,如果外函数为 $r=f(u,v,w)$,内函数为 $u=u(x,y),v=v(x,y),w=w(x,y)$,则

$$\frac{\partial r}{\partial x}=\frac{\partial r}{\partial u}\cdot\frac{\partial u}{\partial x}+\frac{\partial r}{\partial v}\cdot\frac{\partial v}{\partial x}+\frac{\partial r}{\partial w}\cdot\frac{\partial w}{\partial x};\qquad\frac{\partial r}{\partial y}=\frac{\partial r}{\partial u}\cdot\frac{\partial u}{\partial y}+\frac{\partial r}{\partial v}\cdot\frac{\partial v}{\partial y}+\frac{\partial r}{\partial w}\cdot\frac{\partial w}{\partial y}.$$

此称为**链式法则**.

在应用复合函数的求导法则时不需要死记硬背公式,只需画出函数结构图,然后按照变量间的结构依次求导即可.

**例 2** $z=\ln(u^2+v),u=\mathrm{e}^{x+y^2},v=x^2+y$,求 $\dfrac{\partial z}{\partial x},\dfrac{\partial z}{\partial y}$.

**解**:作出复合函数结构图:

所以

$$\frac{\partial z}{\partial x}=\frac{\partial z}{\partial u}\cdot\frac{\partial u}{\partial x}+\frac{\partial z}{\partial v}\cdot\frac{\partial v}{\partial x}=\frac{2u}{u^2+v}\cdot\mathrm{e}^{x+y^2}+\frac{1}{u^2+v}\cdot 2x=\frac{2}{u^2+v}(u\,\mathrm{e}^{x+y^2}+x),$$

$$\frac{\partial z}{\partial y}=\frac{\partial z}{\partial u}\cdot\frac{\partial u}{\partial y}+\frac{\partial z}{\partial v}\cdot\frac{\partial v}{\partial y}=\frac{2u}{u^2+v}\cdot 2y\mathrm{e}^{x+y^2}+\frac{1}{u^2+v}=\frac{1}{u^2+v}(4uy\,\mathrm{e}^{x+y^2}+1).$$

**例 3** 设 $u = f(x,y,z) = \mathrm{e}^{x^2+y^2+z^2}$，而 $z = x^2 \sin y$. 求 $\dfrac{\partial u}{\partial x}, \dfrac{\partial u}{\partial y}$.

**解：**
$$\frac{\partial u}{\partial x} = \frac{\partial f}{\partial x} \cdot \frac{\mathrm{d}x}{\mathrm{d}x} + \frac{\partial f}{\partial y} \cdot \frac{\partial y}{\partial x} + \frac{\partial f}{\partial z} \cdot \frac{\partial z}{\partial x}$$

$$= \frac{\partial f}{\partial x} + \frac{\partial f}{\partial z} \cdot \frac{\partial z}{\partial x}$$

$$= 2x\, \mathrm{e}^{x^2+y^2+z^2} + 2z\, \mathrm{e}^{x^2+y^2+z^2} \cdot 2x \sin y$$

$$= 2x(1 + 2\,x^2 \sin^2 y)\, \mathrm{e}^{x^2+y^2+z^2}.$$

$$\frac{\partial u}{\partial y} = \frac{\partial f}{\partial x} \cdot \frac{\partial x}{\partial y} + \frac{\partial f}{\partial y} \cdot \frac{\mathrm{d}y}{\mathrm{d}y} + \frac{\partial f}{\partial z} \cdot \frac{\partial z}{\partial y}$$

$$= \frac{\partial f}{\partial y} + \frac{\partial f}{\partial z} \cdot \frac{\partial z}{\partial y}$$

$$= 2y\, \mathrm{e}^{x^2+y^2+z^2} + 2z\, \mathrm{e}^{x^2+y^2+z^2} \cdot x^2 \cos y$$

$$= (2y + x^4 \sin 2y)\, \mathrm{e}^{x^2+y^2+z^2}.$$

需要指明的是，例 3 中引入了记号 $\dfrac{\partial f}{\partial x}, \dfrac{\partial f}{\partial y}$ 和 $\dfrac{\partial f}{\partial z}$，这是为了避免与 $\dfrac{\partial u}{\partial x}, \dfrac{\partial u}{\partial y}$ 和 $\dfrac{\partial u}{\partial z}$ 混淆. 在 $\dfrac{\partial f}{\partial x}, \dfrac{\partial f}{\partial y}$ 和 $\dfrac{\partial f}{\partial z}$ 中，$x, y, z$ 是 $u = f(x,y,z)$ 函数中三个相互独立的自变量，而 $\dfrac{\partial u}{\partial x}, \dfrac{\partial u}{\partial y}$ 和 $\dfrac{\partial u}{\partial z}$ 中，$x, y$ 是两个相互独立的自变量，而 $z = z(x,y)$ 是 $x, y$ 的函数.

**例 4** 设 $z = uv + \sin t, u = \mathrm{e}^t, v = \cos t$，求全导数 $\dfrac{\mathrm{d}z}{\mathrm{d}t}$.

**解：**函数复合结构图如下：

所以

$$\frac{\mathrm{d}z}{\mathrm{d}t} = \frac{\partial z}{\partial u} \frac{\mathrm{d}u}{\mathrm{d}t} + \frac{\partial z}{\partial v} \frac{\mathrm{d}v}{\mathrm{d}t} + \frac{\partial z}{\partial t} \frac{\mathrm{d}t}{\mathrm{d}t}$$

$$= v\, \mathrm{e}^t + u(-\sin t) + \cos t$$

$$= \mathrm{e}^t(\cos t - \sin t) + \cos t.$$

## 5.2 隐函数的微分法

在一元函数中，我们曾学习过隐函数的求导法则，但未给出一般公式，下面由复合函数的求导法则推导出两类隐函数的求导公式.

**1. 方程 $F(x,y) = 0$ 确定了隐函数 $y = f(x)$**

设方程 $F(x,y) = 0$ 确定了隐函数 $y = f(x)$，将其代入方程，得
$$F[x, f(x)] = 0,$$
两端对 $x$ 求导，得
$$F'_x + F'_y \frac{\mathrm{d}y}{\mathrm{d}x} = 0.$$

若 $F_y' \neq 0$, 则有

$$\frac{\mathrm{d}y}{\mathrm{d}x} = -\frac{F_x'}{F_y'}.$$

**例 5** 设方程 $x^2 + y^2 = 1$ 确定了隐函数 $y = f(x)$, 求 $\frac{\mathrm{d}y}{\mathrm{d}x}$.

**解**: 因 $F(x, y) = x^2 + y^2 - 1, F_x' = 2x, F_y' = 2y$, 所以

$$\frac{\mathrm{d}y}{\mathrm{d}x} = -\frac{F_x'}{F_y'} = -\frac{2x}{2y} = -\frac{x}{y}.$$

**例 6** 设方程 $x^3 - y^2 + \arcsin(xy) = 0$ 确定隐函数 $y = f(x)$, 求 $\frac{\mathrm{d}y}{\mathrm{d}x}$.

**解**: 设 $F(x, y) = x^3 - y^2 + \arcsin(xy)$, 则有

$$F_x' = 3x^2 + \frac{y}{\sqrt{1 - x^2 y^2}} = \frac{3x^2\sqrt{1 - x^2 y^2} + y}{\sqrt{1 - x^2 y^2}},$$

$$F_y' = -2y + \frac{x}{\sqrt{1 - x^2 y^2}} = \frac{x - 2y\sqrt{1 - x^2 y^2}}{\sqrt{1 - x^2 y^2}},$$

所以, $\dfrac{\mathrm{d}y}{\mathrm{d}x} = -\dfrac{\dfrac{3x^2\sqrt{1 - x^2 y^2} + y}{\sqrt{1 - x^2 y^2}}}{\dfrac{x - 2y\sqrt{1 - x^2 y^2}}{\sqrt{1 - x^2 y^2}}} = \dfrac{3x^2\sqrt{1 - x^2 y^2} + y}{2y\sqrt{1 - x^2 y^2} - x}.$

**2. 方程 $F(x, y, z) = 0$ 确定了隐函数 $z = f(x, y)$**

若方程 $F(x, y, z) = 0$ 确定了隐函数 $z = f(x, y)$, 将 $z = f(x, y)$ 代入方程得

$$F[x, y, z(x, y)] = 0,$$

两端对 $x, y$ 求导数得

$$F_x' + F_z'\frac{\partial z}{\partial x} = 0, \quad F_y' + F_z'\frac{\partial z}{\partial y} = 0.$$

若 $F_z' \neq 0$, 则得

$$\frac{\partial z}{\partial x} = -\frac{F_x'}{F_z'}, \quad \frac{\partial z}{\partial y} = -\frac{F_y'}{F_z'}.$$

**例 7** 设 $x^2 + 2y^2 + 3z^2 = 4x$ 确定了隐函数 $z = f(x, y)$, 求 $\frac{\partial z}{\partial x}, \frac{\partial z}{\partial y}, \frac{\partial^2 z}{\partial x \partial y}$.

**解**: 令 $F(x, y, z) = x^2 + 2y^2 + 3z^2 - 4x$, 则

$$F_x' = 2x - 4, F_y' = 4y, F_z' = 6z,$$

故

$$\frac{\partial z}{\partial x} = -\frac{F_x'}{F_z'} = -\frac{2x - 4}{6z} = \frac{2 - x}{3z}, \quad \frac{\partial z}{\partial y} = -\frac{F_y'}{F_z'} = -\frac{4y}{6z} = \frac{2y}{3z},$$

$$\frac{\partial^2 z}{\partial x \partial y} = \frac{\partial}{\partial y}\left(\frac{2 - x}{3z}\right) = \frac{2 - x}{3}\left(\frac{1}{z}\right)_y' = \frac{2 - x}{3}\left(-\frac{1}{z^2}\right)\frac{\partial z}{\partial y} = -\frac{2 - x}{3z^2}\left(-\frac{2y}{3z}\right) = \frac{2(2 - x)y}{9z^3}.$$

### 小结

多元复合函数的求导法则.

隐函数求导公式.

### 课堂练习 7.5

1. 设 $z = \mathrm{e}^u \sin v$，而 $u = xy$，$v = x + y$，求 $\dfrac{\partial z}{\partial x}$ 和 $\dfrac{\partial z}{\partial y}$.

2. 求由方程 $\sin y + \mathrm{e}^x - xy^2 = 0$ 所确定的隐函数的导数 $\dfrac{\mathrm{d}y}{\mathrm{d}x}$.

### 习题 7.5

1. 求 $z = (x^2 + y^2)^{xy}$ 的偏导数.

2. 设 $z = f(x, x \cos y)$，求 $\dfrac{\partial z}{\partial x}$ 和 $\dfrac{\partial z}{\partial y}$.

3. 求由方程 $z^2 + x^2 y + \mathrm{e}^{xz} - 3\mathrm{e}^x = 0$ 所确定的隐函数 $z = f(x, y)$ 在点 $(0, 1)$ 处的偏导数 $(z > 0)$.

4. 设 $x^2 + 2y^2 + 3z^2 = 4x$，求 $\dfrac{\partial z}{\partial x}, \dfrac{\partial z}{\partial y}$ 和 $\dfrac{\partial^2 z}{\partial x \partial y}$.

## 第 6 节　二元函数的极值

在实际问题中,往往会遇到求多元函数的最大值、最小值问题. 与一元函数相类似,多元函数的最大值、最小值与极大值、极小值有着密切的联系,我们现在主要讨论二元函数的极值、最大值、最小值问题.

## 6.1 二元函数极值的定义

**定义**

设二元函数 $z = f(x, y)$ 在点 $(x_0, y_0)$ 的某个邻域内有定义,对于该邻域内异于 $(x_0, y_0)$ 的点 $(x, y)$,如果都满足不等式
$$f(x, y) \leqslant f(x_0, y_0),$$
则称函数在点 $(x_0, y_0)$ 有**极大值** $f(x_0, y_0)$;如果都满足不等式

$$f(x,y) \geqslant f(x_0, y_0),$$

则称函数在点$(x_0, y_0)$有**极小值**$f(x_0, y_0)$. 极大值和极小值统称为**极值**. 使函数取得极值的点称为**极值点**.

类似地可定义三元函数$u = f(x, y, z)$的极大值和极小值.

**例 1** 函数$z = 2x^2 + 3y^2$在点$(0,0)$处有极小值(见图 7-6-1). 因为对于点$(0,0)$的任一邻域内异于$(0,0)$的点, 函数值都为正, 而在点$(0,0)$处的函数值为零. 所以, 点$(0,0)$是这个函数的极小值点, $f(0,0) = 0$是这个函数的极小值. 从几何上看是显然的, 因为点$(0,0)$是开口向上的椭圆抛物面$z = 2x^2 + 3y^2$的顶点.

**例 2** 函数$z = -\sqrt{x^2 + y^2}$在点$(0,0)$处有极大值(见图 7-6-2). 因为在点$(0,0)$处函数值为零, 而对于任何异于$(0,0)$的点, 函数值都为负. 所以, $(0,0)$点是这个函数的极大值点, $f(0,0) = 0$是这个函数的极大值. 从几何上看, 点$(0,0)$是位于$xOy$面下方的锥面$z = -\sqrt{x^2 + y^2}$的顶点.

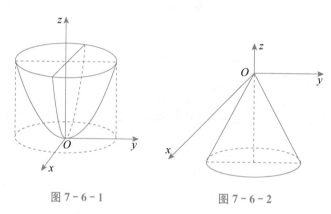

图 7-6-1          图 7-6-2

**例 3** 函数$z = xy$在点$(0,0)$处既不取得极大值也不取得极小值(见图 7-6-3). 因为在点$(0,0)$处的函数值为零, 而在点$(0,0)$的任一邻域内, 总有使函数值为正的点, 也有使函数值为负的点.

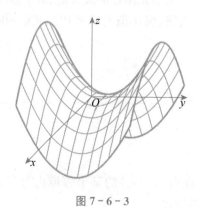

图 7-6-3

## 6.2 二元函数极值的求法

多元函数的极值问题,一般也是利用偏导数来解决.

**定理 1(必要条件)**　设函数 $z=f(x,y)$ 在点 $(x_0,y_0)$ 可微分,且在点 $(x_0,y_0)$ 处有极值,则在该点的偏导数必然为零,即

$$f'_x(x_0,y_0)=0, f'_y(x_0,y_0)=0.$$

**证明**:不妨设 $z=f(x,y)$ 在点 $(x_0,y_0)$ 处有极大值,根据极值定义,对 $(x_0,y_0)$ 的某一邻域内的任一点 $(x,y)$,有

$$f(x,y_0) \leqslant f(x_0,y_0).$$

因为 $z=f(x,y)$ 在点 $(x_0,y_0)$ 可微,所以它在点 $(x_0,y_0)$ 的邻域内连续,也有 $f(x,y_0) \leqslant f(x_0,y_0)$,这表明一元函数 $f(x,y_0)$ 在 $x=x_0$ 处取得极大值.因此

$$f'_x(x_0,y_0)=0.$$

同理可证

$$f'_y(x_0,y_0)=0.$$

证毕.

注意:仿照一元函数,凡是能使 $f'_x(x,y)=0$, $f'_y(x,y)=0$ 同时成立的点 $(x_0,y_0)$ 称为函数 $z=f(x,y)$ 的**驻点**.从定理 1 可知,可微分的函数的极值点一定是驻点.但反之函数的驻点不一定是极值点.例如,点 $(0,0)$ 是函数 $z=xy$ 的驻点,但函数在该点并无极值.

怎样判定一个驻点是否是极值点呢? 我们不加证明地给出定理 2 来回答这个问题.

**定理 2(充分条件)**　设函数 $z=f(x,y)$ 在点 $(x_0,y_0)$ 的某邻域内具有一阶及二阶连续偏导数,又 $f'_x(x_0,y_0)=0, f'_y(x_0,y_0)=0$,若记

$$A=f''_{xx}(x_0,y_0), B=f''_{xy}(x_0,y_0), C=f''_{yy}(x_0,y_0),$$

则 $z=f(x,y)$ 在点 $(x_0,y_0)$ 处是否取得极值可用下列条件判定:

(1)当 $AC-B^2>0$ 时具有极值,且当 $A<0$ 时有极大值,当 $A>0$ 时有极小值;

(2)当 $AC-B^2<0$ 时没有极值;

(3)当 $AC-B^2=0$ 时可能有极值,也可能没有极值,还需另作讨论.

根据定理 1 和定理 2,我们把具有一阶、二阶连续偏导数的函数 $z=f(x,y)$ 极值的求法归纳为以下三步:

(1) 求驻点,即解方程组

$$\begin{cases} f'_x(x,y)=0, \\ f'_y(x,y)=0, \end{cases}$$

求得一切实数解;

(2) 对于每个驻点 $(x_0,y_0)$,求出二阶偏导数的值 $A,B$ 和 $C$;

(3) 求出 $AC-B^2$ 的值,按定理 2 的结论,判定 $f(x_0,y_0)$ 是否为极值,是极大值还是极小值.

**说明**:如果函数 $z=f(x,y)$ 在点 $(x_0,y_0)$ 的某邻域内偏导数不存在,则需要根据极值

的定义去判定$(x_0,y_0)$是否为极值,如本节例2.

**例4** 求二元函数 $z=x^3+y^3-3xy$ 的极值.

**解**:先解方程组

$$\begin{cases} f'_x(x,y)=3x^2-3y=0, \\ f'_y(x,y)=3y^2-3x=0, \end{cases}$$

求得驻点为$(1,1)$和$(0,0)$.进一步求得

$$f''_{xx}(x,y)=6x, f''_{xy}(x,y)=-3, f''_{yy}(x,y)=6y.$$

在点$(1,1)$处,$A=6,B=-3,C=6$,而 $AC-B^2=27>0$,且 $A=6>0$,则函数在点$(1,1)$取得极小值,极小值为 $f(1,1)=-1$.

在点$(0,0)$处,$AC-B^2=-9<0$,则点$(0,0)$不是极值点.

**例5** 求二元函数 $f(x,y)=x^3-y^3+3x^2+3y^2-9x$ 的极值.

**解**:解方程组

$$\begin{cases} f'_x(x,y)=3x^2+6x-9=0, \\ f'_y(x,y)=-3y^2+6y=0, \end{cases}$$

求得驻点为$(1,0),(1,2),(-3,0),(-3,2)$,

再求二阶偏导数

$$f''_{xx}(x,y)=6x+6, f''_{xy}(x,y)=0, f''_{yy}(x,y)=-6y+6.$$

对于$(1,0)$点:

$$A=12,B=0,C=6,$$
$$AC-B^2=72>0,$$

函数在$(1,0)$点处取得极小值,极小值为 $f(1,0)=-5$;

对于$(1,2)$点:

$$A=12,B=0,C=-6,$$
$$AC-B^2=-72<0,无极值;$$

对于$(-3,0)$点:

$$A=-12,B=0,C=6,$$
$$AC-B^2=-72<0,无极值;$$

对于$(-3,2)$点:

$$A=-12,B=0,C=-6,$$
$$AC-B^2=72>0,$$

函数在$(-3,2)$点处取得极大值,极大值为 $f(-3,2)=31$.

**例6** 某公司每周生产 $x$ 单位甲产品和 $y$ 单位乙产品,其成本为

$$C(x,y)=x^2+2xy+2y^2+1\,000,$$

产品甲和乙的单位售价分别为 200 元和 300 元.假设两种产品均很畅销,试求使公司获得最大利润的这两种产品的生产水平及相应的最大利润.

**解**:依题意,公司的收益函数为

$$R(x,y)=200x+300y,$$

因此,公司的利润函数为

$$P(x,y) = R(x,y) - C(x,y) = 200x + 300y - x^2 - 2xy - 2y^2 - 1\,000,$$

令

$$\begin{cases} P'_x(x,y) = 200 - 2x - 2y = 0, \\ P'_y(x,y) = 300 - 2x - 4y = 0, \end{cases}$$

得驻点 $(50,50)$.

二阶偏导数 $A = P''_{xx}(x,y) = -2$, $B = P''_{xy}(x,y) = -2$, $C = P''_{yy}(x,y) = -4$, 显然二阶偏导数在驻点 $(50,50)$ 的值为 $AC - B^2 = 4$ 且 $A = -2 < 0$. 由此可见, 当产品甲和乙的周产量均为 50 个单位时, 公司可获得最大利润, 其最大利润为

$$P(x,y) = 11\,500(元).$$

## 6.3　条件极值

### 6.3.1　条件极值问题

在讨论极值问题时, 往往会遇到这样一种情形, 就是函数的自变量要受到某些条件的限制. 例如, 计算一给定点 $(x_0, y_0, z_0)$ 到曲面 $G(x,y,z) = 0$ 的最短距离问题, 就是这种情形. 我们知道点 $(x,y,z)$ 到点 $(x_0, y_0, z_0)$ 的距离为

$$F(x,y,z) = \sqrt{(x - x_0)^2 + (y - y_0)^2 + (z - z_0)^2}.$$

现在的问题是要求出曲面 $G(x,y,z) = 0$ 上的点 $(x,y,z)$ 使 $F$ 为最小, 即问题转化为求函数 $F(x,y,z)$ 在条件 $G(x,y,z) = 0$ 下的最小值问题.

又如, 在总和为 $C$ 的几个正数 $x_1, x_2, \cdots, x_n$ 的数组中, 求一数组, 使函数值

$$f = x_1{}^2 + x_2{}^2 + \cdots + x_n{}^2$$

为最小, 这是在条件 $x_1 + x_2 + \cdots + x_n = C$ $(x_i > 0)$ 的限制下, 求函数 $f$ 的极小值问题. 这类问题叫作**条件极值问题**.

条件极值问题的一般形式是在条件组

$$\varphi_k(x_1, x_2, \cdots, x_n) = 0, k = 1, 2, \cdots, m(m < n)$$

限制下, 求目标函数

$$y = f(x_1, x_2, \cdots, x_n)$$

的极值.

对这种问题的常用的解法是化条件极值为无条件极值.

**例 7**　要设计一个容积为 1 的长方体形开口水箱. 确定长、宽和高, 使水箱的表面积最小.

**解:** 分别以 $x, y$ 和 $z$ 表示水箱的长、宽和高, 该例可表述为: 在约束条件 $xyz = 1$ 下求函数 $S(x,y,z) = 2(xz + yz) + xy$ 的最小值.

由 $xyz = 1$ 解出 $z = \dfrac{1}{xy}$, 并代入函数 $S(x,y,z)$ 中, 得到 $F(x,y) = 2\left(\dfrac{1}{y} + \dfrac{1}{x}\right) + xy$,

然后令 $(F'_x, F'_y) = (0,0)$, 求出驻点 $x = y = \sqrt[3]{2}$, 并有 $z = \dfrac{1}{2}\sqrt[3]{2}$, 最后判定在此驻点上取的最

小面积 $S=3\sqrt[3]{4}$.

然而,在很多情形下无法通过消元法从条件组中解出 $m$ 个变量.下面介绍的拉格朗日乘数法就是一种不直接依赖消元而求解条件极值问题的有效方法.

### 6.3.2 拉格朗日乘数法

设 $(x,y)$ 是函数 $z=f(x,y)$ 在约束条件 $\varphi(x,y)=0$ 下的条件极值问题的极值点,如果函数 $f(x,y),\varphi(x,y)$ 在点 $(x,y)$ 的邻域内有连续偏导数(不妨设 $\varphi'_y(x,y)\neq0$),则由隐函数求导定理 2,得 $\varphi(x,y)=0$ 唯一确定单值连续的隐函数 $y=y(x)$.因此函数 $z=f(x,y(x))$ 在点 $x$ 处取得极值且 $x$ 为驻点,即 $\dfrac{\mathrm{d}z}{\mathrm{d}x}=0$.由复合函数微分法,有

$$\frac{\mathrm{d}z}{\mathrm{d}x}=f'_x(x,y)+f'_y(x,y)\frac{\mathrm{d}y}{\mathrm{d}x}=0. \tag{1}$$

由于 $y=y(x)$ 是由 $\varphi(x,y)=0$ 所确定的,所以

$$\frac{\mathrm{d}y}{\mathrm{d}x}=-\frac{\varphi'_x(x,y)}{\varphi'_y(x,y)},$$

代入(1)式中,消去 $\dfrac{\mathrm{d}y}{\mathrm{d}x}$,得

$$f'_x(x,y)+f'_y(x,y)\left(-\frac{\varphi'_x(x,y)}{\varphi'_y(x,y)}\right)=0,$$

即

$$f'_x(x,y)+\varphi'_x(x,y)\left(-\frac{f'_y(x,y)}{\varphi'_y(x,y)}\right)=0.$$

令 $-\dfrac{f'_y(x,y)}{\varphi'_y(x,y)}=\lambda$,则 $f'_y(x,y)=-\lambda\varphi'_y(x,y)$,所以有

$$\begin{cases}f'_x(x,y)+\lambda\varphi'_x(x,y)=0,\\ f'_y(x,y)+\lambda\varphi'_y(x,y)=0,\\ \varphi(x,y)=0.\end{cases} \tag{2}$$

那么,满足方程组(2)的点 $(x,y)$ 为函数 $z=f(x,y)$ 在约束条件 $\varphi(x,y)=0$ 下的可能的极值点.

于是,我们构造一个函数

$$L(x,y,\lambda)=f(x,y)+\lambda\varphi(x,y),$$

并称之为**拉格朗日函数**,通过引入**拉格朗日乘数** $\lambda$,将有约束问题转化为无约束问题.则(2)等价于

$$\begin{cases}L'_x(x,y,\lambda)=f'_x(x,y)+\lambda\varphi'_x(x,y)=0,\\ L'_y(x,y,\lambda)=f'_y(x,y)+\lambda\varphi'_y(x,y)=0,\\ L'_\lambda(x,y,\lambda)=\varphi(x,y)=0.\end{cases}$$

所以,用拉格朗日乘数法求解条件极值问题可归纳为以下步骤:

(1)构造拉格朗日函数 $L(x,y,\lambda)=f(x,y)+\lambda\varphi(x,y)$;

(2)解方程组

$$\begin{cases} L_x'(x,y,\lambda) = f_x'(x,y) + \lambda \varphi_x'(x,y) = 0, \\ L_y'(x,y,\lambda) = f_y'(x,y) + \lambda \varphi_y'(x,y) = 0, \\ L_\lambda'(x,y,\lambda) = \varphi(x,y) = 0, \end{cases}$$

得点 $(x,y)$，为可能极值点；

(3) 根据实际问题的性质，在可能极值点处求极值.

拉格朗日乘数法求解条件极值问题可推广到更多元函数及多个等式约束的情况，如求函数 $f(x,y,z)$ 在两个约束条件 $\varphi(x,y,z)=0$ 和 $\psi(x,y,z)=0$ 下的极值时，可以通过引入两个拉格朗日乘数来构造拉格朗日函数，即

$$L(x,y,z,\lambda_1,\lambda_2) = f(x,y,z) + \lambda_1 \varphi(x,y,z) + \lambda_2 \psi(x,y,z),$$

然后，求 $L(x,y,z,\lambda_1,\lambda_2)$ 的驻点，再进行进一步判定.

**例 8**　用拉格朗日乘数法解例 7.

**解：**所求的问题的拉格朗日函数是

$$L(x,y,z,\lambda) = 2(xz + yz) + xy + \lambda(xyz - 1),$$

对 $L(x,y,z,\lambda)$ 求偏导数，并令它们都等于 0，即

$$\begin{cases} L_x' = 2z + y + \lambda yz = 0, \\ L_y' = 2z + x + \lambda xz = 0, \\ L_z' = 2(x + y) + \lambda xy = 0, \\ L_\lambda' = xyz - 1 = 0. \end{cases}$$

求上述方程组的解，得

$$x = y = 2z = \sqrt[3]{2}, \lambda = -\frac{4}{\sqrt[3]{2}}.$$

依题意，所求水箱的表面积在所给条件下确实存在最小值. 由上可知，当高为 $\dfrac{\sqrt[3]{2}}{2}$，长与宽为高的 2 倍时，表面积最小，且最小值 $S = 3\sqrt[3]{4}$.

**例 9**　在抛物面 $z = x^2 + y^2$ 被平面 $x + y + z = 1$ 所截成的椭圆上，求到原点最长和最短的距离.

**解：**设 $(x,y,z)$ 是椭圆上的点，问题就化为求函数 $f(x,y,z) = \sqrt{x^2 + y^2 + z^2}$ 在条件 $x^2 + y^2 - z = 0$ 及 $x + y + z - 1 = 0$ 下的条件极值问题.

构造拉格朗日函数 $L(x,y,z,\lambda_1,\lambda_2) = x^2 + y^2 + z^2 + \lambda_1(x^2 + y^2 - z) + \lambda_2(x + y + z - 1)$，

由极值的必要条件得

$$\begin{cases} L_x' = 2x + 2\lambda_1 x + \lambda_2 = 0, \\ L_y' = 2y + 2\lambda_1 y + \lambda_2 = 0, \\ L_z' = 2z - \lambda_1 + \lambda_2 = 0, \\ L_{\lambda_1}' = x^2 + y^2 - z = 0, \\ L_{\lambda_2}' = x + y + z - 1 = 0. \end{cases}$$

求上述方程组的解，得

$$x = y = \frac{-1 \pm \sqrt{3}}{2}, z = 2 \mp \sqrt{3},$$

代入函数 $f(x,y,z)$ 中,求得函数值为 $\sqrt{9 \mp 5\sqrt{3}}$. 又由于问题确实存在最大值和最小值,显然 $\sqrt{9+5\sqrt{3}}$ 为最大值,而 $\sqrt{9-5\sqrt{3}}$ 为最小值.

## 6.4 二元函数的最大值与最小值

在实际问题中,我们经常遇到求多元函数的最大值最小值问题. 与一元函数相类似,我们可以利用函数的极值来求函数的最大值和最小值.

我们已经知道,如果函数 $f(x,y)$ 在有界闭区域 $D$ 上连续,则函数 $f(x,y)$ 在 $D$ 上必定能取得它的最大值和最小值. 这种使函数取得最大值或最小值的点既可能在 $D$ 的内部,也可能在 $D$ 的边界上. 如图 7-6-4 画出了函数 $z = \sqrt{1-x^2-y^2}$ 在区域 $D = \{(x,y) \mid x^2 + y^2 \leqslant 1\}$ 上的图形,显然函数在闭区域 $D$ 上的最大值为上半球面的顶点处的函数值,最小值在区域的边界,即 $xOy$ 平面上的圆周 $x^2 + y^2 = 1$ 上取得.

我们假定,函数在 $D$ 内可微且只有有限个驻点,这时如果函数在 $D$ 的内部取得最大值(最小值),那么这个最大值(最小值)也是函数的极大值(极小值). 因此,求函数的最大值和最小值的一般步骤是:

(1)解方程组

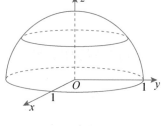

图 7-6-4

$$\begin{cases} f'_x(x,y) = 0, \\ f'_y(x,y) = 0, \end{cases}$$

求出区域 $D$ 上的全部驻点,找出区域 $D$ 上连续不可导的点;

(2)求出这些驻点和连续不可导的点的函数值,并且求出函数在区域 $D$ 的边界上的最大值和最小值;

(3)把这些数值进行比较,其中最大(小)的就是函数在区域 $D$ 上的最大(小)值.

注意:在这种方法中,由于要求出 $f(x,y)$ 在区域 $D$ 的边界上的最大值和最小值,所以往往相当复杂. 在通常遇到的实际问题中,如果根据问题的性质,知道函数 $f(x,y)$ 的最大值(最小值)一定在区域 $D$ 的内部取得且函数在区域 $D$ 内只有一个驻点,那么可以肯定该驻点处的函数值就是函数 $f(x,y)$ 在区域 $D$ 上的最大值(最小值).

**例 10** 求函数 $f(x,y) = xy \sqrt{1-x^2-y^2}$ 在区域 $D = \{(x,y) \mid x^2 + y^2 \leqslant 1, x > 0, y > 0\}$ 内的最大值.

**解:**解方程组

$$\begin{cases} f'_x(x,y) = y \sqrt{1-x^2-y^2} - \dfrac{x^2 y}{\sqrt{1-x^2-y^2}} = 0, \\[3mm] f'_y(x,y) = x \sqrt{1-x^2-y^2} - \dfrac{x y^2}{\sqrt{1-x^2-y^2}} = 0, \end{cases}$$

得区域 $D$ 上的唯一驻点 $\left(\dfrac{1}{\sqrt{3}},\dfrac{1}{\sqrt{3}}\right)$.

容易看出,这个函数在区域 $D$ 内是可微的,且在边界上的函数值 $f(x,y)=0$(函数 $f(x,y)$ 在边界 $x^2+y^2=1$ 上连续但不可导),函数在区域 $D$ 内只有一个驻点 $\left(\dfrac{1}{\sqrt{3}},\dfrac{1}{\sqrt{3}}\right)$.所以驻点 $\left(\dfrac{1}{\sqrt{3}},\dfrac{1}{\sqrt{3}}\right)$ 是最大值点,最大值就是 $f\left(\dfrac{1}{\sqrt{3}},\dfrac{1}{\sqrt{3}}\right)=\dfrac{\sqrt{3}}{9}$.

**例 11**　用铁板做一个容积为 $4\ \mathrm{m}^3$ 的有盖长方体水箱,问长、宽、高为多少时,才能使用料最省?

**解:**设长为 $x$ m,宽为 $y$ m,则高为 $\dfrac{4}{xy}$ m,于是所用材料的面积为

$$S=2\left(xy+\frac{4}{x}+\frac{4}{y}\right)(x>0,y>0).$$

解方程组

$$\begin{cases}S'_x=2\left(y-\dfrac{4}{x^2}\right)=0,\\[2mm]S'_y=2\left(x-\dfrac{4}{y^2}\right)=0,\end{cases}$$

得到唯一驻点 $(\sqrt[3]{4},\sqrt[3]{4})$.

由问题的实际意义可知最小值一定存在,唯一的驻点就是最小值点.所以当长、宽、高都为 $\sqrt[3]{4}$ m 时,用料最省.

**例 12**　在椭圆 $x^2+4y^2=4$ 中有内接的矩形,该矩形的边平行于 $x$ 轴和 $y$ 轴,找出这些矩形中周长最大的一个.

**解:**如图 $7$-$6$-$5$ 所示,取 $P(x,y)$ 在第一象限,长方形的周长函数是 $f(x,y)=4x+4y$,约束函数 $g(x,y)=x^2+4y^2-4$.

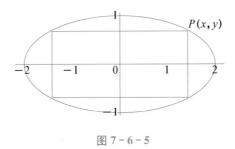

图 $7$-$6$-$5$

构造拉格朗日函数 $L(x,y,\lambda)=4x+4y+\lambda(x^2+4y^2-4)$,由极值的必要条件得

$$\begin{cases}L'_x=4+2\lambda x=0,\\L'_y=4+8\lambda y=0,\\L'_\lambda=x^2+4y^2-4=0.\end{cases}$$

求上述方程组的解,得符合要求的解

$$x = \frac{4\sqrt{5}}{5}, y = \frac{\sqrt{5}}{5}.$$

代入函数 $f(x,y)$ 中,求得函数值为 $4\sqrt{5}$.

由于拉格朗日乘数法无法确定最值的类型,所以还要对函数边界进行计算. 当 $P$ 在椭圆上移动时,如果正好落在 $x$ 轴上,则长方形退化成直线,此时 $f(2,0)=8 \leqslant 4\sqrt{5}$;另一个极值是 $f(0,1)=4 \leqslant 4\sqrt{5}$,所以判定 $4\sqrt{5}$ 是最大值,此时长方形的一顶点的坐标是 $\left(\frac{4\sqrt{5}}{5}, \frac{\sqrt{5}}{5}\right)$.

 小结

二元函数极值的定义.

二元函数极值的求法.

条件极值的拉格朗日乘数法.

二元函数的最大值与最小值及求法.

 课堂练习 7.6

1. 求函数 $f(x,y)=x^3+y^3-3xy$ 的极值.

2. 求函数 $f(x,y)=x^2+2y^2$ 在条件 $x^2+y^2=1$ 下的极值.

 习题 7.6

1. 求函数 $f(x,y)=x^2+5y^2-6x+10y+6$ 的极值.

2. 求函数 $f(x,y)=\sqrt{4-x^2-y^2}$ 在条件 $x^2+y^2 \leqslant 1$ 上的最大值.

3. 求二元函数 $z=x^2+2y^2-xy$ 在条件 $x+y=8$ 下的极值.

4. 求表面积为 $a^2$ 而体积最大的长方体.

 总习题 7

一、填空题

1. 函数 $z = \dfrac{\sqrt{4x-y^2}}{\ln(1-x^2-y^2)}$ 的定义域是_____;

2. $\lim\limits_{\substack{x \to 0 \\ y \to 0}} \dfrac{\tan(xy^2)}{y} = $_____;

3. 设 $z=x^2y-xy^2$,而 $x=u\cos v, y=u\sin v$,那么 $\dfrac{\partial z}{\partial u} = $_____,$\dfrac{\partial z}{\partial v} = $

_____;

4. 设 $z = (2x + y)^{x+2y}$，则 $\mathrm{d}z =$ _____;

5. $z = x^2 + y^2 - xy$ 在区域 $|x| + |y| \leqslant 1$ 上的最大值为_____，最小值为

_____.

## 二、选择题

1. 函数 $u = \sqrt{\dfrac{x^2 + y^2 - x}{2x - x^2 - y^2}}$ 的定义域为（　　）.

A. $x < x^2 + y^2 \leqslant 2x$ 　　　　　　　B. $x \leqslant x^2 + y^2 < 2x$

C. $x \leqslant x^2 + y^2 \leqslant 2x$ 　　　　　　　D. $x < x^2 + y^2 < 2x$

2. $\lim\limits_{\substack{x \to \infty \\ y \to a}} \left(1 - \dfrac{1}{x}\right)^{\frac{x^2}{x+y}} = $（　　）.

A. $\mathrm{e}^{-1}$ 　　　　　　　　　　　B. $\mathrm{e}$

C. $1$ 　　　　　　　　　　　D. $0$

3. 设函数 $z = \sqrt{4 - x^2 - y^2} \ln(y^2 - 2x + 1)$，则定义域为（　　）.

A. $\begin{cases} x^2 + y^2 \geqslant 4 \\ y^2 > 2x - 1 \end{cases}$ 　　　　　　B. $\begin{cases} x^2 + y^2 \leqslant 4 \\ y^2 > 2x - 1 \end{cases}$

C. $\begin{cases} x^2 + y^2 \leqslant 4 \\ y^2 < 2x - 1 \end{cases}$ 　　　　　　D. $\begin{cases} x^2 + y^2 \geqslant 4 \\ y^2 < 2x - 1 \end{cases}$

4. $z = y\cos(x - 2y)$ 在点 $\left(\pi, \dfrac{\pi}{4}\right)$ 处的全微分为（　　）.

A. $\dfrac{\pi}{4}(\mathrm{d}x + 2\mathrm{d}y)$ 　　　　　　　B. $\dfrac{\pi}{4}(-\mathrm{d}x + 2\mathrm{d}y)$

C. $\dfrac{\pi}{4}(-\mathrm{d}x - 2\mathrm{d}y)$ 　　　　　　　D. $\dfrac{\pi}{4}(\mathrm{d}x - 2\mathrm{d}y)$

5. 设 $\dfrac{\partial f}{\partial x}\Big|_{(a,b)}$ 存在，则 $\lim\limits_{x \to 0} \dfrac{f(a+x, b) - f(a-x, b)}{x} = $（　　）.

A. $f'(a, b)$ 　　　　　　　　　B. $0$

C. $2f'_x(a, b)$ 　　　　　　　　D. $\dfrac{1}{2} f'_x(a, b)$

6. 设 $z = f(x, y)$ 在 $(x_0, y_0)$ 处取得极小值，则函数 $\varphi(y) = f(x_0, y)$ 在 $y_0$ 处（　　）.

A. 取最小值 　　　　　　　　B. 取极大值

C. 取极小值 　　　　　　　　D. 取最大值

## 三、证明下列各式的极限不存在：

1. $\lim\limits_{\substack{x \to 0 \\ y \to 0}} \dfrac{3xy}{x^2 + y^2}$. 　　　　　　2. $\lim\limits_{\substack{x \to 0 \\ y \to 0}} (1 + xy)^{\frac{1}{x+y}}$.

## 四、求全微分：

1. $u = \ln(3x - 2y + z)$；

2. $u = z\sqrt{\dfrac{x}{y}}$，求 $\mathrm{d}u\big|_{(1,1,1)}$.

五、设函数 $f(x) = \begin{cases} \dfrac{xy}{y-x}, & y \neq x \\ 0, & y = x \end{cases}$，证明极限 $\lim\limits_{\substack{x \to 0 \\ y \to 0}} \dfrac{xy}{y-x}$ 不存在.

六、已知复合函数 $u = f(x^2 + y^2 + z^2)$，求 $\dfrac{\partial u}{\partial z}$ 和 $\dfrac{\partial^2 u}{\partial z \partial x}$.

七、求由方程 $x^2 + y^2 + z^2 - 2x + 2y - 4z - 10 = 0$ 确定的函数 $z = f(x, y)$ 的极值.

八、某公司可通过电台及报纸两种方式做销售某种商品的广告，根据统计资料，销售收入 $R$(万元) 与电台广告费用 $x_1$(万元) 及报纸广告费用 $x_2$(万元) 之间的关系有如下经验公式：

$$R = 15 + 14x_1 + 32x_2 - 8x_1x_2 - 2x_1^2 - 10x_2^2.$$

(1)在广告费用不限的情况下，求最优广告策略.

(2)若提供的广告费用为 1.5(万元)，求相应的最优广告策略.

第 **8** 章 *

# 二重积分

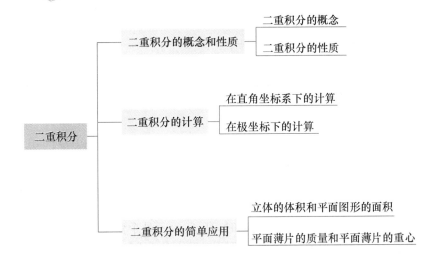

二重积分的概念和性质 ── 二重积分的概念

二重积分的性质

二重积分 ── 二重积分的计算 ── 在直角坐标系下的计算

在极坐标下的计算

二重积分的简单应用 ── 立体的体积和平面图形的面积

平面薄片的质量和平面薄片的重心

## 学习目的

把一元函数的积分知识推广到二元函数,理解二重积分、二次积分的概念,会计算二重积分,能够应用二重积分知识解决实际问题.

## 学习要求

◆ 理解二重积分的概念及其性质.
◆ 掌握二重积分在直角坐标系及极坐标系下的计算方法.

◆ 会用二重积分解决简单的应用问题(限于空间封闭曲面所围成的有界区域的体积、平面薄板质量).

**重点与难点**

◆ 教学重点:二重积分的概念及其性质;二重积分在直角坐标系及极坐标系下的计算;求空间立体体积.
◆ 教学难点:二重积分在极坐标系下的计算.

二重积分也是由实际问题的需要而产生的. 在一元函数积分学中我们已经知道,定积分是某种特定形式的和的极限,把这种和的极限的概念和性质推广到定义在某个区域上的二元函数的形式,便可得到二重积分的相关知识.

## 第1节 二重积分的概念和性质

## 1.1 二重积分的概念

### 1.1.1 二重积分的几何与物理背景

**引例 1** 曲顶柱体的体积.

设有一立体,它的底是 $xOy$ 平面上的有界闭区域 $D$,它的侧面是以 $D$ 的边界曲线为准线而母线平行于 $z$ 轴的柱面,它的顶是曲面 $z=f(x,y)$,这里 $f(x,y) \geqslant 0$,且在 $D$ 上连续(如图 8-1-1($a$)所示). 这种立体称为**曲顶柱体**. 现在我们来讨论它的体积.

关于曲顶柱体,当点 $(x,y)$ 在区域 $D$ 上变动时,高 $f(x,y)$ 是个变量,因此它的体积不能直接用体积公式来计算. 不难想到,用求曲边梯形面积的方法来解这个问题.

(1)分割  我们用一曲线网格把区域 $D$ 任意分成 $n$ 个小区域 $\Delta\sigma_1, \Delta\sigma_2, \cdots, \Delta\sigma_n$,小区域 $\Delta\sigma_i$ 的面积也记作 $\Delta\sigma_i$. 以这些小区域的边界曲线为准线作母线平行于 $z$ 轴的柱面,这些柱面把原来的曲顶柱体分为 $n$ 个细条的小曲顶柱体. 它们的体积分别记作

$$\Delta V_1, \Delta V_2, \cdots, \Delta V_n.$$

(2) 近似代替  对于一个小区域 $\Delta\sigma_i$,当直径($\Delta\sigma_i$ 最长两点的距离)很小时,由于 $f(x,y)$ 连续,$f(x,y)$ 在 $\Delta\sigma_i$ 中的变化很小,可以近似地看作常数. 即若任意取点 $(\xi_i, \eta_i) \in \Delta\sigma_i$,则当 $(x,y) \in \Delta\sigma_i$ 时,有 $f(x,y) \approx f(\xi_i, \eta_i)$,从而以 $\Delta\sigma_i$ 为底的细条曲顶柱体可近似地看作以 $f(\xi_i, \eta_i)$ 为高的平顶柱体(如图 8-1-1(b)所示),于是

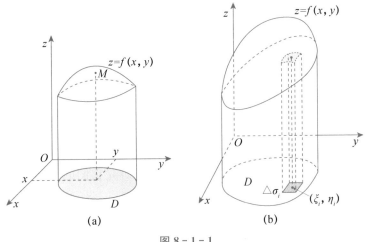

图 8-1-1

$$\Delta V_i \approx f(\xi_i, \eta_i) \Delta \sigma_i (i = 1, 2, 3, \cdots, n).$$

（3）求和　把这些细条曲顶柱体体积的近似值 $f(\xi_i, \eta_i) \Delta \sigma_i$ 加起来，就得到所求的曲顶柱体的体积 $V$ 的近似值，即

$$V = \sum_{i=1}^{n} \Delta V_i \approx \sum_{i=1}^{n} f(\xi_i, \eta_i) \Delta \sigma_i.$$

（4）取极限　一般地，如果区域 $D$ 分得越细，则上述和式就越接近于曲顶柱体体积 $V$，当把区域 $D$ 无限细分时，即当所有小区域的最大直径 $\lambda \to 0$ 时，则和式的极限就是所求的曲顶柱体的体积 $V$，即

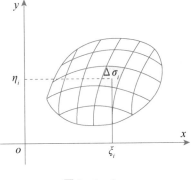

图 8-1-2

$$V = \lim_{\lambda \to 0} \sum_{i=1}^{n} f(\xi_i, \eta_i) \Delta \sigma_i.$$

**引例 2**　非均匀平面薄板的质量.

设薄片的形状为闭区域 $D$（如图 8-1-2 所示），其面密度 $\rho$ 是点 $(x, y)$ 的函数，即 $\rho = \rho(x, y)$ 在 $D$ 上为正的连续函数. 当质量分布是均匀时，即 $\rho$ 为常数，则质量 $M$ 等于面密度乘以薄片的面积. 当质量分布不均匀时，$\rho$ 是随点 $(x, y)$ 而变化，如何求质量呢？我们采用与求曲顶柱体的体积相类似的方法求薄片的质量.

（1）分割　把区域 $D$ 任意分成 $n$ 个小区域 $\Delta \sigma_1, \Delta \sigma_2, \cdots, \Delta \sigma_n$，小区域 $\Delta \sigma_i$ 的面积也记作 $\Delta \sigma_i$. 该薄板就相应地分成 $n$ 个小块薄板.

（2）近似代替　对于一个小区域 $\Delta \sigma_i$，当直径很小时，由于 $\rho(x, y)$ 连续，$\rho(x, y)$ 在 $\Delta \sigma_i$ 中的变化很小，可以近似地看作常数. 即若任意取点 $(\xi_i, \eta_i) \in \Delta \sigma_i$，则当 $(x, y) \in \Delta \sigma_i$ 时，有 $\rho(x, y) \approx \rho(\xi_i, \eta_i)$，从而 $\Delta \sigma_i$ 上薄板的质量可近似地看作以 $\rho(\xi_i, \eta_i)$ 为面密度的均匀薄板，于是

$$\Delta M_i \approx \rho(\xi_i, \eta_i) \Delta \sigma_i (i = 1, 2, 3, \cdots, n).$$

（3）求和　把这些小薄板质量的近似值 $\rho(\xi_i, \eta_i) \Delta \sigma_i$ 加起来，就得到所求的整块薄板质量的近似值，即

$$M = \sum_{i=1}^{n} \Delta M_i \approx \sum_{i=1}^{n} \rho(\xi_i, \eta_i) \Delta \sigma_i.$$

（4）取极限  一般地，如果区域 $D$ 分得越细，则上述和式就越接近于非均匀平面薄板的质量 $M$，当把区域 $D$ 无限细分时，即当所有小区域的最大直径 $\lambda \to 0$ 时，则和式的极限就是所求的非均匀平面薄板的质量 $M$，即

$$M = \lim_{\lambda \to 0} \sum_{i=1}^{n} \rho(\xi_i, \eta_i) \Delta \sigma_i.$$

上面两个例子的意义虽然不同，但解决问题的方法是一样的，都归结为求二元函数的某种和式的极限，我们抽去它们的几何或物理意义，研究它们的共性，便得二重积分的定义.

### 1.1.2  二重积分的定义

**定义**

设函数 $z = f(x, y)$ 在闭区域 $D$ 上有定义，将 $D$ 任意分成 $n$ 个小区域

$$\Delta \sigma_1, \Delta \sigma_2, \cdots, \Delta \sigma_n,$$

其中 $\Delta \sigma_i$ 表示第 $i$ 个小区域，也表示它的面积. 在每个小区域 $\Delta \sigma_i$ 上任取一点 $(\xi_i, \eta_i)$，作乘积 $f(\xi_i, \eta_i) \Delta \sigma_i (i = 1, 2, 3, \cdots, n)$，并作和式 $\sum_{i=1}^{n} f(\xi_i, \eta_i) \Delta \sigma_i$，如果当各小区域的直径中的最大值 $\lambda$ 趋于零时，此和式的极限存在，且极限值与区域 $D$ 的分法无关，也与每个小区域 $\Delta \sigma_i$ 中点 $(\xi_i, \eta_i)$ 的取法无关，则称此极限值为函数 $f(x, y)$ 在闭区域 $D$ 上的**二重积分**，记作 $\iint_D f(x, y) \mathrm{d}\sigma$，即

$$\iint_D f(x, y) \mathrm{d}\sigma = \lim_{\lambda \to 0} \sum_{i=1}^{n} f(\xi_i, \eta_i) \Delta \sigma_i.$$

其中 $\iint$ 叫作**二重积分号**，$f(x, y)$ 叫作**被积函数**，$f(x, y) \mathrm{d}\sigma$ 叫作**被积表达式**，$\mathrm{d}\sigma$ 叫作**面积元素**，$x$ 与 $y$ 叫作**积分变量**，$D$ 叫作**积分区域**.

**注 1**  二重积分是个极限值，因此是个数值，这个数值的大小仅与被积函数 $f(x, y)$ 及积分区域 $D$ 有关，而与积分变量的记号无关，即有

$$\iint_D f(x, y) \mathrm{d}\sigma = \iint_D f(u, v) \mathrm{d}\sigma.$$

**注 2**  只有当和式极限 $\lim_{\lambda \to 0} \sum_{i=1}^{n} f(\xi_i, \eta_i) \Delta \sigma_i$ 存在时，$f(x, y)$ 在 $D$ 上的二重积分才存在，称 $f(x, y)$ 在 $D$ 上可积.

**注 3**  二重积分 $\iint_D f(x, y) \mathrm{d}\sigma$ 与区域 $D$ 的分法无关，也与每个小区域 $\Delta \sigma_i$ 中的点 $(\xi_i, \eta_i)$ 的取法无关.

二元函数 $f(x, y)$ 在 $D$ 上满足什么条件时，函数 $f(x, y)$ 才可积呢？现在给出 $f(x, y)$ 在 $D$ 上可积的充分条件.

**定理（二重积分存在定理）** 如果函数 $f(x,y)$ 在闭区域 $D$ 上连续，则函数 $f(x,y)$ 在闭区域 $D$ 上可积，即二重积分存在.

今后，如不作特别声明，我们总是假定函数 $f(x,y)$ 在 $D$ 上连续，因而 $f(x,y)$ 在 $D$ 上的二重积分总是存在的.

由二重积分的定义，可知曲顶柱体的体积 $V$ 是曲面 $z = f(x,y)$ 在底 $D$ 上的二重积分，即

$$V = \iint_D f(x,y)\,\mathrm{d}\sigma.$$

非均匀平面薄板的质量 $M$ 是面密度 $\rho = \rho(x,y)$ 在薄片所占闭区域 $D$ 上的二重积分，即

$$M = \iint_D \rho(x,y)\,\mathrm{d}\sigma.$$

### 1.1.3 二重积分的几何意义

当函数 $f(x,y) \geqslant 0$ 时，二重积分 $\iint_D f(x,y)\,\mathrm{d}\sigma$ 表示以 $z = f(x,y)$ 为曲顶、$D$ 为底面、母线平行于 $z$ 轴的曲顶柱体的体积. 若 $f(x,y) \leqslant 0$，则 $\iint_D f(x,y)\,\mathrm{d}\sigma$ 的绝对值等于曲顶 $f(x,y)$ 在 $xOy$ 平面下方的、底面为 $D$、母线平行于 $z$ 轴的曲顶柱体的体积，但二重积分为负值. 当 $f(x,y)$ 在 $D$ 上的符号可能为正，也可能为负时，则 $\iint_D f(x,y)\,\mathrm{d}\sigma$ 表示以 $f(x,y)$ 为曲顶、以区域 $D_i$ 为底的各小曲顶柱体体积的代数和.

## 1.2 二重积分的性质

比较一元函数的定积分与二重积分的定义可知，二重积分与定积分有完全类似的性质. 假设二元函数 $f(x,y)$、$g(x,y)$ 在积分区域 $D$ 上都连续，因而它们在 $D$ 上的二重积分是存在的.

**性质 1** 被积函数的常数因子可以提到二重积分号的外面，即

$$\iint_D kf(x,y)\,\mathrm{d}\sigma = k\iint_D f(x,y)\,\mathrm{d}\sigma.$$

**性质 2** 函数的和（或差）的二重积分等于各个函数的二重积分的和（或差），即

$$\iint_D [f(x,y) \pm g(x,y)]\,\mathrm{d}\sigma = \iint_D f(x,y)\,\mathrm{d}\sigma \pm \iint_D g(x,y)\,\mathrm{d}\sigma.$$

**性质 3** 如果闭区域 $D$ 被有限条曲线分为有限个部分闭区域，则在 $D$ 上的二重积分等于在各部分闭区域上的二重积分之和. 例如 $D$ 分为两个闭区域 $D_1$ 与 $D_2$，则

$$\iint_D f(x,y)\,\mathrm{d}\sigma = \iint_{D_1} f(x,y)\,\mathrm{d}\sigma + \iint_{D_2} f(x,y)\,\mathrm{d}\sigma.$$

注意:前三个性质常用,要熟练掌握.

**性质 4**   如果在 $D$ 上,$f(x,y)=1$,$D$ 的面积为 $\sigma$,则

$$\iint_D f(x,y)\mathrm{d}\sigma = \iint_D 1\mathrm{d}\sigma = \sigma.$$

**性质 5**   若在区域 $D$ 上有 $f(x,y) \leqslant g(x,y)$,则

$$\iint_D f(x,y)\mathrm{d}\sigma \leqslant \iint_D g(x,y)\mathrm{d}\sigma.$$

特别有:$\left| \iint_D f(x,y)\mathrm{d}\sigma \right| \leqslant \iint_D |f(x,y)|\mathrm{d}\sigma.$

**性质 6**(二重积分估值定理)   设 $M$、$m$ 分别是 $f(x,y)$ 在闭区域 $D$ 上的最大值和最小值,$\sigma$ 是 $D$ 的面积,则

$$m\sigma \leqslant \iint_D f(x,y)\mathrm{d}\sigma \leqslant M\sigma.$$

**性质 7**(二重积分中值定理)   设函数 $f(x,y)$ 在闭区域 $D$ 上连续,$\sigma$ 是 $D$ 的面积,则在 $D$ 上至少存在一点 $(\xi,\eta)$,使得下式成立

$$\iint_D f(x,y)\mathrm{d}\sigma = f(\xi,\eta)\sigma.$$

**例 1**   根据二重积分的性质,比较 $\iint_D (x+y)^2\mathrm{d}\sigma$ 与 $\iint_D (x+y)^3\mathrm{d}\sigma$ 的大小.其中 $D$ 是由 $x$ 轴、$y$ 轴和直线 $x+y=1$ 所围成的三角形区域(见图 8-1-3).

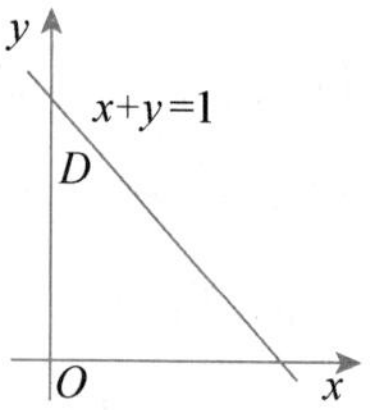

**解:**对于 $D$ 上的任意一点 $(x,y)$,有 $0 \leqslant x+y \leqslant 1$,因此在 $D$ 上有

$$(x+y)^3 \leqslant (x+y)^2,$$

由性质 5 可知

$$\iint_D (x+y)^2\mathrm{d}\sigma \geqslant \iint_D (x+y)^3\mathrm{d}\sigma.$$

图 8-1-3

**例 2**   利用二重积分的性质,估计积分值 $I = \iint_D (x+y+1)\mathrm{d}\sigma$,其中 $D$ 是矩形域:$0 \leqslant x \leqslant 1, 0 \leqslant y \leqslant 2.$

**解:**因为在 $D$ 上有:$1 \leqslant x+y+1 \leqslant 4$,而 $D$ 的面积为 2,由性质 6,可得

$$2 \leqslant \iint_D (x+y+1)\mathrm{d}\sigma \leqslant 8.$$

 小结

二重积分的定义.

二重积分的几何意义.

二重积分的性质.

**课堂练习 8.1**

1. 根据二重积分的几何意义计算 $\iint_{x^2+y^2\leqslant 1}\sqrt{1-x^2-y^2}\mathrm{d}\sigma.$

2. 确定二重积分 $\iint_D \ln(x^2+y^2)\mathrm{d}\sigma$ 的正负号, 其中 D: $|x|+|y|\leqslant 1.$

**习题 8.1**

1. 试比较二重积分 $I_1=\iint_D\ln(x+y)\mathrm{d}\sigma$ 与 $I_2=\iint_D\ln(x+y)^2\mathrm{d}\sigma$ 的大小, 其中区域 $D$ 由直线 $x=0, y=0, x+y=\dfrac{1}{2}$ 和 $x+y=1$ 所围成.

2. 估计 $I=\iint_D\cos(xy)^2\mathrm{d}\sigma$ 的值, 其中, $D: 0\leqslant x\leqslant 1, 0\leqslant y\leqslant 1.$

## 第 2 节 二重积分的计算

一般情况下, 直接利用二重积分的定义计算二重积分是非常困难的, 二重积分的计算可以归结为求二次定积分(即二次积分). 现在我们由二重积分的几何意义导出二重积分的计算方法.

### 2.1 二重积分在直角坐标系下的计算方法

若二重积分存在, 和式极限值与区域 $D$ 的分法无关, 故在直角坐标系下我们用与坐标轴平行的两组直线把 $D$ 划分成各边平行于坐标轴的一些小矩形(见图 8-2-1), 于是小矩形的面积 $\Delta\sigma=\Delta x\Delta y$, 因此在直角坐标系下, 面积元素为

$$\mathrm{d}\sigma = \mathrm{d}x\mathrm{d}y.$$

于是二重积分可写成

$$\iint_D f(x,y)\mathrm{d}\sigma = \iint_D f(x,y)\mathrm{d}x\mathrm{d}y.$$

现在, 我们根据二重积分的几何意义, 结合积分区域的几种形状, 推导二重积分的计算方法.

(1)积分区域 $D$ 为: $a\leqslant x\leqslant b, \varphi_1(x)\leqslant y\leqslant\varphi_2(x)$, 其中函数 $\varphi_1(x)$、$\varphi_2(x)$ 在 $[a,b]$ 上连续(见图 8-2-2).

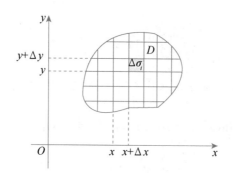

图 8 - 2 - 1

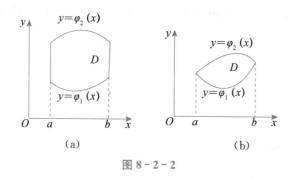

(a)           (b)

图 8 - 2 - 2

不妨设 $f(x,y) \geqslant 0$，由二重积分的几何意义知，$\iint_D f(x,y)\mathrm{d}x\mathrm{d}y$ 表示以 $D$ 为底、以曲面 $z = f(x,y)$ 为顶的曲顶柱体的体积（见图 8 - 2 - 3）．我们可以应用第 5 章第 4 节中计算"平行截面面积为已知的立体的体积"的方法，来计算这个曲顶柱体的体积．

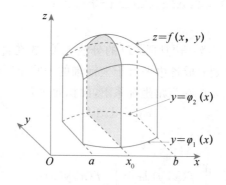

图 8 - 2 - 3

先计算截面面积．在区间 $[a,b]$ 中任意取定一点 $x_0$，过 $x_0$ 作平行于 $yOz$ 面的平面 $x = x_0$，这个平面截曲顶柱体所得截面是一个以区间 $[\varphi_1(x_0), \varphi_2(x_0)]$ 为底、曲线 $z = f(x_0, y)$ 为曲边的曲边梯形（图 8 - 2 - 3 中阴影部分），其面积为

$$A(x_0) = \int_{\varphi_1(x_0)}^{\varphi_2(x_0)} f(x_0, y) \mathrm{d}y.$$

一般地,过区间 $[a,b]$ 上任一点 $x$ 且平行于 $yOz$ 面的平面截曲顶柱体所得截面的面积为

$$A(x) = \int_{\varphi_1(x)}^{\varphi_2(x)} f(x, y) \mathrm{d}y.$$

于是,由计算平行截面面积为已知的立体体积的方法,得曲顶柱体的体积为

$$V = \int_a^b A(x) \mathrm{d}x = \int_a^b \left[ \int_{\varphi_1(x)}^{\varphi_2(x)} f(x, y) \mathrm{d}y \right] \mathrm{d}x,$$

即

$$\iint_D f(x, y) \mathrm{d}x \mathrm{d}y = \int_a^b \left[ \int_{\varphi_1(x)}^{\varphi_2(x)} f(x, y) \mathrm{d}y \right] \mathrm{d}x.$$

上式右端是一个先对 $y$,再对 $x$ 的二次积分. 就是说,先把 $x$ 看作常数,把 $f(x,y)$ 只看作 $y$ 的函数,并对 $y$ 计算从 $\varphi_1(x)$ 到 $\varphi_2(x)$ 的定积分,然后把所得的结果(是 $x$ 的函数)再对 $x$ 计算从 $a$ 到 $b$ 的定积分. 这个先对 $y$,再对 $x$ 的二次积分也常记作

$$\int_a^b \mathrm{d}x \int_{\varphi_1(x)}^{\varphi_2(x)} f(x, y) \mathrm{d}y,$$

从而把二重积分化为先对 $y$,再对 $x$ 的二次积分的公式写作

$$\iint_D f(x, y) \mathrm{d}x \mathrm{d}y = \int_a^b \mathrm{d}x \int_{\varphi_1(x)}^{\varphi_2(x)} f(x, y) \mathrm{d}y.$$

在上述讨论中,我们假定 $f(x,y) \geq 0$. 但实际上公式的成立并不受此条件限制.

(2)积分区域 $D$ 为:$\psi_1(y) \leq x \leq \psi_2(y), c \leq y \leq d$,其中函数 $\psi_1(y), \psi_2(y)$ 在区间 $[c,d]$ 上连续(见图 8-2-4).

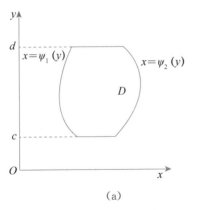 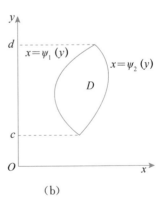

图 8-2-4

仿照第一种类型的计算方法,有

$$\iint_D f(x, y) \mathrm{d}x \mathrm{d}y = \int_c^d \left[ \int_{\psi_1(y)}^{\psi_2(y)} f(x, y) \mathrm{d}x \right] \mathrm{d}y = \int_c^d \mathrm{d}y \int_{\psi_1(y)}^{\psi_2(y)} f(x, y) \mathrm{d}x,$$

这就是把二重积分化为先对 $x$、再对 $y$ 的二次积分的公式.

(3)如果积分区域 $D$ 不能表示成上面两种形式中的任何一种,那么,可将 $D$ 分割,使其各部分符合第一种类型或第二种类型(见图 8-2-5).

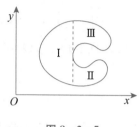

图 8 - 2 - 5

**例 1** 计算积分 $\iint_D (x+y)^2 \mathrm{d}x\mathrm{d}y$,其中 $D$ 为矩形区域:$0 \leqslant x \leqslant 1, 0 \leqslant y \leqslant 2$.

**解:**方法 1:

矩形区域既属于第一种类型,也属于第二种类型,所以,可以先对 $x$ 积分,也可以先对 $y$ 积分.先选择先对 $y$ 积分.

$$
\begin{aligned}
\iint_D (x+y)^2 \mathrm{d}x\mathrm{d}y &= \int_0^1 \mathrm{d}x \int_0^2 (x+y)^2 \mathrm{d}y \\
&= \int_0^1 \frac{1}{3}(x+y)^3 \Big|_0^2 \mathrm{d}x \\
&= \int_0^1 \left[ \frac{(x+2)^3}{3} - \frac{x^3}{3} \right] \mathrm{d}x \\
&= \frac{1}{12}(x+2)^4 \Big|_0^1 - \frac{1}{12} x^4 \Big|_0^1 \\
&= \frac{16}{3}.
\end{aligned}
$$

方法 2:再选择先对 $x$ 积分

$$
\begin{aligned}
\iint_D (x+y)^2 \mathrm{d}x\mathrm{d}y &= \int_0^2 \mathrm{d}y \int_0^1 (x+y)^2 \mathrm{d}x \\
&= \int_0^2 \frac{1}{3}(x+y)^3 \Big|_0^1 \mathrm{d}y \\
&= \frac{1}{3} \int_0^2 \left[ (y+1)^3 - y^3 \right] \mathrm{d}y \\
&= \frac{1}{3} \left[ \frac{1}{4}(y+1)^4 - \frac{1}{4} y^4 \right]_0^2 \\
&= \frac{16}{3}.
\end{aligned}
$$

**例 2** 计算 $\iint_D \mathrm{e}^{-y^2} \mathrm{d}x\mathrm{d}y$,其中 $D$ 是由直线 $x=0, y=x, y=1$ 围成的(见图 8 - 2 - 6).

**解:**选先对 $x$ 后对 $y$ 积分,则积分区域 $D$ 表示为

$$
0 \leqslant y \leqslant 1, 0 \leqslant x \leqslant y.
$$

$$
\iint_D \mathrm{e}^{-y^2} \mathrm{d}x\mathrm{d}y = \int_0^1 \mathrm{d}y \int_0^y \mathrm{e}^{-y^2} \mathrm{d}x = \int_0^1 y \mathrm{e}^{-y^2} \mathrm{d}y = -\frac{1}{2} \mathrm{e}^{-y^2} \Big|_0^1 = \frac{1}{2}\left(1 - \frac{1}{\mathrm{e}}\right).
$$

如果改变积分次序,即先对 $y$ 积分,后对 $x$ 积分,则得

$$
\iint_D \mathrm{e}^{-y^2} \mathrm{d}x\mathrm{d}y = \int_0^1 \mathrm{d}x \int_x^1 \mathrm{e}^{-y^2} \mathrm{d}y.
$$

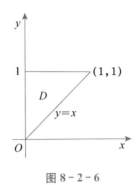

图 8-2-6

由于 $e^{-y^2}$ 的原函数不能用初等函数表示,所以无法计算出二重积分的结果.

从例 2 知,选择积分次序也要考虑到被积函数的特点. 从我们所做的这些例题可以看到,计算二重积分关键是如何化为二次积分,而在化二重积分为二次积分的过程中又要注意积分次序的选择. 由于二重积分化为二次积分时,有两种积分顺序,所以通过二重积分可以将已给的二次积分进行**交换积分顺序**,这种积分顺序的更换,有时可以简化问题的计算.

## 2.2 二重积分在极坐标下的计算

对于某些被积函数和某些积分区域,利用直角坐标系计算二重积分往往是很困难的,而在极坐标系下计算则比较简单.下面介绍在极坐标系下,二重积分 $\iint_D f(x,y)\mathrm{d}\sigma$ 的计算方法.

在极坐标系①下计算二重积分,只要将积分区域和被积函数都化为极坐标表示即可. 为此,分割积分区域,用 $r$ 取一系列的常数(得到一族中心在极点的同心圆)和 $\theta$ 取一系列的常数(得到一族过极点的射线)的两组曲线将 $D$ 分成小区域 $\Delta\sigma$. 如图 8-2-7 所示.

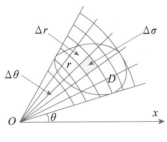

图 8-2-7

设 $\Delta\sigma$ 是半径为 $r$ 和 $r+\Delta r$ 的两个圆弧及极角 $\theta$ 和 $\theta+\Delta\theta$ 的两条射线所围成的小区

---

① 极坐标基础知识参见附录 2.

域,其面积可近似地表示为

$$\Delta\sigma = r\Delta r \cdot \Delta\theta.$$

因此在极坐标系下的面积元素为

$$d\sigma = rdrd\theta.$$

再分别用 $x = r\cos\theta, y = r\sin\theta$ 代替被积函数中的 $x, y$. 于是得到二重积分在极坐标系下的表达式

$$\iint_D f(x, y)d\sigma = \iint_D f(r\cos\theta, r\sin\theta)r\,drd\theta.$$

下面分三种情况,给出在极坐标系下如何把二重积分化成二次积分.

(1)极点 $O$ 在区域 $D$ 之外,$D$ 是由 $\theta=\alpha, \theta=\beta, r=r_1(\theta)$ 和 $r=r_2(\theta)$ 围成(见图 8-2-8),这时有公式

$$\iint_D f(r\cos\theta, r\sin\theta)r\,drd\theta = \int_\alpha^\beta d\theta \int_{r_1(\theta)}^{r_2(\theta)} f(r\cos\theta, r\sin\theta)r\,dr.$$

(2)极点 $O$ 在区域 $D$ 的边界上,$D$ 是由 $\theta=\alpha, \theta=\beta, r=r(\theta)$ 围成(见图 8-2-9),这时有公式

$$\iint_D f(r\cos\theta, r\sin\theta)rdrd\theta = \int_\alpha^\beta d\theta \int_0^{r(\theta)} f(r\cos\theta, r\sin\theta)rdr.$$

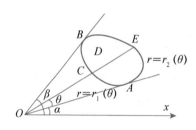

图 8-2-8

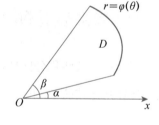

图 8-2-9

(3)极点 $O$ 在区域 $D$ 之内,区域是由 $r=r(\theta)$ 所围成(见图 8-2-10),这时有公式

$$\iint_D f(r\cos\theta, r\sin\theta)rdrd\theta = \int_0^{2\pi} d\theta \int_0^{r(\theta)} f(r\cos\theta, r\sin\theta)rdr.$$

**例 3** 计算二重积分 $\iint_D \sqrt{x^2+y^2}d\sigma$,其中 $D$:$(x-a)^2+y^2 \leqslant a^2 (a>0)$.

**解**:积分区域 $D$(见图 8-2-11),$D$ 的边界曲线 $(x-a)^2+y^2 \leqslant a^2 (a>0)$ 的极坐标方程为 $r=2a\cos\theta \ (a>0)$. 属于第二种情况,于是

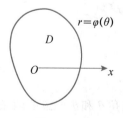

图 8-2-10

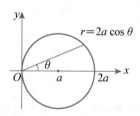

图 8-2-11

$$\iint_D \sqrt{x^2 + y^2}\, d\sigma = \int_{-\frac{\pi}{2}}^{\frac{\pi}{2}} d\theta \int_0^{2a\cos\theta} r^2\, dr$$

$$= \frac{8a^3}{3} \int_{-\frac{\pi}{2}}^{\frac{\pi}{2}} \cos^3\theta\, d\theta$$

$$= \frac{8a^3}{3} \int_{-\frac{\pi}{2}}^{\frac{\pi}{2}} (1 - \sin^2\theta)\cos\theta\, d\theta$$

$$= \frac{8a^3}{3} \int_{-\frac{\pi}{2}}^{\frac{\pi}{2}} (1 - \sin^2\theta)\, d\sin\theta$$

$$= \frac{8a^3}{3} \left( \sin\theta - \frac{1}{3}\sin^3\theta \right) \Big|_{-\frac{\pi}{2}}^{\frac{\pi}{2}}$$

$$= \frac{32}{9} a^3.$$

**例 4**　计算球体 $x^2 + y^2 + z^2 \leqslant 4\,a^2$ 被圆柱面 $x^2 + y^2 = 2ax\ (a > 0)$ 所截得的(含在圆柱面内的部分)立体的体积(见图 $8 - 2 - 12$).

**解:**由对称性

$$V = 4\iint_D \sqrt{4\,a^2 - x^2 - y^2}\, dxdy.$$

其中 $D$ 为半圆周 $y = \sqrt{2ax - x^2}$ 及 $x$ 轴所围成的区域,在极坐标系中,$D$ 可表示为

$$0 \leqslant \theta \leqslant \frac{\pi}{2}, 0 \leqslant r \leqslant 2a\cos\theta.$$

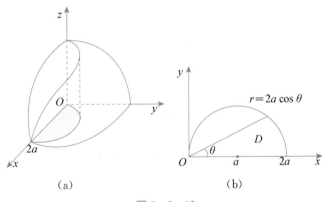

(a)　　　　　　　(b)

图 $8 - 2 - 12$

于是

$$V = 4\iint_D \sqrt{4a^2 - x^2 - y^2}\, dxdy$$

$$= 4\int_0^{\frac{\pi}{2}} d\theta \int_0^{2a\cos\theta} \sqrt{4a^2 - r^2} \cdot r\, dr$$

$$= \frac{32}{3} a^3 \int_0^{\frac{\pi}{2}} (1 - \sin^3\theta)\, d\theta$$

$$= \frac{32}{3} a^3 \left( \frac{\pi}{2} - \frac{2}{3} \right).$$

一般说来,当被积函数为 $f(x^2+y^2)$ 的形式,而积分区域为圆形、扇形或圆环形时,在直角坐标系下计算往往很困难,通常都是在极坐标系下来计算.

## 小结

二重积分在直角坐标系与极坐标系下的计算方法——根据积分区域特点化为二次积分.

### 课堂练习 8.2

1. 计算积分 $\iint_D x e^{xy} \mathrm{d}x\mathrm{d}y$,其中 $D$ 为矩形区域: $0 \leqslant x \leqslant 1, -1 \leqslant y \leqslant 0$.

2. 计算二重积分 $\iint_D \sin\sqrt{x^2+y^2}\,\mathrm{d}x\mathrm{d}y$,其中 $D$ 为二圆 $x^2+y^2=\pi^2$ 和 $x^2+y^2=4\pi^2$ 之间的环形区域.

### 习题 8.2

1. 交换积分顺序 $\int_0^1 \mathrm{d}x \int_{x^2}^x f(x,y)\mathrm{d}y$.

2. 计算 $\iint_D \frac{1}{2}(2-x-y)\mathrm{d}x\mathrm{d}y$,其中 $D$ 是直线 $y=x$ 与抛物线 $y=x^2$ 围成的区域.

3. 计算二重积分 $\iint_D \frac{x^2}{y^2}\mathrm{d}x\mathrm{d}y$,其中 $D$ 是由直线 $x=2,y=x$ 及双曲线 $xy=1$ 所围成的区域.

4. 求二重积分 $I = \iint_D \left(1-\frac{x}{3}-\frac{y}{4}\right)\mathrm{d}\sigma$,其中 $D: -1 \leqslant x \leqslant 1, -2 \leqslant y \leqslant 2$.

5. 求 $I = \iint_D \sqrt{a^2-x^2-y^2}\,\mathrm{d}\sigma$,其中 $D$ 是圆型域 $x^2+y^2 \leqslant ax(a>0)$.

## 第 3 节 二重积分的简单应用

在第 1 节中,我们通过求曲顶柱体的体积和非均匀平面薄板的质量引出了二重积分的概念,本节中我们再应用二重积分解决一些几何和物理问题.

## 3.1 立体体积和平面图形的面积

二重积分的典型的几何意义是曲顶柱体的体积,所以可以应用二重积分计算一些空间立体的体积.

**例 1** 求平面 $2x+y+z=4$ 和三个坐标平面所围成的四面体体积.

**解:** 平面 $2x+y+z=4$ 与三条坐标轴的交点为 $P(2,0,0)$,$Q(0,4,0)$,$R(0,0,4)$,据此画出该四面体的大致图形,如图 8-3-1 所示.这个四面体可视为曲面 $z=4-2x-y$ 相应于区域 $D$ 的曲顶柱体,其中 $D$ 是该四面体在 $xOy$ 平面上的投影区域,即三角形 $POQ$.

在 $xOy$ 平面上直线 $PQ$ 的方程是 $4-2x-y=0$. 则 $D$:$\begin{cases} 0 \leqslant x \leqslant 2 \\ 0 \leqslant y \leqslant 4-2x \end{cases}$,于是四面体体积为

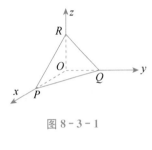

图 8-3-1

$$\begin{aligned}
V &= \iint_D (4-2x-y)\mathrm{d}\sigma \\
&= \int_0^2 \mathrm{d}x \int_0^{4-2x} (4-2x-y)\mathrm{d}y \\
&= \int_0^2 \left[ (4-2x)y - \frac{1}{2}y^2 \right] \Big|_0^{4-2x} \mathrm{d}x \\
&= \int_0^2 \frac{1}{2}(4-2x)^2 \mathrm{d}x \\
&= \frac{16}{3}.
\end{aligned}$$

**例 2** 求曲线 $r=2\sin\theta$ 与直线 $\theta=\dfrac{\pi}{6}$ 及 $\theta=\dfrac{\pi}{3}$ 围成的平面图形(图 8-3-2 中阴影部分)的面积.

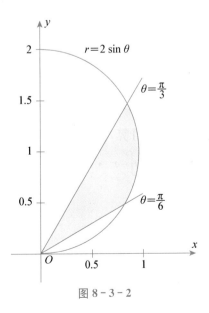

图 8-3-2

**解:** 设所求图形的面积为 $S$,所占区域为 $D$,则

$$S = \iint_D \mathrm{d}\sigma.$$

采用极坐标,则 $D$ 可表示为 $\begin{cases} \dfrac{\pi}{6} \leqslant \theta \leqslant \dfrac{\pi}{3}, \\ 0 \leqslant r \leqslant 2\sin\theta, \end{cases}$

于是

$$
\begin{aligned}
S &= \iint_D \mathrm{d}\sigma \\
&= \int_{\frac{\pi}{6}}^{\frac{\pi}{3}} \mathrm{d}\theta \int_0^{2\sin\theta} r\,\mathrm{d}r \\
&= \frac{1}{2} \int_{\frac{\pi}{6}}^{\frac{\pi}{3}} r^2 \Big|_0^{2\sin\theta} \mathrm{d}\theta \\
&= \int_{\frac{\pi}{6}}^{\frac{\pi}{3}} 2\sin^2\theta\,\mathrm{d}\theta \\
&= \int_{\frac{\pi}{6}}^{\frac{\pi}{3}} (1 - \cos 2\theta)\,\mathrm{d}\theta \\
&= \frac{\pi}{6}.
\end{aligned}
$$

## 3.2 平面薄片的质量和平面薄片的重心

### 3.2.1 平面薄片的质量

非均匀平面薄板的质量 $M$ 是面密度 $\rho = \rho(x,y)$ 在薄片所占闭区域 $D$ 上的二重积分,即

$$M = \iint_D \rho(x,y)\,\mathrm{d}\sigma.$$

**例 3** 设薄板圆心在原点,半径为 $R$,面密度为 $\rho(x,y) = x^2 + y^2$,求薄板的质量.

**解:** 设薄板的质量为 $M$,则有

$$M = \iint_D \rho(x,y)\,\mathrm{d}x\mathrm{d}y = \iint_D (x^2 + y^2)\,\mathrm{d}x\mathrm{d}y,$$

其中 $D: x^2 + y^2 \leqslant R^2$. 在极坐标系下计算,得

$$M = \int_0^{2\pi} \mathrm{d}\theta \int_0^R r^2 \cdot r\,\mathrm{d}r = \frac{1}{2}\pi R^4.$$

### *3.2.2 平面薄片的重心

**1. 平面上的质点系的重心**

设 $xOy$ 面上有 $n$ 个质点,分别位于点 $(x_1,y_1),(x_2,y_2),\cdots,(x_n,y_n)$,质量分别为 $m_1, m_2\cdots,m_n$,由力学知识可知(见图 8-3-3),质点系对 $x$ 轴和 $y$ 轴的力矩分别为:

$$M_x = \sum_{i=1}^{n} m_i y_i, M_y = \sum_{i=1}^{n} m_i x_i, \text{总质量为 } M = \sum_{i=1}^{n} m_i.$$

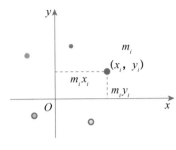

图 8 - 3 - 3

其质点系的重心坐标为

$$\overline{x} = \frac{M_y}{m} = \frac{\sum\limits_{i=1}^{n} m_i x_i}{\sum\limits_{i=1}^{n} m_i}, \overline{y} = \frac{M_x}{m} = \frac{\sum\limits_{i=1}^{i} m_i y_i}{\sum\limits_{i=1}^{i} m_i}.$$

**2. 平面薄片的重心**

设有一平面薄片,占有 $xOy$ 面上的闭区域 $D$,在点$(x,y)$处的面密度为 $\rho(x,y)$,假定 $\rho(x,y)$在 $D$ 上连续,如何确定该薄片的重心坐标$(\overline{x},\overline{y})$.

在闭区域 $D$ 上任取一直径很小的闭区域 $d\sigma$(也表示小闭区域的面积 $d\sigma$),$(x,y)$是这个小闭区域内的一点,由于 $d\sigma$ 的直径很小,且 $\rho(x,y)$ 在 $D$ 上连续,所以薄片中相应于 $d\sigma$ 的部分的质量近似等于 $\rho(x,y)d\sigma$,这部分的质量可以近似地看作集中在点$(x,y)$处(见图 8 - 3 - 4),于是小区域对 $x$ 轴、$y$ 轴的力矩为 $dM_x = y\rho(x,y)d\sigma, dM_y = x\rho(x,y)d\sigma$,这就是力矩元素,于是

$$M_x = \iint\limits_{D} y\rho(x,y)d\sigma, \ M_y = \iint\limits_{D} x\rho(x,y)d\sigma,$$

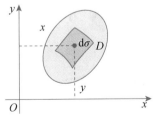

图 8 - 3 - 4

又因为平面薄片的总质量为

$$m = \iint\limits_{D} \rho(x,y)d\sigma,$$

从而,薄片的重心坐标为

$$\bar{x} = \frac{M_y}{m} = \frac{\iint_D x\rho(x,y)\,\mathrm{d}\sigma}{\iint_D \rho(x,y)\,\mathrm{d}\sigma},\ \bar{y} = \frac{M_x}{m} = \frac{\iint_D y\rho(x,y)\,\mathrm{d}\sigma}{\iint_D \rho(x,y)\,\mathrm{d}\sigma}.$$

特别地,如果薄片是均匀的,即面密度为常量,则

$$\bar{x} = \frac{1}{A}\iint_D x\,\mathrm{d}\sigma,\ \bar{y} = \frac{1}{A}\iint_D y\,\mathrm{d}\sigma\ (A = \iint_D \mathrm{d}\sigma\ \text{为闭区域}\ D\ \text{的面积}).$$

显然,这时薄片的重心完全由闭区域的形状所决定,因此,习惯上将均匀薄片的重心称为该平面薄片所占平面图形的形心.

**例 4** 求位于两圆 $r = 2\sin\theta$ 和 $r = 4\sin\theta$ 之间均匀薄片的质心.

**解**:利用对称性(见图 8-3-5)可知,$\bar{x} = 0$,而

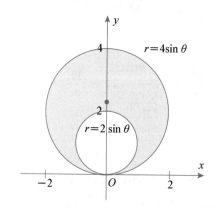

图 8-3-5

$$\bar{y} = \frac{1}{A}\iint_D y\,\mathrm{d}x\mathrm{d}y = \frac{1}{A}\iint_D r\sin\theta \cdot r\mathrm{d}r\mathrm{d}\theta$$

$$= \frac{1}{3\pi}\int_0^\pi \sin\theta\,\mathrm{d}\theta\int_{2\sin\theta}^{4\sin\theta} r^2\,\mathrm{d}r = \frac{56}{9\pi}\int_0^\pi \sin^4\theta\,\mathrm{d}\theta$$

$$= \frac{56}{9\pi} \cdot 2\int_0^{\frac{\pi}{2}} \sin^4\theta\,\mathrm{d}\theta = \frac{7}{3}.$$

 小结

二重积分求立体体积和平面面积.

非均匀平面薄板的质量和平面薄片的质心.

 课堂练习 8.3

用二重积分求在极坐标系下 $r \leqslant a(1+\cos\theta)$ 与 $r \geqslant 2a\cos\theta$ 所确定的平面图形(见图 8-3-6 中阴影部分)的面积.

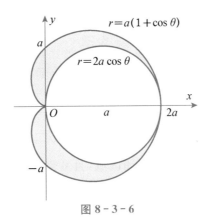

$$r=a(1+\cos\theta)$$
$$r=2a\cos\theta$$

图 8 - 3 - 6

习题 8.3

1. 求两个旋转抛物面 $z=2-x^2-y^2$ 和 $z=x^2+y^2$ 所围成的立体体积.

2. 求位于两圆 $x^2+(y-2)^2=4$ 和 $x^2+(y-1)^2=1$ 之间的均匀薄片的质心(设密度 $\rho=1$).

总习题 8

一、填空题

1. 设 $D$ 是正方形 $0\leqslant x\leqslant 1,0\leqslant y\leqslant 1$,则 $\iint_D xy\,\mathrm{d}x\mathrm{d}y=$ _____;

2. 设 $D:0\leqslant x\leqslant\pi,0\leqslant y\leqslant\dfrac{\pi}{2}$,则 $\iint_D \sin x\,\cos y\,\mathrm{d}x\mathrm{d}y=$ _____;

3. 已知 $D$ 是长方形 $a\leqslant x\leqslant b,0\leqslant y\leqslant 1$,且 $\iint_D yf(x)\,\mathrm{d}x\mathrm{d}y=1$,则 $\int_a^b f(x)\,\mathrm{d}x=$ _____;

4. 交换二次积分的积分顺序: $I=\int_1^2\mathrm{d}y\int_y^2 f(x,y)\,\mathrm{d}x=$ _____;

5. 二次积分 $I=\int_0^a\mathrm{d}x\int_0^{\sqrt{a^2-x^2}}f(\sqrt{x^2+y^2})\,\mathrm{d}y$ 在极坐标系下的二次积分(先 $\rho$ 后 $\theta$)为: _____;

6. 积分 $\int_0^2\mathrm{d}x\int_x^2 e^{-y^2}\,\mathrm{d}y=$ _____.

二、选择题

1. 设 $D$ 是由 $y=kx(k>0),y=0$ 和 $x=1$ 所围成的三角形区域,且 $\iint_D xy^2\,\mathrm{d}x\mathrm{d}y=\dfrac{1}{15}$,则 $k=(\quad)$.

A. 1    B. $\sqrt[3]{\dfrac{4}{5}}$    C. $\sqrt[3]{\dfrac{1}{5}}$    D. $\sqrt[3]{\dfrac{2}{5}}$

2. 将极坐标系下的二次积分：$I = \int_0^\pi \mathrm{d}\theta \int_0^{2\sin\theta} rf(r\cos\theta, r\sin\theta)\mathrm{d}r$ 化为直角坐标系下的二次积分，则 $I = ($      $)$.

   A. $\int_{-1}^1 \mathrm{d}y \int_{1-\sqrt{1-y^2}}^{1+\sqrt{1-y^2}} f(x,y)\mathrm{d}x$           B. $\int_0^2 \mathrm{d}x \int_{-\sqrt{2x-x^2}}^{\sqrt{2x-x^2}} f(x,y)\mathrm{d}y$

   C. $\int_{-1}^1 \mathrm{d}y \int_{-\sqrt{2y-y^2}}^{\sqrt{2y-y^2}} f(x,y)\mathrm{d}x$           D. $\int_{-1}^1 \mathrm{d}x \int_{1-\sqrt{1-x^2}}^{1+\sqrt{1-x^2}} f(x,y)\mathrm{d}y$

3. 设 $D$ 是第二象限内的一个有界闭区域，且 $0 < y < 1$，记 $I_1 = \iint_D xy\,\mathrm{d}x\mathrm{d}y$，$I_2 = \iint_D y^2 x\,\mathrm{d}x\mathrm{d}y$，$I_3 = \iint_D xy^{\frac{1}{2}}\,\mathrm{d}x\mathrm{d}y$，则 $I_1$、$I_2$、$I_3$ 的大小顺序为($     )$.

   A. $I_1 \leqslant I_2 \leqslant I_3$      B. $I_2 \leqslant I_1 \leqslant I_3$      C. $I_3 \leqslant I_1 \leqslant I_2$      D. $I_3 \leqslant I_2 \leqslant I_1$

4. 设 $f(x,y)$ 为连续函数，则二次积分 $\int_0^1 \mathrm{d}x \int_0^{1-x} f(x,y)\mathrm{d}y$ 等于($     )$.

   A. $\int_0^1 \mathrm{d}y \int_0^{1-y} f(x,y)\mathrm{d}x$           B. $\int_0^1 \mathrm{d}y \int_0^{1-x} f(x,y)\mathrm{d}x$

   C. $\int_0^{1-x} \mathrm{d}y \int_0^1 f(x,y)\mathrm{d}x$           D. $\int_0^1 \mathrm{d}y \int_0^1 f(x,y)\mathrm{d}x$

5. 二重积分 $\iint_{1 \leqslant x^2+y^2 \leqslant 4} x^2\,\mathrm{d}x\mathrm{d}y$ 可表达为累次积分($     )$.

   A. $\int_0^{2\pi} \mathrm{d}\theta \int_1^2 r^3\cos^2\theta\,\mathrm{d}r$           B. $\int_0^{2\pi} r^3\,\mathrm{d}r \int_1^2 \cos^2\theta\,\mathrm{d}\theta$

   C. $\int_{-2}^2 \mathrm{d}x \int_{-\sqrt{4-x^2}}^{\sqrt{4-x^2}} x^2\,\mathrm{d}y$           D. $\int_{-1}^1 \mathrm{d}y \int_{-\sqrt{1-y^2}}^{\sqrt{1-y^2}} x^2\,\mathrm{d}x$

6. 设 $D$ 是由 $1 \leqslant x^2+y^2 \leqslant 4$ 所确定的平面区域，则二重积分 $\iint_D \mathrm{d}x\mathrm{d}y$ 等于($     )$.

   A. $\pi$         B. $3\pi$         C. $4\pi$         D. $15\pi$

7. 由三个平面 $x=0, y=0, x+y=1$ 所围成的柱体被平面 $z=0$ 及 $z=1+x+y$ 截得的立体体积为($     )$.

   A. $\dfrac{5}{6}$         B. $\dfrac{4}{7}$         C. $\dfrac{2}{3}$         D. $\dfrac{5}{7}$

**三、改变下列积分中的积分顺序**

1. $\int_{-1}^1 \mathrm{d}x \int_{-\sqrt{1-x^2}}^{1-x^2} f(x,y)\mathrm{d}y$.

2. $\int_{-6}^2 \mathrm{d}x \int_0^{2-x} f(x,y)\mathrm{d}y$.

**四、计算下列二重积分**

1. 计算 $\iint_D (x^2+y^2)\,\mathrm{d}\sigma$，其中 $D$：$|x| \leqslant 1, |y| \leqslant 1$.

2. 计算 $\iint_D (x+y)\,\mathrm{d}\sigma$，其中 $D$：$x^2+y^2 \leqslant 1$.

**五、求曲线 $r=2\sin\theta$ 与直线 $\theta=\dfrac{\pi}{6}$ 及 $\theta=\dfrac{\pi}{3}$ 围成平面图形的面积.**

# 附　录

## 一、常用三角公式

### 1. 同角公式

$$\sin^2 x + \cos^2 x = 1$$
$$1 + \tan^2 x = \sec^2 x$$
$$1 + \cot^2 x = \csc^2 x$$

### 2. 积化和差

$$\sin\alpha x \cos\beta x = \frac{1}{2}\left[\sin(\alpha+\beta)x + \sin(\alpha-\beta)x\right]$$
$$\sin\alpha x \sin\beta x = -\frac{1}{2}\left[\cos(\alpha+\beta)x - \cos(\alpha-\beta)x\right]$$
$$\cos\alpha x \cos\beta x = \frac{1}{2}\left[\cos(\alpha+\beta)x + \cos(\alpha-\beta)x\right]$$

### 3. 倍角公式

$$\sin x = 2\sin\frac{x}{2}\cos\frac{x}{2}$$
$$\cos x = \cos^2\frac{x}{2} - \sin^2\frac{x}{2} = 1 - 2\sin^2\frac{x}{2} = 2\cos^2\frac{x}{2} - 1$$
$$\sin^2 x = \frac{1 - \cos 2x}{2}$$
$$\cos^2 x = \frac{1 + \cos 2x}{2}$$

## 二、极坐标与参数方程

### 1. 极坐标系的概念

在平面上取一定点 $O$，称为极点，由 $O$ 出发的一条射线 $Ox$，称为极轴. 再取定一个长度单位，通常规定角度取逆时针方向为正. 这样，平面上任一点 $P$ 的位置就可以用线段 $OP$ 的长度 $\rho$ 以及从 $Ox$ 到 $OP$ 的角度 $\theta$ 来确定，有序数对 $(\rho,\theta)$ 就称为 $P$ 点的极坐标，记为 $P(\rho,\theta)$；$\rho$ 称为 $P$ 点的极径，$\theta$ 称为 $P$ 点的极角. 当限制 $\rho\geqslant 0,0\leqslant\theta<2\pi$ 时，平面上除极

点 $O$ 以外,其他每一点都有唯一的一个极坐标,如图 1.

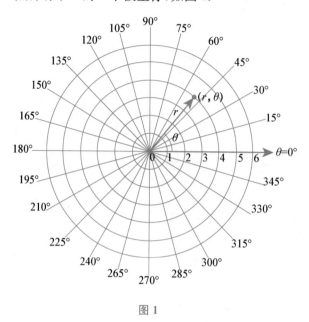

图 1

平面上有些曲线,采用极坐标时,方程比较简单.

2. 直角坐标与极坐标的互化

把直角坐标系的原点作为极点,$x$ 轴正半轴作为极轴,并在两坐标系中取相同的长度单位. 设 $A$ 是平面内的任意一点,如图 2,它的直角坐标、极坐标分别为 $(x,y)$ 和 $(\rho,\theta)$,则

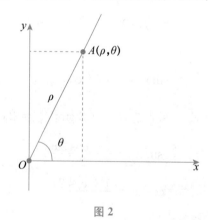

图 2

$$x = \rho \cos\theta, y = \rho \sin\theta,$$

$$\rho^2 = x^2 + y^2, \tan\theta = \frac{y}{x}, (x \neq 0).$$

3. 常见的极坐标方程

下面列出了一些常见的极坐标方程及其图形,其中参数 $a > 0$.

## 3.1　直线

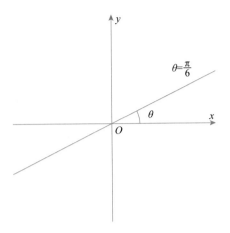

$$\theta = \frac{\pi}{6}$$

## 3.2　圆

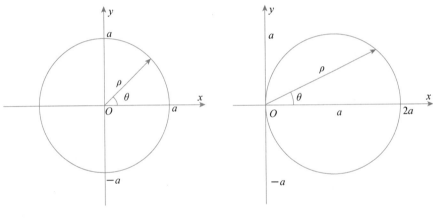

$(1)\rho=a$　　　　　　　　　$(2)\rho=2a\cos\theta$

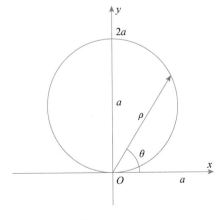

$(3)\rho=2a\sin\theta$

### 3.3 心形线

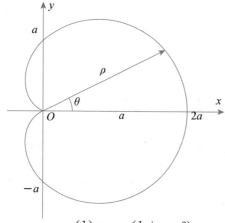

(1) $\rho = a(1 + \cos\theta)$

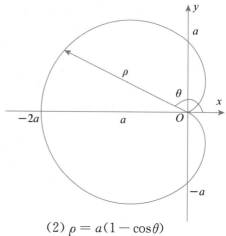

(2) $\rho = a(1 - \cos\theta)$

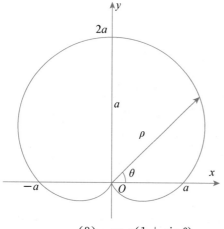

(3) $\rho = a(1 + \sin\theta)$

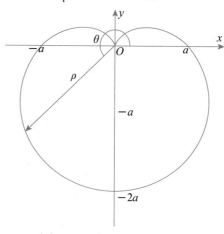

(4) $\rho = a(1 - \sin\theta)$

### 3.4 双纽线

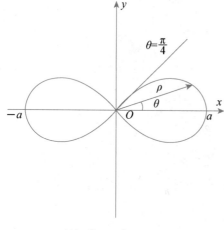

(1) $\rho^2 = a^2 \cos 2\theta$

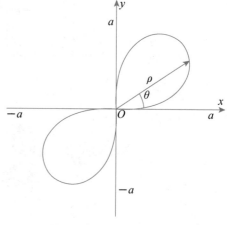

(2) $\rho^2 = a^2 \sin 2\theta$

3.5　螺线

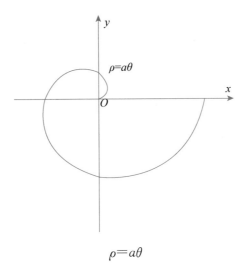

$$\rho = a\theta$$

# 参考答案

## 第 1 章

**课堂练习 1.1**

1. 定义域 $(-\infty, +\infty)$, 偶函数, $(-\infty, 0]$ 单调递减, $[0, +\infty)$ 单调递增.

2. 由 $y = \sqrt{u}, u = \ln v, v = 2x + 3$ 三个函数复合而成, 定义域 $[-1, +\infty)$.

**习题 1.1**

1. $[-1, 3]$;

2. (1) $(-\infty, 1] \bigcup [3, +\infty)$; (2) $(-1, 2]$; (3) $(-2, +\infty)$; (4) $(2k\pi, (2k+1)\pi)$ $(k \in Z)$;

3. $f[g(x)] = \mathrm{e}^{2x}, g[f(x)] = \mathrm{e}^{x^2}, f[f(x)] = x^4, g[g(x)] = \mathrm{e}^{\mathrm{e}^x}$;

4. (1)奇; (2)非奇非偶; (3)偶.

5. (1) $y = u^3, u = \sin v, v = 8x + 5$; (2) $y = \tan u, u = \sqrt[3]{v}, v = x^2 + 5$;
(3) $y = 2^u, u = 1 - x^2$; (4) $y = \ln u, u = 3 - x$.

**课堂练习 1.2**

1. 逐渐趋于 2;
2. 存在, 极限为 3.

**习题 1.2**

1. 1.
2. (1)都存在, $f(0^-) = -1, f(0^+) = 1$; (2) 无极限; (3) $\lim\limits_{x \to 1} f(x) = 1$.

**课堂练习 1.3**

1. (1) $x \to 1$ 时, (2) $x \to \infty$ 时.

2. $\lim\limits_{x \to 0} \dfrac{x(\cos x - 1)}{\sin x^3} = \lim\limits_{x \to 0} \dfrac{x \cdot \left(-\dfrac{1}{2} x^2\right)}{x^3} = -\dfrac{1}{2}$.

### 习题 1.3

1. (1)无穷小;(2)既不是无穷小也不是无穷大.

2. (1)同阶无穷小;(2)高阶无穷小;(3)等价无穷小.

3. (1)1;(2)2;(3)1.

### 课堂练习 1.4

1.3.2. 不收敛,但有界.

### 习题 1.4

1. (1)收敛;(2)收敛;(3)发散.

2. (1)0;(2)0;(3)4;(4)0.

### 课堂练习 1.5

$(1)\dfrac{1}{4};(2)\dfrac{2}{3};(3)-\dfrac{1}{2}.$

### 习题 1.5

1. $(1)\ -1;(2)\ \dfrac{2}{3};(3)\ \dfrac{2}{3};(4)\ 0;(5)+\infty;(6)\ -1;(7)\ 1;(8)\ \dfrac{4}{3}.$

2. 取两子列,$k\to\infty,x_n=\dfrac{1}{k\pi}\to 0$ 和 $x'_n=\dfrac{2}{k\pi}\to 0$,而 $y=\sin\dfrac{1}{x_n}\to 0,y'=\sin\dfrac{1}{x'_n}\to 1.$

### 课堂练习 1.6

$(1)2;(2)0;(3)\mathrm{e}^2;(4)\mathrm{e}^a.$

### 习题 1.6

1. $(1)8,(2)x;(3)\mathrm{e}^{-6};(4)1;(5)\mathrm{e};(6)\mathrm{e}^{-1}.$

2. 提示:由极限乘法运算法则及由分母极限为 0,可得分子极限必为 0,且分子、分母同时有 $x-1$ 的公因式,$a=-3,b=2.$

3. $c=\ln 2.$

### 课堂练习 1.7

1. 第一,跳跃;2. $-1$;3. 2;4. $(1,2)\bigcup(2,+\infty).$

### 习题 1.7

1. $a=1,b=1.$

2. (1)$x=\pm 1$ 是第二类间断点中的无穷间断点;(2)$x=0$ 是第二类间断点中的无穷

间断点.

    3. 1. $\ln(e+1)$; 2. $\dfrac{2}{3}\sqrt{2}$.

    4. (略)

## 总习题 1

    一、1. $(-3,2]$; 2. $[0,3)$; 3. 3; 4. $e^k$; 5. $\dfrac{3}{2}$; 6. 第一类间断点且是可去间断点;

    7. $x=\pm1,0$; $x=1$; $x=0$.

    二、1. C; 2. C; 3. B; 4. B; 5. C; 6. D; 7. A; 8. A; 9. D; 10. A; 11. A.

    三、1. $\dfrac{4}{3}$; 2. $\dfrac{1}{3}$; 3. $e^{-2}$; 4. 1; 5. $\dfrac{1}{3}$; 6. 0; 7. $\cos a$; 8. $-\dfrac{\pi}{4}$; 9. $\dfrac{1}{4}$; 10. $\dfrac{1}{5}$.

    四、$a=-4$, $b=10$.

    五、(略)

    六、(略)

    七、$\lim\limits_{x\to0}f(x)=0$, $\lim\limits_{x\to1}f(x)=3$, $\lim\limits_{x\to\sqrt{2}}f(x)=6$.

    八、$f(0^+)=f(0^-)=f(0)=-1$, 故 $f(x)$ 在 $x=0$ 处连续.

    九、(略)

# 第 2 章

## 课堂练习 2.1

    1. $-f'(x_0)$, $2f'(x_0)$; 2. $f'(0)$.

## 习题 2.1

    1. (1) $a=2$, $b=-1$; (2) $f'(x)=\begin{cases}2x, & x<1,\\ 2, & x=1,\\ 2, & x>1.\end{cases}$

    2. $y=4x-6$, $y=-\dfrac{1}{4}x-\dfrac{7}{4}$.

## 课堂练习 2.2

    1. 0; 2. $\mu x^{\mu-1}$; 3. $e^x$; 4. $2^x\ln2$; 5. $\dfrac{1}{x}$; 6. $\dfrac{1}{x\ln a}$; 7. $\cos x$; 8. $-\sin x$; 9. $\sec^2 x$; 10. $-\csc^2 x$.

## 习题 2.2

    1. (1) $2x\cos x-x^2\sin x+\dfrac{5}{2}x^{\frac{3}{2}}$;   (2) $-\dfrac{1}{\sqrt{x}(1+\sqrt{x})^2}$;   (3) $3x^2-12x+11$;

2. $\ln x + 1 - \dfrac{1}{2} x^{-\frac{3}{2}}, \dfrac{1}{2}$.

3. $f'(x+3) = 5x^4, f'(x) = 5(x-3)^4$.

### 课堂练习 2.3

1. $y' = \dfrac{y - e^y}{x e^y - x}$；2. $\dfrac{\mathrm{d}y}{\mathrm{d}x} = -\tan t$.

### 习题 2.3

1. (1) $-\dfrac{x}{y}$；(2) $\dfrac{-y^2 \cos x}{1 + y \sin x}$.

2. 提示：对数求导法，$y' = x^x (\ln x + 1)$.

3. 切线方程为 $x + 2y - 4 = 0$，法线方程为 $2x - y - 3 = 0$.

### 课堂练习 2.4

1. $y'' = -4\cos 2x$；2. $y'' = -\dfrac{1}{x^2} + 2$.

### 习题 2.4

(1) $y'' = -4\sin 2x$；(2) $y'' = -\dfrac{1}{(1+x)^2}$；(3) $y'' = -\csc^2 x$.

### 课堂练习 2.5

1. $0.110\,6, 0.11$；2. $\dfrac{2}{3} x^3$.

### 习题 2.5

1. $(4x^3 + 5)\mathrm{d}x$；2. $(e^x + x e^x)\mathrm{d}x$；3. $\left(-\dfrac{1}{x^2} + \dfrac{1}{\sqrt{x}}\right)\mathrm{d}x$；

4. $2x^{2x}(\ln x + 1)\mathrm{d}x$；5. $\dfrac{1 - n \ln x}{x^{n-1}}\mathrm{d}x$；6. $-\dfrac{x}{1 - x^2}\mathrm{d}x$.

### 总习题 2

一、1. $\dfrac{1}{2} + e$；2. $(e^x \ln x + \dfrac{1}{x} e^x)\mathrm{d}x$；3. $-2$；4. $y = (1+e)x - 1$；5. $1$；

6. $\sin^2 x - \cos(x) e^{\cos x}$；7. $(3x^2 + \dfrac{1}{1+x})\mathrm{d}x$；8. $\dfrac{y - 2x}{2y - x}$；

9. $89\,100\,(1 - 3x)^{98} - \dfrac{3}{x^2 \ln 2} - 4\sin 2x$；10. $\dfrac{1}{2}$.

二、1. B；2. D；3. C；4. C；5. D；6. D；7. C；8. A.

三、1. $8(2x+3)^3$；2. $-2\mathrm{e}^{-2x}$；3. $-3\cos^2 x\sin x$；4. $\dfrac{-\cos(1-x)}{\sin(1-x)}$；5. $6x-2\sin 2x$；

6. $10(38x^2-76x+46)(x^2-2x+5)^8$；7. $\dfrac{(x-1)\cot x-\ln\sin x}{(x-1)^2}$；8. $6\cdot 10^{6x}\ln 10+\dfrac{1}{x^2}(1-\ln x)x^{\frac{1}{x}}$；9. $-\dfrac{1}{2}$.

四、$\dfrac{1}{2}$.

五、$\dfrac{x\ln x}{(x^2-1)^{\frac{3}{2}}}\mathrm{d}x$.

六、$\dfrac{2xy}{\cos y+2\mathrm{e}^{2y}-x^2}$.

七、$\pi\cdot\ln\pi+\pi+1$.

八、$6x-\csc^2 x$.

九、$2\varphi(0)$.

十、$a=2,b=1$.

## 第 3 章

**课堂练习 3.1**

1. $-1$；2. $f(x)$ 在$(-1,1)$内不可导；3. $3,(0,1),(1,2),(2,3)$.

**习题 3.1**

1. $\xi_1=-\dfrac{2}{3}$，注意$\xi_2=0$ 不符合条件.

2. (1) 满足，$\xi=1$；(2) 满足，$\xi=2$；(3) 满足，$\xi=0$；(4) 满足，$\xi=\dfrac{\pi}{2}$.

3. 提示：令 $f(x)=3\arccos x-\arccos(3x-4x^3)$，证 $f'(x)\equiv 0\left(-\dfrac{1}{2}\leqslant x\leqslant\dfrac{1}{2}\right)$，则 $f(x)\equiv$ 常数，再取 $x=0$ 便得 $f(x)=\pi$.

**课堂练习 3.2**

1. $\dfrac{3}{2}$；2. $\dfrac{3}{5}$.

**习题 3.2**

1. $1$；2. $\dfrac{1}{2}$；3. $-\dfrac{1}{3}$；4. $\cos a$.

**课堂练习 3.3**

1. $[1,+\infty),(-\infty,0)\bigcup(0,1]$；2. $0$，大，$\dfrac{2}{5}$，小；3. $1$；4. $a=-2,b=4$.

## 习题 3.3

1.(1)在$(-\infty,-1]$、$[3,+\infty)$内单调增加,在$[-1,3]$内单调减少;

(2)在$\left[\dfrac{1}{2},+\infty\right)$内单调增加,在$\left(0,\dfrac{1}{2}\right]$内单调减少;

(3)在$[-2,0)$,$(0,2]$内单调减少,在$(-\infty,-2]$,$[2,+\infty)$内单调增加;

(4)在$\left[\dfrac{\pi}{3},\dfrac{5}{3}\pi\right]$内单调增加,在$\left(0,\dfrac{\pi}{3}\right]\bigcup\left[\dfrac{5}{3}\pi,2\pi\right)$内单调减少.

2.(1)极大值$y(\pm1)=1$,极小值$y(0)=0$;

(2)极大值$f(-1)=2$;

(3)极大值$y(0)=2$,极小值$y(\pm2)=-14$;

(4)极大值$y\left(\dfrac{\pi}{4}\right)=\dfrac{\pi}{3}-\sqrt{3}$,极小值$y\left(\dfrac{5}{4}\pi\right)=-\dfrac{\sqrt{2}}{2}\mathrm{e}^{\frac{5}{4}\pi}$.

3.(1)最大值$y(\pm2)=13$,最小值$y(\pm1)=4$.

(2) 最大值$y\left(-\dfrac{1}{2}\right)=y(1)=\dfrac{1}{2}$,最小值$y(-2)=-4$.

## 课堂练习 3.4

(1) $(0,0)$;(2);$y=0$;(3)$x=-3$;(4)必要.

## 习题 3.4

1.(1)拐点为$\left(\dfrac{5}{3},\dfrac{20}{27}\right)$,在$\left(-\infty,\dfrac{5}{3}\right)$内是凸的,在$\left[\dfrac{5}{3},+\infty\right)$内是凹的;

(2)拐点为$(1,-7)$,在$(0,1)$内是凸的,在$[1,+\infty)$内是凹的;

(3)无拐点,凸区间为$(0,+\infty)$;

(4)拐点为$(0,0)$,凸区间为$(0,+\infty)$,凹区间为$(-\infty,0)$;

(5)拐点为$(2,62)$,$(4,206)$,凸区间为$(2,4)$,凹区间为$(-\infty,2)$,$(4,+\infty)$;

(6)拐点为$\left(\pm\dfrac{\sqrt{2}}{2},\dfrac{\sqrt{e}}{e}\right)$,凸区间为$\left(-\dfrac{\sqrt{2}}{2},\dfrac{\sqrt{2}}{2}\right)$,凹区间为$\left(-\infty,-\dfrac{\sqrt{2}}{2}\right)$,$\left(\dfrac{\sqrt{2}}{2},+\infty\right)$.

2.略

## 总习题 3

一、1. $\dfrac{1}{\ln2}-1$;2. $0$;3. $\mathrm{e}^{-\frac{\pi}{2}}$;4. $(-\infty,0)\bigcup(1,+\infty)$,$(0,1)$;5. $f(0)=2,f(-1)=0$;

6. 凹区间为$(-1,1)$, 凸区间为$(-\infty,-1)$和$(1,+\infty)$,拐点为$(-1,\ln2)$和$(1,\ln2)$;

7.$x=-\dfrac{1}{2}$;8. $a=1,b=-3,c=-24,d=16$;9. $(1,2)$;10. $2$;11. $(1,0)$;12. $\sqrt{3}+\dfrac{\pi}{6}$.

二、1. D;2. D;3. A;4. D;5. D;6. C;7. D;8. A;9. D;10. C.

三、1. $2$；2. $\dfrac{1}{2}$；3. $-1$；4. $\dfrac{1}{2}$；5. $1$；6. $e^{\frac{1}{2}}$；7. $\ln 2-\ln 3$；8. $1$.

四、1. 在 $\left(-\infty,\dfrac{1}{2}\right]$ 内单调减少，在 $\left[\dfrac{1}{2},+\infty\right)$ 内单调增加；

2. 在 $[0,n]$ 内单调增加，在 $[n,+\infty)$ 内单调减少.

五、1. 极小值 $f\left(\dfrac{1}{\sqrt{e}}\right)=-\dfrac{1}{2e}$；

2. 极大值 $f(2)=\sqrt{5}$.

六、1. 最大值 $y(-1)=e$，最小值 $y(0)=0$；

2. 最小值 $y(-3)=27$，没有最大值.

七、单调增区间为 $(-1,1)$，单调减区间为 $(-\infty,-1)$、$(1,+\infty)$，凹区间为 $(-\sqrt{3},0)$，$(\sqrt{3},+\infty)$，凸区间为 $(-\infty,-\sqrt{3})$，$(0,\sqrt{3})$；极大值 $\dfrac{1}{2}$，极小值 $-\dfrac{1}{2}$；$y=0$ 为曲线的水平渐进线；拐点为 $\left(\sqrt{3},\dfrac{\sqrt{3}}{4}\right)$，$(0,0)$，$\left(-\sqrt{3},-\dfrac{\sqrt{3}}{4}\right)$；绘图略.

八、提示：令 $f(x)=x^5+3x^3+x-3$，注意 $f(0)=-3$，$\displaystyle\lim_{x\to+\infty}f(x)=+\infty$，$f'(x)=5x^4+9x^2+1>0$，$x\in(-\infty,+\infty)$.

## 第 4 章

**课堂练习 4.1**

1. (1) $-\dfrac{1}{x}+C$；(2) $\dfrac{2}{5}x^{\frac{5}{2}}+C$；(3) $\dfrac{\sqrt{2gx}}{g}+C$.

**课堂练习 4.2**

1. $\tan\dfrac{x}{2}+C$；2. $2(\sqrt{x}+\ln|\sqrt{x}-1|)+C$；3. $(x+1)\arctan\sqrt{x}-\sqrt{x}+C$.

**习题 4.2**

1. (1) 提示：
$$
\begin{aligned}
\int\frac{\ln 2x}{x\sqrt{1+\ln x}}\,dx &= \int\frac{\ln 2+\ln x}{x\sqrt{1+\ln x}}\,dx\\
&= \int\frac{\ln 2-1+1+\ln x}{\sqrt{1+\ln x}}\,d(1+\ln x).\\
&= (\ln 2-1)\int(1+\ln x)^{-\frac{1}{2}}\,d(1+\ln x)+\\
&\quad\int(1+\ln x)^{\frac{1}{2}}d(1+\ln x)\\
&= 2(\ln 2-1)(1+\ln x)^{\frac{1}{2}}+\frac{2}{3}(1+\ln x)^{\frac{3}{2}}+C.
\end{aligned}
$$

(2) $\ln\ln\ln x+C$.

2. (1) $\arcsin x - \dfrac{x}{1+\sqrt{1-x^2}}+C.$

(2) $\dfrac{1}{2}\left[\arcsin x + \ln|x+\sqrt{1-x^2}|\right]+C.$

(3) $\dfrac{1}{5}(4-x^2)^{\frac{5}{2}}-\dfrac{4}{3}(4-x^2)^{\frac{3}{2}}+C.$

3. $\displaystyle\int xf'(x)\mathrm{d}x = -2x^2\,\mathrm{e}^{-x^2}-\mathrm{e}^{-x^2}+C.$

4. 提示：$\displaystyle\int x\cos^2\dfrac{x}{2}\mathrm{d}x = \int \dfrac{x}{2}(1+\cos x)\mathrm{d}x$

$$= \int \dfrac{x}{2}\mathrm{d}(x+\sin x)$$

$$= \dfrac{x}{2}(x+\sin x)-\dfrac{1}{2}\int(x+\sin x)\mathrm{d}x$$

$$= \dfrac{x}{2}(x+\sin x)-\dfrac{1}{2}\left(\dfrac{x^2}{2}-\cos x\right)+C.$$

5. 提示：令 $u=x,\mathrm{d}v=\tan^2 x\,\mathrm{d}x=(\sec^2 x-1)\mathrm{d}x=\mathrm{d}\tan x-\mathrm{d}x,$

$$\int x\tan^2 x\,\mathrm{d}x = \int x\,\mathrm{d}\tan x-\int x\mathrm{d}x$$

$$= x\tan x-\int\tan x\,\mathrm{d}x-\dfrac{1}{2}x^2$$

$$= x\tan x-\dfrac{1}{2}x^2+\ln|\cos x|+C.$$

## 课堂练习 4.3

提示：

$$\int\dfrac{1}{x(x-1)^2}\mathrm{d}x = \int\left(\dfrac{1}{x}+\dfrac{1}{(x-1)^2}-\dfrac{1}{(x-1)}\right)\mathrm{d}x$$

$$= \ln|x|-\dfrac{1}{x-1}-\ln|x-1|+C.$$

## 习题 4.3

1. 提示：$\displaystyle\int\dfrac{x^2}{(x+2)(x^2+2x+2)}\mathrm{d}x = \int\dfrac{2}{x+2}\mathrm{d}x-\int\dfrac{x+2}{x^2+2x+2}\mathrm{d}x$

又 $\displaystyle\int\dfrac{x+2}{x^2+2x+2}\mathrm{d}x = \int\dfrac{\dfrac{1}{2}(2x+4)}{x^2+2x+2}\mathrm{d}x$

$$= \dfrac{1}{2}\int\dfrac{2x+2}{x^2+2x+2}\mathrm{d}x+\int\dfrac{1}{x^2+2x+2}\mathrm{d}x$$

$$= \dfrac{1}{2}\int\dfrac{\mathrm{d}(x^2+2x+2)}{x^2+2x+2}+\int\dfrac{\mathrm{d}(x+1)}{(x+1)^2+1}$$

$$= \dfrac{1}{2}\ln|x^2+2x+2|+\arctan(x+1)+C.$$

从而 $\int \dfrac{x^2}{(x+2)(x^2+2x+2)}dx = \ln\dfrac{(x+2)^2}{\sqrt{x^2+2x+2}} - \arctan(x+1) + C.$

2. 提示：$\int \dfrac{\sin x}{1+\sin x}dx = \int \dfrac{\sin x(1-\sin x)}{\cos^2 x}dx$

$= \int \dfrac{\sin x}{\cos^2 x}dx - \int \dfrac{1-\cos^2 x}{\cos^2 x}dx$

$= -\int \dfrac{d(\cos x)}{\cos^2 x} - \int \dfrac{1}{\cos^2 x}dx + \int dx$

$= \dfrac{1}{\cos x} - \tan x + x + C.$

**总习题 4**

一、1. D;2. B;3. D;4. C;5. D;6. A.

二、(1) $2\ln|x^2+3x-8|+C$ ；(2) $-\sqrt{1-x^2} - \dfrac{1}{2}(\arccos x)^2 + C$；

(3) $\dfrac{4^x}{2\ln 2} + \dfrac{9^x}{2\ln 3} + \dfrac{2\cdot 6^x}{\ln 6} + C$;(4) $\dfrac{1}{3}x^3\arcsin x + \dfrac{1}{3}\sqrt{1-x^2} - \dfrac{1}{9}\sqrt{(1-x^2)^3} + C$;

(5) $\dfrac{17}{8}x - \dfrac{1}{32}\sin 4x + C$;(6) $\ln x - 6\ln(\sqrt[6]{x}+1) + C.$

三、$e^x(x\ln x - 1) + C.$

四、略.

**第 5 章**

**课堂练习 5.1**

1. $\int_{-1}^{\frac{3}{2}} \cos x\, dx.$

2. 提示:利用积分的可加性将绝对值去掉，$\int_0^{2\pi} |\sin x|\, dx = 4.$

**习题 5.1**

1. 提示：$1^3 + 2^3 + \cdots + n^3 = \dfrac{1}{4}n^2(n+1)^2$, $\int_0^1 x^3 dx = \dfrac{1}{4}.$

2. (1)大于;(2)大于;3. 略.

**课堂练习 5.2**

1. $\dfrac{d}{dx}\int_0^x t\, e^{t^2} dt = x\, e^{x^2}.$

2. 1/3.

## 习题 5.2

1.$(1)45\frac{1}{6}$;$(2)\frac{\pi}{3}$;$(3)1-\frac{\pi}{4}$;$(4)\frac{495}{\ln 10}$;

$(5)\frac{\pi}{6}$;$(6)\frac{\pi}{6}$;$(7)1$;$(8)4$.

2.$(1)1$;$(2)2$.

## 课堂练习 5.3

1.$\frac{1}{2}\sin\pi^2$;2.$\frac{\pi}{4}$;3. 1.

## 习题 5.3

1.$(1)\frac{\ln 16}{5}$;$(2)\frac{\pi}{6}-\frac{\sqrt{3}}{8}$;$(3)1-\frac{\pi}{4}$;$(4)2\left(1+\ln\frac{2}{3}\right)$;$(5)1-e^{-\frac{1}{2}}$;$(6)\frac{1}{4}$.

2.$(1)1-\frac{2}{e}$;$(2)-\frac{2\pi}{\omega^2}$;$(3)\frac{\pi}{4}-\frac{1}{2}$;$(4)\frac{1}{5}(e^{\pi}-2)$;$(5)e-2$;$(6)\left(\frac{1}{4}-\frac{\sqrt{3}}{9}\right)\pi+$

$\frac{1}{2}\ln\frac{3}{2}$.

## 课堂练习 5.4

$$S=\int_0^1 e^x dx = e-1$$

## 习题 5.4

1.$\frac{1}{3}$; 2. $\frac{1}{6}$; 3. $e+\frac{1}{e}-2$; 4. $2a\pi x_0^2$; 5. $\frac{3}{10}\pi$.

## 总习题 5

一、1.$\frac{2}{3}\sqrt{2}$; 2.$\left(0,\frac{1}{4}\right)$或$\left(0,\frac{1}{4}\right]$; 3.$\frac{\pi}{8}$; 4. $4-e^{\frac{1}{2}}-3e^{-\frac{1}{2}}$.

二、1. B; 2. D; 3. A; 4. D; 5. A.

三、1. $\frac{4}{3}$; 2. 提示:令$x=\tan t$,原式$=\int_0^{\frac{\pi}{6}}\frac{\cos t}{1+4\sin^2 t}dt=\frac{\pi}{8}$; 3. 0;

4. 提示:原式$=\int_{\pi}^{3\pi}[f(x-\pi)+\sin x]dx$

$=\int_{\pi}^{3\pi}f(x-\pi)dx\underline{令 x-\pi=t}\int_0^{2\pi}f(t)dt$

$=\int_0^{\pi}f(t)dt+\int_{\pi}^{2\pi}f(t)dt$

$=\int_0^{\pi}tdt+\int_{\pi}^{2\pi}[f(t-\pi)+\sin t]dt\underline{令 t-\pi=u}\frac{\pi^2}{2}+\int_0^{\pi}f(u)du-2$

$$= \pi^2 - 2.$$

5. 提示：$\because f'(x) = \dfrac{\sin x}{\pi - x}$,

$$\therefore \int_0^\pi f(x)dx = \int_0^\pi - f(x)d(\pi - x)$$

$$= -f(x)(\pi - x)\Big|_0^\pi + \int_0^\pi (\pi - x)f'(x)dx$$

$$= \int_0^\pi (\pi - x)\frac{\sin x}{(\pi - x)}dx$$

$$= 2.$$

6. 原式 $= \dfrac{\pi}{12} + \dfrac{\sqrt{3}}{2} - 1.$

7. 提示：令 $x = \dfrac{\pi}{2} - t$, 原式 $= \displaystyle\int_0^{\frac{\pi}{2}} \dfrac{\cos t}{\sin t + \cos t}dt$

$$\because \int_0^{\frac{\pi}{2}} \frac{\sin x}{\sin x + \cos x}dx + \int_0^{\frac{\pi}{2}} \frac{\cos t}{\sin t + \cos t}dt = \int_0^{\frac{\pi}{2}} dx = \frac{\pi}{2}.$$

$$\therefore \int_0^{\frac{\pi}{2}} \frac{\sin x}{\sin x + \cos x}dx = \frac{\pi}{4}.$$

四、应用题

1. $S = \displaystyle\int_{-1}^2 dS = \int_{-1}^2 (y + 2 - y^2)dy = \dfrac{9}{2}.$

2. $V = \displaystyle\int_0^8 \pi(\sqrt[3]{y})^2 dy = \dfrac{96}{5}\pi.$

## 第 6 章

**课堂练习 6.1**

1.(1) 2 阶；(2)1 阶.

2.(1)通解,特解；(2)不是解,通解.

**习题 6.1**

1. $S(t) = \dfrac{1}{2}gt^2 + v_0 t + S_0$. 2. 略.

**课堂练习 6.2**

1. $x = x_0 e^{r(t - t_0)}.$

2. 提示：$\dfrac{dy}{dx} = \dfrac{\dfrac{y}{x}}{\dfrac{y}{x} + 1}$, 令 $u = \dfrac{y}{x}$, 则 $y = C e^{\frac{x}{y}}$($C$ 为任意常数).

习题 6.2

1. $\begin{cases} \dfrac{\dfrac{\mathrm{d}y(t)}{\mathrm{d}t}}{y(t)} = 3\%, \ y(t) = 5\ 000\ \mathrm{e}^{3\%\times 15}. \\ y(0) = 5\ 000; \end{cases}$

2. $y^2 - 1 = 3(x-1)^2$.

3. $(1+x^2)(1+y^2) = Cx^2$.

**课堂练习 6.3**

1. $y = Cx + \dfrac{1}{2}x^3$.

2. $y = (x^2 + C)\sin x$.

习题 6.3

1. $y = (1+x^2)(1+\arctan x)$.

2. $v = \dfrac{mg}{k}(1 - \mathrm{e}^{-\frac{k}{m}t})$.

3. $xy\left[C - \dfrac{a}{2}(\ln x)^2\right] = 1$.

4. 提示:问题等价于求初值问题,即 $\begin{cases} y' = 2x + y, \\ y(0) = 0. \end{cases}$

**课堂练习 6.4**

1. $y = \dfrac{1}{24}x^4 + \dfrac{1}{8}\mathrm{e}^{2x} + \dfrac{1}{2}C_1 x^2 + C_2 x + C_3$.

2. $y = C_1\left(x + \dfrac{1}{3}x^3\right) + C_2$.

习题 6.4

1. $y = \dfrac{1}{2}\ln(1+x^2) + C_1\arctan x + C_2$.

2. $y = C_2\,\mathrm{e}^{C_1 x}$.

**总习题 6**

一、1. $y = \mathrm{e}^{x^2}$; 2. 2; 3. $y = \tan(x\ln x - x + C)$; 4. $p'$; 5. $p\dfrac{\mathrm{d}p}{\mathrm{d}y}$.

二、1. D; 2. A; 3. B; 4. B; 5. C; 6. A.

三、1. $y = \dfrac{1}{\ln|\mathrm{e}(x+1)|}$.

2. $y = \dfrac{1}{x}(\sin x - x\cos x + C)$.

3. $\dfrac{1}{y} = \dfrac{1}{2} - \dfrac{\sin 2x}{4x} + \dfrac{c}{x}$.

4. $\arctan y = x + \dfrac{\pi}{4}$ 或 $y = \tan(x + \dfrac{\pi}{4})$.

四、提示:令 $xy = u$.

五、提示:建立微分方程 $\begin{cases} \dfrac{\mathrm{d}Q(t)}{\mathrm{d}t} = -k(Q - 20), \\ Q(0) = 37, \end{cases}$ 解得 $t = 8.4$,即经过了 8 小时 24

分,故谋杀发生在 3 点 36 分.

六、提示:$\dfrac{\mathrm{d}x}{\mathrm{d}t} + \dfrac{2x}{100 + t} = \dfrac{3}{20}$,解得 $y = (100 + t)^{-2} \cdot \dfrac{3}{20}\left[\dfrac{(100 + t)^3}{3} + \dfrac{10^6}{3}\right]$.

## 第 7 章

**课堂练习 7.1**

1. $D = \{(x, y) \mid 2 \leqslant x^2 + y^2 \leqslant 4, x > y^2\}, f(\sqrt{3}, 1) = \dfrac{-\dfrac{\pi}{2} + 2k\pi}{\sqrt{\sqrt{3} - 1}}, k \in Z$.

2. 略.

**习题 7.1**

1. $D = \{(x, y) \mid x + 5y > 0\}$.
2. $D = \{(x, y) \mid x^2 + y^2 < a^2\}$.
3. $D = \{(x, y) \mid 1 < x^2 + y^2 \leqslant 9\}$.
4. $z \geqslant x^2 + y^2, z \neq 0$.

**课堂练习 7.2**

1. 提示:利用夹逼准则,$0 \leqslant \dfrac{x + y}{x^2 + y^2} \leqslant \dfrac{x + y}{2xy}$,0.
2. 提示:令 $y = kx^2$,不存在.

**习题 7.2**

1. 略;2. 不存在;3. 连续.4. $\dfrac{1}{e}$.

**课堂练习 7.3**

1. $f'_x = y + 2x, f'_y = x, f'_x(2, 0) = 4, f'_y(0, 2) = 0.$ 2. $\dfrac{\sqrt{2}}{2}$,0.

## 习题 7.3

1. $z'_x = y\,x^{y-1}, z'_y = x^y\ln x$. 2. $\dfrac{\partial z}{\partial x}\bigg|_{(1,2)} = \dfrac{1}{3}, \dfrac{\partial z}{\partial y}\bigg|_{(1,2)} = \dfrac{2}{3}$.

3. 提示：$R = \dfrac{R_1 R_2}{R_1 + R_2}$，而$\dfrac{\partial R}{\partial R_1} < \dfrac{\partial R}{\partial R_2}$，因此，在并联电路中改变电阻值较小的电阻$R_2$使总电阻 $R$ 的变化更大.

4. $\dfrac{\partial^2 z}{\partial x^2} = 6xy, \dfrac{\partial^2 z}{\partial x\partial y} = 3x^2 + 4y, \dfrac{\partial^2 z}{\partial y\partial x} = 3x^2 + 4y, \dfrac{\partial^2 z}{\partial y^2} = 4x - 18y$.

## 课堂练习 7.4

1. $\mathrm{d}z = 2\cos(x^2 + y^2)(x\,\mathrm{d}x + y\,\mathrm{d}y)$.

2. $\mathrm{d}z = 4\mathrm{d}x - 8\mathrm{d}y$.

## 习题 7.4

1. $\mathrm{d}z = -\mathrm{e}^{\frac{x}{y}}\dfrac{y}{x^2}\mathrm{d}x + \mathrm{e}^{\frac{x}{y}}\dfrac{1}{x}\mathrm{d}y$.

2. $\dfrac{\pi}{4}(-\mathrm{d}x + 2\mathrm{d}y)$.

3. $\mathrm{d}u = \mathrm{e}^{xy+2z}[(1+xy)\mathrm{d}x + x^2\mathrm{d}y + 2x\mathrm{d}z]$.

4. $\mathrm{d}u = yz \cdot x^{yz-1}\mathrm{d}x + x^{yz}\ln x \cdot z\mathrm{d}y + x^{yz}\ln x \cdot y\mathrm{d}z$.

## 课堂练习 7.5

1. $\dfrac{\partial z}{\partial x} = \mathrm{e}^{xy}[y\sin(x+y) + \cos(x+y)], \dfrac{\partial z}{\partial y} = \mathrm{e}^{xy}[x\sin(x+y) + \cos(x+y)]$.

2. $\dfrac{\mathrm{d}y}{\mathrm{d}x} = \dfrac{y^2 - \mathrm{e}^x}{\cos y - 2xy}$.

## 习题 7.5

1. $\dfrac{\partial z}{\partial x} = (x^2 + y^2)^{xy}\left[\dfrac{2\,x^2\,y}{x^2 + y^2} + y\ln(x^2 + y^2)\right]$;

   $\dfrac{\partial z}{\partial y} = (x^2 + y^2)^{xy}\left[\dfrac{2x\,y^2}{x^2 + y^2} + x\ln(x^2 + y^2)\right]$.

2. $\dfrac{\partial z}{\partial x} = \cos y\dfrac{\partial f}{\partial u} + \dfrac{\partial f}{\partial x}, \dfrac{\partial z}{\partial y} = -x\sin y\dfrac{\partial f}{\partial u}$.

3. $\dfrac{\partial z}{\partial x}\bigg|_{\substack{x=0\\y=1}} = -\dfrac{\sqrt{2}-3}{2\sqrt{2}}, \dfrac{\partial z}{\partial y}\bigg|_{\substack{x=0\\y=1}} = 0$.

4. $\dfrac{\partial z}{\partial x} = \dfrac{2-x}{3z}, \dfrac{\partial z}{\partial y} = -\dfrac{2y}{3z}, \dfrac{\partial^2 z}{\partial x\partial y} = \dfrac{2(2-x)y}{9\,z^3}$.

## 课堂练习 7.6

1. 点$(1,1)$是函数的极小值点，$f(1,1) = -1$为函数的极小值.

2. $f(0,1)=f(0,-1)=2$ 为最大值,$f(1,0)=f(-1,0)=1$ 为最小值.

**习题 7.6**

1. $f(3,-1)=-8$ 为极小值.

2. 提示:在 $D$ 内($x^2+y^2<1$),解得驻点为$(0,0)$,$f(0,0)=2$;在 $D$ 的边界上($x^2+y^2=1$),$f(x,y)=\sqrt{3}<2$.故函数在$(0,0)$处有最大值 $f(0,0)=2$.

3. 函数在$(5,3)$处有最大值为 28.

4. $x=y=z=\dfrac{a}{\sqrt{6}}$,即当长方体的长、宽、高相等时,长方体的体积最大.

**总习题 7**

一、1. $D=\{(x,y)\,|\,4x-y^2\geqslant 0,1-x^2-y^2>0,x^2+y^2\neq 0\}$. 2. 0.

3. $3u^2\sin v\cos v(\cos v-\sin v)$;$-2u^3\sin v\cos v(\cos v+\sin v)+u^3(\sin^3 v+\cos^3 v)$.

4. $[2x+4y+(2x+y)\ln(2x+y)](2x+y)^{x+2y-1}\mathrm{d}x+[x+2y+(4x+2y)\ln(2x+y)](2x+y)^{x+2y-1}\mathrm{d}y$.

5. 1;0.

二、1. B;2. A;3. B;4. B;5. C;6. C.

三、1. 提示:取 $y=kx$,求得极限与 $k$ 有关.

2. 提示:原式 $=\mathrm{e}^{\lim\limits_{\substack{x\to 0\\y\to 0}}\frac{\ln(1+xy)}{x+y}}=\mathrm{e}^{\lim\limits_{\substack{x\to 0\\y\to 0}}\frac{xy}{x+y}}$,取 $y=x$,极限值为 1;取 $y=x^2-x$,极限值为 $\dfrac{1}{\mathrm{e}}$. 故极限不存在.

四、1. $\mathrm{d}u=\dfrac{3\mathrm{d}x-2\mathrm{d}y+\mathrm{d}z}{3x-2y+z}$.

2. $\mathrm{d}u\,|_{(1,1,1)}=\dfrac{1}{2}\mathrm{d}x-\dfrac{1}{2}\mathrm{d}y+\mathrm{d}z$.

五、提示:设动点 $P(x,y)$ 分别沿抛物线 $y=x^2+x$ 和 $y=2x^2+x$ 趋于$(0,0)$时极限不相等.

六、$\dfrac{\partial u}{\partial z}=2zf'_z(x^2+y^2+z^2)$;$\dfrac{\partial^2 u}{\partial z\partial x}=4xzf''_z(x^2+y^2+z^2)$.

七、$z=f(1,-1)=-2$ 为极小值,$z=f(1,-1)=6$ 为极大值.

八、(1) 最优广告策略为电台广告费用 0.75(万元)及报纸广告费用 1.25(万元).

(2)将广告费 1.5 万元全部用于报纸广告,可使利润最大.

**第 8 章**

**课堂练习 8.1**

1. $\dfrac{2}{3}\pi$;

2. $\displaystyle\iint\limits_{D}\ln(x^2+y^2)\mathrm{d}\sigma<0$.

## 习题 8.1

1. $I_1 > I_2$.

2. 提示：$1 - \dfrac{(xy)^4}{2} \leqslant \cos(xy)^2 \leqslant 1, \dfrac{49}{50} \leqslant \iint\limits_D \cos(xy)^2 \mathrm{d}x\mathrm{d}y \leqslant 1$.

## 课堂练习 8.2

1. $\mathrm{e}^{-1}$；2. $-6\pi^2$.

## 习题 8.2

1. $\displaystyle\int_0^1 \mathrm{d}y \int_y^{\sqrt{y}} f(x,y)\mathrm{d}x$；2. $\dfrac{11}{120}$；3. $\dfrac{9}{4}$；4. 8；5. $\dfrac{1}{9}a^3(3\pi - 4)$.

## 课堂练习 8.3

提示：由平面图形的对称性，$\sigma = 2\left[\displaystyle\int_0^{\frac{\pi}{2}} \mathrm{d}\theta \int_{2a\cos\theta}^{a(1+\cos\theta)} r\,\mathrm{d}r + \int_{\frac{\pi}{2}}^{\pi} \mathrm{d}\theta \int_0^{a(1+\cos\theta)} r\,\mathrm{d}r\right] = \dfrac{\pi a^2}{2}$.

## 习题 8.3

1. $\pi$；2. $\overline{x} = 0, \overline{y} = \dfrac{7}{3}$.

## 总习题 8

一、1. $\dfrac{1}{4}$；2. 2；3. 2；4. $\displaystyle\int_1^2 \mathrm{d}x \int_1^x f(x,y)\mathrm{d}y$；5. $\displaystyle\int_0^{\frac{\pi}{2}} \mathrm{d}\theta \int_0^a f(\rho)\rho\,\mathrm{d}\rho$；6. $\dfrac{1}{2} - \dfrac{1}{2}\mathrm{e}^{-4}$.

二、1. A；2. D；3. C；4. A；5. A；6. B；7. A.

三、1. $\displaystyle\int_0^1 \mathrm{d}y \int_{-\sqrt{1-y}}^{\sqrt{1-y}} f(x,y)\mathrm{d}x + \int_{-1}^0 \mathrm{d}y \int_{-\sqrt{1-y^2}}^{\sqrt{1-y^2}} f(x,y)\mathrm{d}x$.

2. $\displaystyle\int_0^8 \mathrm{d}y \int_{-6}^{2-y} f(x,y)\mathrm{d}x$.

四、1. $\dfrac{8}{3}$；2. 提示：应用对称奇偶性，0.

五、$\dfrac{\pi}{6}$.

图书在版编目(CIP)数据

高等数学/刘建军,夏卫琴主编. --北京:中国人民大学出版社,2020.11
新编21世纪远程教育精品教材.公共基础课系列
ISBN 978-7-300-28726-3

Ⅰ.①高… Ⅱ.①刘…②夏… Ⅲ.①高等数学-远程教育-教材 Ⅳ.①O13

中国版本图书馆 CIP 数据核字(2020)第 210484 号

新编21世纪远程教育精品教材·公共基础课系列
高等数学
主　编　刘建军　夏卫琴
Gaodeng Shuxue

| | | | | | |
|---|---|---|---|---|---|
| **出版发行** | 中国人民大学出版社 | | | | |
| **社　　址** | 北京中关村大街 31 号 | | **邮政编码** | 100080 | |
| **电　　话** | 010 - 62511242(总编室) | | 010 - 62511770(质管部) | | |
| | 010 - 82501766(邮购部) | | 010 - 62514148(门市部) | | |
| | 010 - 62515195(发行公司) | | 010 - 62515275(盗版举报) | | |
| **网　　址** | http://www.crup.com.cn | | | | |
| **经　　销** | 新华书店 | | | | |
| **印　　刷** | 北京玺诚印务有限公司 | | | | |
| **规　　格** | 185 mm×260 mm　16 开本 | | **版　　次** | 2020 年 11 月第 1 版 | |
| **印　　张** | 16.25 | | **印　　次** | 2020 年 11 月第 1 次印刷 | |
| **字　　数** | 360 000 | | **定　　价** | 45.00 元 | |